AF346728

LIBRAIRIE D'ARTHUS BERTRAND,

RUE HAUTEFEUILLE, N° 23, A PARIS,

ÉDITEUR DU *Voyage autour du monde*, PAR LE CAPITAINE DUPERREY.

TRAITÉ ÉLÉMENTAIRE

D'HISTOIRE NATURELLE,

COMPRENANT

L'ORGANISATION, LES CARACTÈRES ET LA CLASSIFICATION DES VÉGÉTAUX
ET DES ANIMAUX,

LES MOEURS DE CES DERNIERS,

ET LES ÉLÉMENS DE LA MINÉRALOGIE ET DE LA GÉOLOGIE ;

PAR

G.-J. MARTIN-Sᵀ-ANGE ET F.-E. GUERIN.

Deux forts Volumes in-8,

ORNÉS DE **160** PLANCHES ENVIRON, DESSINÉES PAR LES AUTEURS ET GRAVÉES PAR
LES MEILLEURS ARTISTES, TIRÉES EN COULEUR ET TERMINÉES AU PINCEAU
AVEC LE PLUS GRAND SOIN.

Prospectus. — Novembre **1833.**

La difficulté de se procurer en nombre suffisant des sujets de recherches et d'observations a fait sentir depuis long-temps, aux personnes qui se livrent à l'étude de l'histoire naturelle, l'utilité de figures précises et faites d'après nature ; elles seules peuvent suppléer à la possession de riches collections, et sont indispensables surtout lorsqu'il s'agit d'exprimer exactement les détails, souvent si complexes, des formes et de l'organisation intérieure des êtres. Convaincus de leur utilité, MM. Martin-Saint-Ange et Guérin en avaient déjà fait l'application à deux branches différentes de la science de l'organisation des animaux ; l'un par la publication de l'*Iconographie du règne animal*, l'autre par celle de travaux d'anatomie comparée ; ouvrages qui ont reçu l'approbation et des récompenses de l'Académie des sciences en 1831 et 1832.

La nécessité de traités élémentaires et de bonnes figures se fait sentir plus vivement, depuis que l'enseignement de l'histoire naturelle forme une partie essentielle de l'éducation de la jeunesse. On manque d'ouvrages généraux mis à la portée des commençans, et susceptibles de leur aplanir les difficultés qu'ils peuvent rencontrer dans l'étude de cette science.

Déjà un grand nombre de publications remarquables, composées dans un autre but, ont fourni matière à d'innombrables compilations plus ou moins étendues, plus ou moins ingénieuses, ou à des traités spéciaux différemment combinés. Ces productions, que le besoin de l'époque a fait naître comme par enchantement, ont été pour la plupart peu méditées, d'une exécution très imparfaite, et comme créées pour le moment. De là résulte une confusion évidente pour quiconque se livre à l'étude de l'histoire naturelle, étude d'autant plus difficile que les connaissances qu'elle embrasse sont présentées d'une manière trop abstraite, trop scientifique ou trop succincte, sans jamais offrir de justes proportions d'ensemble.

Frappés de ces considérations, MM. Martin-Saint-Ange et Guérin ont conçu le projet d'une association scientifique dans le but de réunir leurs travaux entrepris isolément, et destinés, depuis long-temps, à devenir le complément l'un de l'autre. Bien pénétrés des résultats qu'ils se proposent d'atteindre, ils ont pensé qu'un ouvrage offrant l'organisation, les caractères essentiels des animaux et des végétaux, les élémens de minéralogie et de géologie, exposés brièvement et dépouillés de tous les détails superflus, serait de la plus grande utilité. Toutefois l'étude exacte de l'organisation des êtres a dû fixer plus particulièrement leur attention, comme étant la partie la plus essentielle et la moins bien connue. Aussi ils se proposent de vérifier, par de nouvelles préparations, tout ce que l'étendue de cet ouvrage permettra d'embrasser et d'exposer par des figures, de manière à présenter un livre complet, et en même temps neuf sur plusieurs points.

Notre traité élémentaire d'histoire naturelle sera divisé en trois parties distinctes, correspondantes aux trois règnes (animal, végétal et minéral). Dans la première partie, on représentera un type de chacune des divisions principales établies dans le règne animal de Cuvier, avec des figures de détail pour faire mieux ressortir les caractères des classes, des familles et même des genres. Enfin on donnera des notions étendues sur l'organisation de chaque groupe et, s'il le faut, même sur celle de quelques espèces les plus remarquables. Les différens organes de l'homme, pris comme point de départ de l'anatomie comparée, seront considérés simultanément sous les rapports anatomique et physiologique. L'embranchement des vertébrés, étudié sous ce point de vue, présentera d'intéressantes modifications d'arrangement, de nombre et de rapports d'organes, qui toutes seront figurées avec détail. En passant à l'étude des invertébrés, on fixera aussi par des dessins et des descriptions les variations de nombre, de figure et de rapports de chaque organe : de cette manière, et par la simple inspection des figures de l'ouvrage, on verra que tel organe, par exemple, existant chez l'homme, se retrouve encore chez tel animal ; que chez tel autre, il est à l'état rudimentaire ou plus développé ; enfin, que ce même organe n'existe plus dans les classes inférieures.

Dans la deuxième partie, le règne végétal, exposé le plus brièvement possible et classé d'après la méthode de Jussieu, offrira des descriptions anatomiques, accompagnées de figures des principaux organes qui concourent à la vie, à l'accroissement et à la multiplication des végétaux. Enfin l'ouvrage sera terminé par des notions élémentaires sur le règne minéral ; cette dernière partie présentera aussi une exposition sommaire des principes de la géologie , avec quelques coupes systématiques propres à faire connaître la superposition des couches de l'écorce du globe.

Pour renfermer dans de justes limites un ouvrage dont le plan est si étendu et l'exécution si difficile sous plusieurs rapports , les auteurs profiteront des secours qu'ils trouvent dans l'exécution antérieure d'un grand nombre de préparations anatomiques et de dessins encore inédits.

EXÉCUTION DE L'OUVRAGE.

Les figures seront peintes par les auteurs eux-mêmes, déjà si connus par leurs travaux scientifiques et la perfection de leurs dessins. Cette circonstance rare sera sans doute appréciée par les souscripteurs , puisqu'elle présente une garantie de la belle exécution et de l'exactitude de nos planches : elles seront gravés par MM. Legrand, Guyard, Mougeot, Oudet, etc.; l'impression en couleur, ainsi que les retouches au pinceau seront confiées à M. Rémond. Les noms de ces artistes , qui ont concouru à la confection des belles publications parues dans le cours de ces dernières années , sont la meilleure garantie que nous puissions donner aux personnes qui nous honoreront de leur souscription.

Le texte sera imprimé par Mme Huzard, avec des caractères neufs , sur papier superfin des Vosges satiné ; enfin, rien ne sera négligé pour que l'exécution entière de cet Ouvrage puisse répondre à l'attente des savans et des amateurs, ainsi qu'à la confiance que nous leur avons inspirée, comme Éditeur, tant par la bonne exécution de nos entreprises précédentes , que par le soin et l'exactitude que nous avons toujours apportés à leur publication.

Conditions de la Souscription.

Le *Traité élémentaire d'Histoire naturelle* sera divisé en trois parties : Zoologie et Anatomie comparée; Botanique et Anatomie végétale; Minéralogie et Géologie.

Il sera publié en 75 à 80 livraisons au plus ; ce nombre de livraisons ne sera dépassé sous aucun prétexte : toute livraison excédante sera délivrée gratis aux souscripteurs.

Chaque livraison, renfermée dans une couverture imprimée, contiendra deux planches et une feuille de texte.

La première livraison paraîtra le 1er janvier 1834. Les livraisons suivantes seront exactement publiées de quinze jours en quinze jours.

La publication n'éprouvera aucun retard, les mesures nécessaires étant prises pour que les livraisons se succèdent régulièrement, sans toutefois que cette célérité puisse nuire à leur bonne exécution.

La *Partie Zoologie et Anatomie comparée* formera 55 livraisons renfermant 110 planches et 55 feuilles de texte environ.

La *Partie Botanique et Anatomie végétale* formera 17 livraisons renfermant 34 planches et 17 feuilles de texte environ.

La *Partie Minéralogie et Géologie* formera 5 livraisons renfermant 10 planches et 5 feuilles de texte environ.

Chaque partie aura son titre particulier et sera terminée par des tables alphabétique, méthodique et analytique.

PRIX DE CHAQUE LIVRAISON,

EN SOUSCRIVANT A L'OUVRAGE ENTIER.

Papier superfin satiné, figures noires............ 1 fr.
Papier superfin satiné, figures coloriées......... 2 fr.

PRIX DE CHAQUE LIVRAISON,

EN SOUSCRIVANT SÉPARÉMENT A CHACUNE DES TROIS DIVISIONS.

Papier superfin satiné, figures noires............ 1 fr. 25 c.
Papier superfin satiné, figures coloriées......... 2 fr. 50 c.

Il sera tiré quelques exemplaires de la partie anatomique seule ; cette partie ayant été demandée séparément, surtout par des souscripteurs à l'*Iconographie du règne animal* ; elle formera 25 livraisons, renfermant 50 planches et 25 feuilles de texte environ.

PRIX DE CHAQUE LIVRAISON.

Papier superfin satiné, figures noires, texte et figures in-8.... 1 fr. 25 c.
Papier superfin satiné, figures color., texte et figures in-8..... 2 fr. 50 c.
Papier superfin satiné, figures color., texte in-8 et figures in-4. 4 fr.

On souscrit, sans rien payer d'avance,

A PARIS,

CHEZ ARTHUS BERTRAND, LIBRAIRE-ÉDITEUR,

RUE HAUTEFEUILLE, N° 23.

IMPRIMERIE DE MADAME HUZARD (née VALLAT LA CHAPELLE), Rue de l'Éperon, n° 7.

IMPRIMERIE DE L. BOUCHARD-HUZARD, RUE DE L'ÉPERON, 7.

TRAITÉ ÉLÉMENTAIRE

D'HISTOIRE NATURELLE,

COMPRENANT

L'ORGANISATION DES VÉGÉTAUX ET DES ANIMAUX,

LES MOEURS DE CES DERNIERS,

ET LES ÉLÉMENS DE LA MINÉRALOGIE ET DE LA GÉOLOGIE,

PAR

G.-J. MARTIN SAINT-ANGE ET F.-E. GUÉRIN.

PARTIE ANORGANIQUE,

COMPRENANT

LA MINÉRALOGIE

ET

LA GÉOLOGIE,

PAR A. BAUDRIMONT.

Paris,

H. COUSIN, LIBRAIRE, | Ve **LEGRAS IMBERT** ET Cie,

ÉDITEURS, RUE JACOB, 25.

à Amsterdam,

Même Maison, sur le Rockin.

Pour satisfaire au désir de mon ami le docteur Martin Saint-Ange, qui se proposait de publier ses intéressantes recherches sur l'anatomie dans un traité élémentaire d'histoire naturelle, j'ai entrepris d'en rédiger la partie anorganique, comprenant la minéralogie et la géologie. Je ne devais traiter ces matières que d'une manière fort générale, et ne décrire qu'un petit nombre d'espèces minérales choisies parmi celles qui sont employées, soit dans les arts, soit pour l'ornement. Le nombre des espèces minérales bien déterminées étant peu considérable, je songeai bientôt à les décrire toutes et à présenter ainsi, sous un très petit format, un *species mineralium* qui pût servir au voyageur ou au collecteur pour déterminer les minéraux et les classer. Je désirais aussi que ce livre pût être utile à ceux qui suivent des cours de minéralogie, soit pour les guider, soit pour les aider à rectifier leurs notes. Dans cette intention j'ai cru devoir adopter, autant que possible, une classification connue et professée : j'ai choisi celle de M. Al. Brongniart. Cependant j'ai été obligé d'y introduire quelques changemens : désirant donner des caractères chimiques, généraux, pour chaque groupe ou genre, comme on voudra l'appeler, j'ai été obligé de réunir tous les silicates, et de ne point en laisser une partie disséminée parmi les métaux dits autopsides ; sans cela il m'eût été difficile d'établir les caractères des silicates à moins d'y joindre une foule de propriétés négatives. Je me suis aussi trouvé obligé de détruire les genres chlorures et fluorures, et de créer les genres aluminium, magnésium, calcium, potassium, sodium et hydrates. Toutefois je dois dire ici que je n'attache aucune valeur philosophique à ces changemens : je ne les ai faits que parce que cela m'étant plus commode pour la distinction des groupes, cela devait l'être aussi pour la détermination des espèces minérales.

J'aurais peut-être dû adopter une classification que j'ai suivie, depuis plusieurs années, pour ranger ensemble mes minéraux et mes produits chimiques. Cette classification, qui réunit les corps d'après leur formule générale et n'admet leur composition chimique qu'en troisième ligne, est la seule, peut-être, qui ne soit point sujette aux inconvéniens que l'on a signalés dans toutes les classifications connues ; mais, pour exposer cette classification, il aurait fallu discuter la valeur de toutes celles qui l'ont précédée, et cela m'aurait conduit beaucoup au delà des limites dans lesquelles je me proposais de rester.

A. BAUDRIMONT.

TRAITÉ ÉLÉMENTAIRE

D'HISTOIRE NATURELLE.

PARTIE ANORGANIQUE.

MINÉRALOGIE, GÉOLOGIE.

Notions générales.

L'ensemble des connaissances relatives aux matériaux inanimés qui constituent la planète que nous habitons comprend plusieurs sciences : la *minéralogie*, qui étudie et classe les minéraux ; la *géognosie* (1), qui s'occupe de la structure et de la disposition des différentes parties du globe ; la *géologie* (2), qui en recherche l'origine, la formation et l'âge relatif. Les deux premières sciences se bor-

(1) De γῆ, la terre, et de γνῶσις, connaissance.

(2) De γῆ, la terre, et de λόγος, discours.

On a voulu substituer le mot géogénie (du grec γῆ, et de γείνομαι, engendrer) à celui de géologie, parce que cette dernière science n'était d'abord qu'un amas de vaines théories qui ont été remplacées par des connaissances beaucoup plus positives, qui semblent en faire une science nouvelle. Le mot géogénie paraissant restreint à l'origine de la terre, je crois devoir n'employer que le mot géologie, qui se prête à une acception beaucoup plus large.

nent à l'observation des faits. La dernière les compare, cherche à en tirer des conclusions, et n'effleure point seulement la surface de la terre ; elle tend, par induction, à déterminer ce qui se passe à des profondeurs où jamais l'homme ne pourra parvenir, et va puiser dans toutes les sciences les lumières nécessaires pour pénétrer dans les ténèbres qui couvrent les premiers âges du monde. La géologie, en un mot, est l'histoire des révolutions matérielles du globe.

La minéralogie ne s'occupe que d'êtres anorganiques (1). La géognosie et la géologie n'existeraient point si elles négligeaient l'étude des restes des nombreux êtres qui ont vécu à la surface du sol, et qui se trouvent actuellement enfouis à des profondeurs variables.

La zoologie est un auxiliaire puissant de la géologie ; ce n'est qu'à dater de l'époque où le génie de Cuvier rassembla des débris de squelettes pour en reconstituer des êtres complets, d'après des principes que lui seul avait trouvés, que la géologie mérita réellement le nom de science. On sut alors que des races tout entières d'animaux avaient cessé d'exister, et qu'il en était même qui n'avaient point d'analogues parmi les espèces vivantes.

Les végétaux, non moins intéressans, mais d'une étude

(1) Elle comprend aussi quelques corps d'origine évidemment organique, comme les charbons fossiles, le succin, etc., qui figurent fort mal parmi les minéraux, et qui n'y trouvent place qu'en s'éloignant des principes de la classification. Il existe une transition tout à fait insensible lorsque l'on compare ensemble le bois des arbres des forêts actuelles avec certains lignites, ceux-ci avec des végétaux fossiles que l'on trouve dans les houillières, et enfin ces derniers avec la houille elle-même. Ne pouvant judicieusement faire rentrer ces matières dans une classification qui ne doit recevoir que des corps simples ou des composés en proportions définies, j'en donnerai un petit tableau à part, qui sera comme un appendice à la botanique et à la zoologie des fossiles.

plus difficile, à cause du peu de différence que l'on observe dans la disposition des organes qui persistent le plus souvent, promettent aussi les plus heureux résultats (1).

Les *minéraux* sont des produits naturels qui n'ont jamais vécu. Ils peuvent être solides, liquides ou gazeux. On n'entend par ce nom que ceux qui existent à la surface ou dans le sein de la terre ; mais il paraît évident qu'ils ne sont que des parties d'un ordre plus étendu qui comprend tout le système sidéral.

Les *fossiles* sont les restes d'êtres qui ont vécu et qui se trouvent enfouis dans le sol. On ne rencontre guère à cet état que le système osseux des vertébrés, le test des mollusques et l'enveloppe des crustacées et des radiaires. Cependant on trouve quelquefois des poissons presque entiers dans certains schistes, comme ceux de la Bourgogne ; et l'on a vu, dans la Sibérie, des pachydermes parfaitement conservés dans la glace, probablement depuis plusieurs milliers d'années. Quant aux restes de végétaux, ceux que l'on retrouve le plus communément sont des troncs de monocotylédones cryptogames ou phénogames, comme les fougères en arbre, les palmiers, etc., auxquels il faut joindre une foule d'espèces perdues.

Les fossiles ont quelquefois été détruits ; mais ils ont pu laisser leur *empreinte* dans des parties plastiques. Ces espèces de moules ont aussi quelquefois été remplis par des particules suspendues ou dissoutes dans un liquide, qui se sont agglomérées, et il en est résulté une *contre-empreinte* qui peut représenter fidèlement le corps détruit. Les matières qui empruntent ainsi des formes étrangères, sont ordinairemem le *bisulfure jaune de fer,* la *silice* et le *calcaire.*

(1) Leur étude a été faite par M. Ad. Brongniart.

On donne le nom de substances pétrifiées (1) à des corps organiques dont les tissus, en conservant leur forme, ont été détruits et ont changé de nature par l'infiltration d'une matière dissoute qui est ordinairement la silice. Le bois se présente souvent à l'état de pétrification, et cette transformation s'opère continuellement sous nos yeux dans les eaux courantes et siliceuses.

Il faut bien distinguer les *pétrifications* des *incrustations* qui sont simplement produites par une matière qui en a recouvert une autre, en l'enveloppant comme une espèce de croûte. Il existe beaucoup de sources qui jouissent de la propriété d'incruster. Cela est dû à ce que leurs eaux tiennent en dissolution du *bicarbonate de chaux* qui ne peut exister que sous une assez forte pression et à une basse température; lorsque ces eaux sortent de la terre, elles ne sont plus alors dans des circonstances favorables à l'existence du bicarbonate qui perd la moitié de l'acide carbonique qu'il renferme et devient carbonate neutre, insoluble, qui se dépose en s'agglomérant sur les corps.

La minéralogie, étudiant les parties les plus simples qui entrent dans la formation de la terre, sera exposée la première; la géologie viendra ensuite. La géognosie se trouvera fondue dans ces deux sciences : en parlant de chaque espèce minérale, on citera ses associations et son gisement; ce sera en esquissant l'histoire des révolutions du globe, que l'on parlera de la disposition des différentes parties qui en forment la couche accessible.

PARTIE MINÉRALOGIQUE.

C'est à l'aide de la géométrie, de la physique et de la chimie que l'on étudie les minéraux. Quoique ces trois scien-

(1) Matières *devenues pierres.*

ces soient bien distinctes dans certaines parties, elles viennent plusieurs fois se confondre lorsqu'on en fait l'application à la minéralogie ; par exemple : la forme n'est pas
toujours déterminable par la géométrie, elle doit donc
rentrer dans le domaine des caractères physiques ; la chaleur produit tantôt des phénomènes physiques, comme
la liquéfaction et la décrépitation, tantôt des phénomènes
chimiques, comme l'oxigénation et certaines décompositions. Cela est cause que l'on ne peut séparer entièrement ces trois ordres de caractères. Cependant, dans les es-
sais minéralogiques, la chaleur produisant généralement
des effets qui sont plutôt chimiques que physiques, tout
ce qui la concerne pourra être réuni à l'examen chimique
qui sera fait à part.

Par l'application des sciences physiques et mathémati-
ques à la minéralogie, on peut se proposer d'atteindre deux
buts : ou d'étudier complétement un minéral, ou de chercher seulement à en faire ressortir les caractères essentiels pour le reconnaître. Le premier cas exigeant des connaissances qui ne peuvent être effleurées ici, il ne sera
question que des opérations que l'on peut faire à l'aide
des instrumens que porte avec lui un minéralogiste
voyageur. Ces instrumens, peu nombreux et bien choisis,
suffisent toujours pour *déterminer* un minéral avec préci-
sion.

Examen chimique des minéraux.

Composition. La composition des minéraux est, sans
contredit, une des parties les plus importantes de leur histoire. C'est elle qui sert de base à toutes les classifications
de l'époque actuelle. On ne peut la représenter par les

seuls noms des matières simples qui la constituent, il faut encore en faire connaître la quantité relative. Cela peut être obtenu par des chiffres, ou par des lettres représentant les atomes. Ce dernier moyen est bien supérieur au premier, à cause de la facilité avec laquelle il fait ressortir l'analogie de différens corps; il sera donc employé de préférence (1).

Détermination chimique. La composition d'un minéral

(1) Plus de vingt siècles se sont écoulés depuis que les philosophes ont admis l'existence des atomes, et cette opinion n'a pu être détruite malgré l'immense différence qui existe entre l'état actuel des sciences physiques, et celui du temps de Démocrite. Au contraire, elle n'a fait que s'enraciner, et c'est une des plus brillantes découvertes de notre siècle d'avoir, non seulement déterminé le poids relatif des atomes de natures différentes, mais d'avoir songé que cela pouvait se faire.

Ne pouvant entrer dans aucun détail relatif aux probabilités sur lesquelles repose la connaissance des atomes, je me contenterai d'exposer que, avec tous les minéralogistes, j'ai admis que la matière ne pouvait être divisée que jusqu'à un certain point; que les dernières particules résultant de sa division représentaient les atomes; qu'il existe des atomes de plusieurs natures; que chacune de ces natures d'atomes est un corps simple des chimistes, et que c'est par la réunion régulière ou symétrique de ces atomes de natures différentes, que tous les corps connus ont pu prendre naissance.

Cela posé, on peut démontrer que les atomes de natures différentes ont souvent des poids différens. Si donc on connaît les poids des atomes, on pourra représenter toutes les proportions pondérales des combinaisons, à l'aide de formules qui indiqueront les nombres relatifs des atomes.

Les atomes représentant des corps simples, c'est à l'aide des premières lettres des noms de ceux-ci qu'on les a désignés. En voici la liste, comprenant leurs noms, leurs signes et leurs poids. L'oxigène, qui sert de terme de comparaison, est regardé comme pesant 100.

Aluminium	Al	171,166.	Baryum	Ba	856,880.
Antimoine	Sb	806,452.	Bismuth	Bi	1330,377.
Argent	Ag	675,803.	Bore	B	68,102.
Arsenic	As	940,084.	Brôme	Br.	489,153.
Azote	N	88,518.	Cadmium	Cd	696,767.

étant bien établie, et sa place étant déterminée dans un système de minéralogie, il reste encore à chercher ses caractères chimiques les plus saillans, pour que l'on puisse le reconnaître facilement. Ces caractères dépendent toujours de ses principes constituans : tantôt on les élimine simplement, comme le soufre que l'on obtient en chauffant certains sulfures; tantôt on les fait entrer dans un état de combinaison très facile à recon-

Calcium	Ca	256,019.	Osmium	Os	1244,487
Carbone	C	76,528.	Oxigène	O	100,000.
Cérium	Ce	574,696.	Palladium	Pa	665,899.
Chlore	Cl	221,325.	Phosphore	P	392,310.
Chrôme	Cr	351,819.	Platine	Pl	1233,499
Cobalt	Co	245,994.	Plomb	Pb	1294,498.
Colombium	Ta	1153,715.	Potassium	K	489,916
Cuivre	Cu	395,695.	Rhodium	R	651,387
Etain	Su	735,294.	Sélénium	Se	494,581
Fer	Fe	339,205.	Silicium	Si	138,656
Fluore	F	116,900.	Sodium	Na	290,897
Glucynium	G	331,261.	Soufre	S	201,165.
Hydrogène	H	6,239.	Strontium	St	587,285
Iode	I	789,750.	Tellure	Te	401,060
Iridium	Ir	1233,499	Thorinium	Th	844,900.
Lithium	L	80,375.	Titane	Ti	303,662
Magnésium	Ma	158,352.	Tungstène	W	1183,000
Manganèse	Mn	345,887.	Urane	U	2711,358
Mercure	Hg	1265,823.	Vanadium	V	855,840
Molybdène	Mo	598,520.	Yttrium	Y	402,514.
Nickel	Ni	369,675.	Zinc	Zn	403,226
Or	Au	1243,013.	Zirconium	Zr	420,220

Plusieurs des signes précédens sont tirés de noms latins ou de synonymes peu usités en France : Sb vient de stibium ; N, de nitricum ; Ta, de tantale ; Sn, de stannum ; Hg, de hydrargyrum ; Au, de aurum, K, de kalium ; Na, de natrium ; W, de Wolfram.

Si l'on représente une combinaison par S Pb, cela veut dire que, non seulement elle est formée d'un atome de soufre et d'un atome de plomb, mais que ces deux corps y sont dans un rapport pondéral qui

naître, et les sulfures peuvent encore en donner des exemples : chauffés avec le contact de l'air, ils donnent de l'acide sulfureux dont l'odeur est caractéristique ; chauffés avec l'acide nitrique, ils donnent un sulfate, souvent très facile à reconnaître.

Les agens dont on fait usage le plus communément, sont : la chaleur, que l'on développe avec une grande intensité au moyen d'un petit tube de métal qui porte le nom de *chalumeau*, et de la flamme d'une lampe ou d'une simple bougie ; et certains produits chimiques qui portent le nom collectif de *réactifs*.

A. *Chalumeau.* Cet instrument a subi de nombreuses variations dans sa forme, mais on peut le réduire à un tube conique, recourbé et portant un renflement. La figure 1, pl. 1, en représente un très simple, qui est excellent ; *a* est un tube que l'on saisit avec les lèvres, et dans lequel on insuffle de l'air ; *b* est un réservoir dans lequel se condense l'humidité qui pourrait s'amasser dans le tube *c* ; *d* est une petite tuyère de platine percée d'une ouverture

---

est :: 201,165 : 1294,498. D'où l'on voit qu'une masse quelconque de ce sulfure de plomb renferme environ un septième de son poids de soufre.

Quand une lettre est suivie d'un chiffre placé vers la partie supérieure, ce chiffre ne multiplie qu'elle ; mais s'il était placé vers la gauche, non seulement il la multiplierait, mais encore toutes celles qui se trouveraient après, jusqu'au prochain signe algébrique. Un pareil chiffre peut même multiplier les signes lorsqu'ils sont compris entre deux parenthèses.

L'oxigène existant dans un grand nombre de combinaisons, on ne le représente pas ordinairement dans les formules minéralogiques. Lorsqu'un atome de métal est uni à un atome d'oxigène, on se contente de l'écrire en petites lettres italiques, par exemple : $fe = O\ Fe$. Si deux atomes de métal sont unis à trois atomes oxigène, on écrit le signe du métal en capitales italiques : $Fe = O^3\ Fe^2$. $Al. = O^3\ Al^2$, etc. Lorsque le métal ne sera point combiné à l'oxigène, on le représentera par une capitale romaine . $Fe = $ un atome de fer. $S^2\ Fe = $ deux atomes de soufre et un atome de fer.

très étroite, qui s'ajuste à frottement sur le petit tube *c*.
Lorsqu'elle est obstruée par de la suie de bougie, on la
place sur un charbon légèrement creusé, et on la chauffe
fortement en dirigeant dessus la flamme d'une bougie avec l'autre partie du chalumeau. Le platine ne
pouvant s'altérer à une haute température, la suie seulement est brûlée et l'ouverture est débouchée. La
pièce *a* se sépare du réservoir, en *e*, pour faciliter le net-
toyage. Le petit tube *c* doit faire saillie dans l'intérieur
du réservoir, pour empêcher l'écoulement de l'eau con-
densée.

Pour se servir convenablement de cet instrument, il
faut souvent y insuffler de l'air pendant cinq, six et même

Cette distinction n'est point admise dans tous les traités de minéralogie ;
Ca $=$ *Ca* $=$ *ca* Ce qui est une faute qui sera évitée.

Je n'admets ni l'existence des acides, ni celle des bases dans les combinaisons que l'on nomme sels ; mais je me servirai pourtant de formules salines, pour me conformer à l'usage.

Dans ces sortes de formules où l'oxigène n'est pas exprimé, mais se
reconnaît par la forme des lettres, les exposans n'ont pas la même signi-
fication que dans les formules où il n'en existe pas : ils indiquent le rapport de l'oxigène de l'acide à celui de la base, lorsqu'il n'y a point d'exposant cela veut dire que la base renferme autant d'oxigène que l'acide.
Exemple : *Si Fe* $= O^3 Si^2 + O^3 Fe^2$. *Si^2 Fe* $= 2 Si^2 O^3 + O^3 Fe^2$. *Si^3 Fe^2* $=$
$3 O^3 Si^2 + 2 O^3 Fe^2$. On voit par ces formules : que, dans la première,
l'oxigène de l'acide est égal à celui de la base ; que, dans la seconde, il
est double, et que, dans la troisième, l'oxigène de l'acide est à celui de la
base : : 3 : 2... *Si ca* $= O^3 Si^2 + 3 O Ca$. *Si^4 ca^3* $= 4 O^3 Si^2 + 9 O Ca$ dans
lequel l'oxigène de la silice est à celui de la base : : 12 : 9 $= : : 4 : 3$.

Il n'est pas un seul instant douteux que l'on renoncera à ces formules qui sont tout au plus systématiques ; mais comme elles sont usitées
par tous les minéralogistes actuels, je répète que j'ai cru devoir m'y conformer, et cela, d'autant plus que l'espace dont je puis disposer ne me
permet d'entrer dans aucune discussion à cet égard. Quoi qu'il en soit,
quand elles sont bien faites, elles ne changent rien aux proportions des
corps combinés. On pourra les convertir en chiffres en additionnant
simplement les poids des atomes qui entrent dans leur formation.

huit minutes sans discontinuer. On parvient à un pareil résultat en soufflant la bouche pleine et en comprimant l'air à l'aide des joues que l'on contracte. Cela ne gêne en rien la respiration qui peut facilement s'exécuter par le nez.

En soufflant, à l'aide du chalumeau, au travers d'une flamme de bougie, on s'aperçoit bientôt, lorsqu'on opère sur certains métaux, du plomb par exemple, que les différentes parties du dard de la flamme ne jouissent pas de la même propriété. La pointe a oxide le métal, tandis qu'il se réduit dans l'intérieur au point b (1).

On peut donc, à l'aide du chalumeau seulement, fondre, oxider, réduire un oxide et décomposer une foule de corps qui renferment des élémens volatils. Pour essayer la fusibilité d'un minéral, on en prend une parcelle, grosse tout au plus comme une graine de moutarde blanche, que l'on choisit anguleuse, pour voir si la chaleur l'arrondira sur les bords, dans le cas d'une fusion difficile. Pour cela on la saisit à l'extrémité d'une pince terminée par deux lamelles de platine comme celle qui est indiquée pl. 1, fig. 3. Si le corps fond, on examine s'il donne : un globule métallique, malléable ou fragile ; une perle vitreuse, transparente, ou un émail opaque, différemment colorés ; ou bien, une scorie irrégulière ; on voit si la fusion se fait tranquillement ou avec boursouflement ; si la matière éclate avec bruit, ce que l'on nomme *décrépiter*, etc.

Lorsqu'on essaie un corps susceptible de décomposition par le feu et que l'on veut en recueillir les produits, s'il en est de volatils, on le place dans un tube fermé par une ex-

____

(1) Pour bien réussir, il est bon d'avoir deux tuyères de platine : une à large ouverture pour les combustions, et une à petite ouverture pour les réductions.

trémité, et on le chauffe en l'inclinant de 45° environ :
par ce procédé, l'eau, renfermée chimiquement dans certains minéraux, se condense sur les parois du tube, en gouttelettes très visibles à l'œil nu. Si l'on essaie une matière
renfermant un produit moins volatil et dont les vapeurs ne
se dissolvent pas dans l'air, on se contente de la chauffer
dans un tube ouvert par les deux bouts, en ayant soin de
l'incliner de 3o à 4o° seulement : c'est ainsi que les sulfures
décomposables par la chaleur donnent du soufre en poudre jaune, qui se rassemble dans la partie froide et supérieure du tube.

On a soin d'apprécier l'odeur des substances volatiles :
cela suffit pour déceler la présence de l'arsenic qui a une
odeur alliacée, et le soufre en combustion, qui donne l'o-
deur de l'acide sulfureux.

Ces phénomènes, déjà nombreux, sont encore multipliés
lorsque l'on fait usage des réactifs. Pour cela, on les prend
en fragmens très petits lorsqu'ils sont solides et on les dispose
sur différens supports qui sont : le charbon, le platine en lames ou en fils. Le charbon que l'on préfère est celui de til-
leul, que l'on scie en parallélipipèdes allongés, et, à l'aide
de la pointe d'un couteau dont on roule le manche dans les
mains, on y creuse une cavité conique qui sert de creuset :
on l'emploie pour opérer des réductions. Le platine laminé
doit être assez mince pour être facilement coupé avec des
ciseaux ordinaires et plié par les doigts : c'est sur des lames
de ce métal que l'on opère des *grillages*, des *calcinations*,
des *frittes* ; que l'on combine des oxides colorans avec le
borax ou le sel de phosphore. Le fil de platine doit être à
peu près de la grosseur d'un crin de cheval, et roulé sur
une bobine : on en replie l'extrémité comme il est marqué pl. 1, fig. 4. Dans l'œil que l'on a formé, on place un

fragment de borax ou de sel de phosphore , on y ajoute un peu de poudre du minéral en essai , et l'on peut , pendant ou après l'action du chalumeau , examiner la coloration du verre ou de l'émail qui se forme.

B. *Réactifs.* Les réactifs dont on fait le plus souvent usage sont : le borax, le phosphate de soude et d'ammoniaque (sel de phosphore), le sulfate acide de potasse, le carbonate de soude, le nitrate de potasse , le nitrate de cobalt, l'étain en lames ou en fil, et le fer en fil brillant, d'une part; les acides nitrique, chlorhydrique, sulfurique et oxalique, l'ammoniaque , le sulfhydrate d'ammoniaque , le nitrate de baryte , le cyanoferhydrate de potasse , le papier de tournesol et le papier de curcuma, d'autre part.

a. Le *borax* attaque un grand nombre de minéraux avec lesquels il forme des verres ou des émaux différemment colorés ; il prend une couleur bleue avec l'oxide de cobalt, une couleur verte avec l'oxide de chrôme au feu de réduction , et une couleur violette avec l'oxide de manganèse au feu d'oxidation. *Le phosphate de soude et d'ammoniaque* est facilement décomposable par la chaleur, et l'acide phosphorique mis en liberté agit alors avec une grande énergie sur les principaux sels qu'il décompose; les silicates sont du nombre. Il se forme alors un pyrophosphate des oxides libres, et on les reconnaît aux phénomènes particuliers qu'ils présentent. *Le bisulfate de potasse* peut, dans quelques cas, remplacer le sel de phosphore; on peut aussi l'employer pour séparer le cobalt et le nickel. *Le carbonate de soude* est un réactif précieux pour le chalumeau; il agit en sens inverse des deux sels précédens, c'est à dire qu'il s'empare des acides et met les oxides en liberté ; il décompose aussi les sulfures en se combinant au soufre qu'ils contiennent. *Le nitrate de cobalt,* en dissolution concentrée , ajouté à un minéral con-

tenant de la magnésie, lui fait prendre une couleur rose,
quelle que soit la température. Si le minéral contenait de
l'alumine, il prendrait une teinte bleue ; mais pour cela on
doit éviter de fondre la pièce d'essai, car d'autres substances que l'alumine pourraient lui communiquer la même
couleur. Si la substance était très compacte, il faudrait la
broyer, avec un peu d'eau, dans un petit mortier d'a-
gate, pl. 1, fig. 5 (1), et placer sur un charbon une
goutte de cette eau tenant la poudre en suspension. L'eau
est bientôt absorbée : l'on ajoute alors un peu de dissolution de nitrate de cobalt, et l'on chauffe pour obtenir la
réaction. *Le nitrate de potasse* sert pour oxider les parties
qui échappent à l'action de la flamme externe du chalumeau. *L'étain* s'emploie pour obtenir un effet tout opposé
à celui du nitrate de potasse. *Le fer* précipite plusieurs
métaux de leurs dissolutions : placé au centre d'un globule en fusion, il en sépare le cuivre, le plomb, le nickel,
l'antimoine ; il décompose les phosphates avec le phosphore
desquels il forme un phosphure blanc comme l'argent et
cassant.

b. Les réactifs de la deuxième série s'emploient sans le
secours du chalumeau. *L'acide nitrique* attaque le fer, le
cuivre, l'argent, l'antimoine, etc., en répandant des vapeurs rouges dans l'air. Il n'a aucune action sur l'or et le
platine ; chauffé avec les sulfures, il donne aussi naissance
à des vapeurs rouges, et les transforme en sulfates. Il fait

(1) Le mortier d'agate sert à une foule d'usages : pour broyer, pour
essayer la dureté et la malléabilité des globules métalliques qui, com-
primés sous le pilon, s'écrasent ou se brisent ; en s'étalant, leur couleur
apparaît. Quand on réduit un métal sur le charbon, et qu'il y adhère,
on enlève tout ce qui tient après lui, et on le broie avec un peu d'eau :
quand la trituration est terminée, on ajoute alors plus d'eau, et l'on dé-
cante. En répétant cette opération plusieurs fois, tout le charbon disparaît et l'on obtient pour résidu le produit métallique, qui est plus dense.

effervescence avec les carbonates (1); dissout les phosphates; attaque plusieurs silicates, tantôt à chaud, tantôt à
froid, et forme une gelée avec eux. *L'acide chlorhydrique*
agit, comme l'acide nitrique, avec les carbonates et plusieurs
silicates. Ajouté dans une dissolution d'argent, il y fait
naître un *précipité* blanc (2), noircissant à la lumière, insoluble dans l'acide nitrique et soluble dans l'ammoniaque.
Trois parties d'acide chlorhydrique et une partie d'acide
nitrique forment *l'eau régale*, qui dissout l'or, le platine, etc., qui ne sont attaqués par aucun de ces deux acides
pris séparément. *L'acide sulfurique*, versé dans une dissolution de baryte, y fait naître un précipité blanc, insoluble dans une grande quantité d'eau et dans l'acide nitrique; il décompose le fluorure de calcium à une légère
chaleur et fait naître des vapeurs d'acide fluorhydrique qui
corrodent le verre. *L'acide oxalique*, dont la dissolution
ne se décompose point comme celle de l'oxalate d'ammoniaque, précipite la chaux après que l'on a ajouté assez
d'ammoniaque pour rendre la liqueur alcaline. Le précipité, recueilli et calciné, donne de la chaux caustique,
développant une odeur urineuse lorsqu'on la porte
sur la langue. *L'ammoniaque* précipite tous les oxides
métalliques insolubles dans l'eau, et ceux d'osmium et
de mercure qui peuvent s'y dissoudre. La couleur des
oxides peut quelquefois indiquer leur nature. Ajoutée
en excès, l'ammoniaque dissout les oxides de cuivre et de
nickel, en prenant une couleur bleue; elle dissout également les oxides de zinc, de cadmium, d'argent, et le
chlorure de ce métal, mais sans changer de couleur.

(1) Bouillonnement produit par l'acide carbonique qui s'échappe à
l'état gazeux.
(2) Dépôt solide qui se forme dans un liquide.

Le sulfhydrate d'ammoniaque précipite à l'état de sulfure presque tous les métaux, il faut en excepter ceux dont les oxides sont très solubles dans l'eau; la couleur du sulfure sert pour les reconnaître; ils sont souvent noirs : plomb, bismuth, argent, cuivre, fer. Ceux de cadmium et d'arsenic sont jaunes; mais le dernier, chauffé sur le charbon avec le carbonate de soude, donne l'odeur d'arsenic. *Le nitrate de baryte* donne un précipité blanc, insoluble dans l'eau, par l'acide sulfurique ou un sulfate dissous. Ce précipité, recueilli et calciné avec un peu de charbon en poudre, à la flamme de réduction, donne du sulfure de baryum, qui, placé sur la langue, développe l'odeur d'œufs pourris. *Le cyanoferhydrate* de potasse donne une foule de précipités avec les dissolutions; les plus remarquables sont ceux qu'on obtient avec le fer et le cuivre : le premier, si le sel est peroxidé, est bleu, et le deuxième est marron foncé. *Le papier bleui par la teinture de tournesol* indique les acides par la couleur rouge qu'il prend (1). *Le papier jaune de curcuma* rougit par les alcalis; et mouillé, puis placé à l'extrémité supérieure d'un tube ouvert où l'on grille un sulfure, il blanchit.

La plupart des opérations dont il vient d'être question peuvent se faire dans des verres de montre, qui sont fort commodes, parce qu'ils tiennent peu de place, et que, posés sur un papier blanc, il suffit que le moindre changement arrive dans la liqueur qu'ils contiennent, pour qu'il soit apparent.

On peut même se servir d'un morceau de verre à vitre,

____

(1) Le papier de tournesol, préparé avec une dissolution de tournesol, à laquelle on a ajouté assez d'acide pour la rendre pourpre foncé, est sensible, non seulement aux acides qui le rougissent bien plus facilement, mais aux alcalis qui le bleuissent.

en opérant sur de simples gouttes de liquide que l'on prend à l'extrémité d'une petite baguette de verre arrondie à chaque extrémité par la flamme du chalumeau.

Il est encore d'autres réactifs et d'autres instrumens, mais ils sont bien moins utiles ; on pourrait même supprimer quelques uns des réactifs qui viennent d'être indiqués : par exemple, l'acide chlorhydrique, qui sert pour reconnaître l'argent, serait remplacé par une dissolution de sel marin que l'on rencontre partout.

Si l'on a besoin de chauffer un liquide, cela se peut faire à la chaleur d'une lampe à esprit de vin, comme celle qui est indiquée pl. 1, fig. 6, dans un verre de montre ou une capsule, que l'on place sur un anneau de fil de fer dont les deux extrémités sont pliées pour faire une espèce de manche qui doit être assez long pour que l'on ne se brûle pas en le tenant sur la flamme.

Examen physique des minéraux.

Les minéraux présentent dans leur forme, leur densité, leur dureté, leur réfrangibilité, leur éclat, leur couleur, leurs propriétés électriques, magnétiques, etc., une foule de caractères qu'il est intéressant de pouvoir bien apprécier. Malheureusement plusieurs de ces caractères ne peuvent être déterminés que d'une manière approximative.

De la forme des minéraux. Les minéraux affectent des formes variables qui, très souvent, sont régulières ou symétriques, et peuvent être déterminées exactement par la géométrie.

On donne le nom de *cristaux* aux corps qui possèdent ces propriétés.

L'étude des cristaux ayant nécessité un développement

tout particulier de la géométrie des solides, on lui a donné le nom de *cristallographie*. La cristallographie comprend aussi l'étude des différens phénomènes qui président à la formation des cristaux; mais il aurait été préférable de donner à cette dernière partie, qui est toute physique, le nom de *cristallogénie*.

Les cristaux présentent à l'observation : des *faces*, des *angles* et des *axes*.

Les faces sont presque constamment des plans qui s'entrecoupent en formant certains angles, soit entre eux, soit avec les axes. Quand ces plans appartiennent à des formes *simples*, on leur donne le nom de *faces*; mais lorsqu'ils ont de petites dimensions et qu'ils appartiennent à des formes *dérivées*, on les appelle *facettes*. On rencontre rarement des cristaux terminés par des surfaces courbes ; cependant le gypse et le diamant en offrent des exemples. Dans la plupart des cas, cela peut être attribué à une agrégation irrégulière de petits solides terminés par des plans, ou à des cristaux qui ont été usés par le frottement.

Les *angles* proprement dits sont formés par l'intersection de trois plans au moins (*a*, pl. 3, fig. 1). On donne spécialement le nom d'*arêtes* à ceux qui naissent de la réunion de deux plans seulement (*b*, pl. 3, fig. 1); mais quand il est question de la mesure d'un angle, il s'agit toujours d'un angle dièdre ou arête, à moins qu'on ne spécifie un autre genre d'incidence.

Les *axes* sont des lignes idéales qui joignent les extrémités opposées d'un cristal. Tantôt ils aboutissent à des angles, comme la ligne *c*, *d*, pl. 3, fig. 1 ; tantôt ils parviennent au centre des faces, comme la ligne *e*, *f*; tantôt ils atteignent des arêtes, comme la ligne *g*, *h*. Dans les trois cas qui précèdent, les axes atteignent des parties identiques; mais cela ne peut pas toujours avoir lieu ; par exemple, dans le solide à quatre faces, nommé *tétraèdre*, un axe partant d'un angle arrive au milieu d'une face qui lui est opposée, comme on le voit par la ligne *a*, *b*, pl. 3, fig. 2 ; cela indique que le solide est produit par la modification incomplète d'un autre solide plus compliqué (1).

Dans tous les cas, les axes se coupent mutuellement au centre du cristal.

Une seule espèce minérale peut affecter plusieurs formes, à plus forte raison des espèces différentes en affecteront-elles qui n'auront rien de semblable. Cependant cette multiplicité de formes peut, par des considérations *géométriques*, être rapportée à six formes principales qui sont comme les types générateurs de toutes les autres. On les nomme *formes primitives*, et leurs dérivées, *formes secondaires*.

Les formes ont été, jusqu'à présent, principalement déterminées par le nombre des faces et par leur incidence, mais comme ces faces et les angles qu'elles font peuvent disparaître ou être entièrement remplacés par d'autres, il est plus convenable de les déterminer par leurs axes qui se retrouvent avec leurs incidences dans toutes les modifications qu'une forme peut éprouver.

Dans un cristal naturel, les faces varient considérablement par leur grandeur relative ; mais les angles sont invariables lorsque l'on a affaire à des substances pures et qu'on les examine toujours à la même température (2).

(1) Pour abréger, on distinguera les axes par les noms des parties qu'ils traversent ; ainsi l'on dira *axe angulaire*, *axe facial*, *axe d'arêtes*, *axe faciangulaire*.

(2) M. Mitscherlich a fait voir qu'en chauffant des cristaux on déterminait des variations dans la valeur de leurs angles.

La valeur des angles est donc, par cela même, d'une grande importance. On parvient à la trouver à l'aide d'instrumens qui portent le nom de *goniomètres* (1). On en connaît plusieurs, mais je n'en indiquerai que deux qui sont plus usités que les autres : le goniomètre d'application ou de Carangeot, et le goniomètre à réflexion de Wollaston.

Le goniomètre d'application se compose d'un demi-cercle divisé en degrés *a* (pl. 2, fig. 4), et de deux alidades qui se croisent et sont réunies par une vis de pression qui se meut dans deux rainures qu'elles présentent (fig. 5). On pose le cristal entre ces alidades qu'on applique aussi exactement que possible sur ses faces, on serre alors la vis *a* et on les place sur le demi-cercle divisé, qui porte une ouverture *b* pour recevoir l'extrémité de la vis, en un point qui se trouve à la fois au sommet de l'angle que l'on mesure, et au centre du cercle divisé. En *c* il existe une petite rainure qui reçoit une goupille *b*, qui se trouve sur l'alidade pour lui donner une position fixe et déterminée. En regardant sur le cercle divisé, on trouve à l'instant même l'ouverture de l'angle. Sur le limbe de l'instrument sont inscrits sept demi-cercles concentriques qui sont divisés de 10° en 10° par des rayons, et de degré en degré par des lignes obliques qui, partant du premier degré du cercle externe, vont au deuxième degré du cercle interne, et ainsi de suite : de telle sorte qu'un degré se trouve divisé exactement en six parties de dix minutes chacune, par la seconde ligne oblique qui coupe successivement les cercles concentriques.

Le goniomètre de Wollaston est représenté pl. 2, fig. 6.

—————

(1) De γωνία angle et de μέτρον mesure.

Il est principalement formé d'un grand cercle divisé en degrés sur la tranche *a*, qui se meut sur un axe perforé qui est traversé par un autre axe *b b*, destiné à porter le cristal que l'on colle avec un peu de cire à sceller sur une petite plaque de métal noircie *c*. Pour mesurer un angle quelconque d'un cristal, il faut qu'il présente des faces assez polies pour qu'un objet puisse s'y mirer. Après l'avoir fixé comme il vient d'être dit, et avoir amené le 0° du cercle au 0° du vernier *d*, on se place en face d'un bâtiment bien éclairé, et présentant plusieurs lignes horizontales : la ligne supérieure du bâtiment qui se détache bien sous le ciel est représentée renversée, et l'on tourne l'axe interne jusqu'à ce qu'elle s'approche d'une ligne inférieure que l'on regarde directement avec un seul œil placé très près du cristal. Si les lignes ne coïncident pas exactement, on dérange l'axe du cristal en opérant sur le levier brisé *e f*; cela fait, on tourne l'axe du cristal pour voir si la deuxième face peut amener les objets dans la même position. Quand on y est parvenu par le tâtonnement, on ramène la première face dans la position indiquée, et alors on agit sur l'axe externe du goniomètre, qui entraîne le grand cercle dans son mouvement au moyen de la pièce crénelée *g*, et quand on est arrivé à faire coïncider les lignes supérieure et inférieure que l'on observe, on lit alors sur le cercle divisé ; l'arc du cercle qu'il a parcouru est le complément de l'angle du cristal : si donc on retranche de 180° l'arc parcouru, le reste est la valeur de l'angle lui-même.

Pour faire marcher le grand cercle d'une très petite quantité à la fois et pour le fixer quand il en est besoin, on tourne la vis *h* de la mâchoire *i* qui serre le cercle *j* fixé sur le même axe que celui qui est divisé, on peut alors tourner l'axe intérieur sans craindre de déranger celui dans lequel il se meut. Si l'on veut obtenir de faibles mouvemens, on fait marcher la vis k, fixée au pied de l'instrument, qui entraîne la mâchoire et le grand cercle.

Dans un cristal, il faut avoir grand soin de distinguer les parties qui sont identiques, et celles qui sont différentes, parce que, presque constamment, les parties identiques sont modifiées toutes à la fois, tandis qu'au contraire les parties différentes peuvent bien se modifier séparément. Les exceptions à la première de ces règles sont fort rares; il en sera question en parlant de l'électricité des minéraux.

Si donc, un cube éprouve une modification sur un angle ou une arête, tous les autres angles et toutes les autres arêtes en subiront une semblable.

Les angles sont souvent remplacés par une face inclinée ou perpendiculaire à l'axe qui les joint. Cette modification porte le nom de *troncature*. Les arêtes peuvent être également modifiées par une seule face; quand elles le sont par deux, la modification est alors *en biseau*. Tantôt les modifications se font par des plans inclinés sur les angles et les arêtes tout à la fois, comme on le voit pl. 4, fig. 1, ou sur une face et un angle, pl. 3, fig. 13. On pourrait, dans ce cas, appeler les facettes *arétangulaires* et *faciangulaires*.

Depuis Haüy on est dans l'habitude de désigner les faces d'un cristal primitif par les lettres P, M, T; tirées du mot primitif lui-même; ne se servant que de la lettre P quand toutes les faces sont de même ordre, comme dans le cube et le rhomboèdre; des lettres P et M, quand elles sont de deux ordres, comme dans le prisme droit à bases carrées, et des trois lettres pour les solides ayant des faces de trois ordres différens, comme les autres prismes.

Lorsque les faces disparaissent, ces trois lettres ne peuvent plus servir, et les rapports de la forme secondaire avec la forme primitive ne sont plus aussi facilement saisis. Pour éviter cet inconvénient, on indiquera les parties identiques d'un cristal par le nombre de ces mêmes parties; ainsi, sur les faces d'un cube nous mettrons 6, aux angles, nous mettrons 8, et 12 sur les arêtes, pl. 3, fig. 3. On voit alors que, si une partie quelconque d'un solide vient à être remplacée par quelque modification, cette modification sera répétée autant de fois que le solide présente de parties identiques avec celle qui est altérée ; de sorte que la nouvelle forme aura ses faces représentées par le même nombre que celui des parties identiques. Par exemple, si les 8 angles d'un cube sont entièrement remplacés par des faces qui ont fait complétement disparaître celles du cube lui-même, il en résultera un solide à huit faces, pl. 3, fig. 6, et le chiffre 8, inscrit sur une des faces, en indiquera le nombre et l'origine. Ces chiffres représenteront toujours aussi le double des axes identiques qui se trouvent dans le même solide (1), puisqu'un seul axe aboutit toujours à deux parties identiques, et l'on pourra d'un seul coup-d'œil trouver la relation qui existe entre les faces et les axes d'un solide, quelque compliqué qu'il soit.

Les nombres adoptés pour une forme primitive seront invariables pour tous ses dérivés ; mais, comme il peut arriver qu'une telle forme soit incomplétement modifiée, on indiquera, par le signe de la division, de combien il s'en faut que la modification soit complète; par exemple, le tétraèdre est produit par la moitié des modifications qu'une seule face pourrait produire à chacun des angles

______

(1) Excepté dans les formes hémièdres, telles que le tétraèdre, etc., voy. la note, page 24.

d'un cube, et pour l'exprimer, on écrira sur la face du tétraèdre $\frac{2}{7}$, pl. 4, fig. 8.

Lorsque la modification sera multiple, comme celle des arêtes d'un cube par un biseau, on pourra la représenter par le nombre de ces arêtes, multipliant celui des modifications, ou par 12×2, ou 12. 2, pl. 3, fig. 11.

Si la modification était faciangulaire ou arétangulaire, on pourrait la désigner par le nombre de faces ou d'arêtes multipliant le nombre de modifications que chacune d'elles subirait, ou bien par le nombre d'angles multipliant également le nombre de ses modifications. Ce dernier mode est adopté pour toutes les figures de cet ouvrage. Mais, pour distinguer les modifications des arêtes, les chiffres indiquant les premières porteront un o pour exposant, et les autres, une petite ligne —. (Voy. pl. 3, fig. 13, 14 et 15, et pl. 4, fig. 1, 2, 3.) Les biseaux obliques seront indiqués par ces deux signes réunis 2 , pl. 4, fig. 4, 5, 6.

Lorsqu'un solide présentera plusieurs parties de même nom, mais différentes, on les désignera par ' , " , ''', etc. Par exemple, un prisme rectangulaire a six faces de trois espèces qui se ressemblent deux à deux : on placera sur ces faces 2, 2', 2'', pl. 6, fig. 10.

Le nombre des formes primitives adoptées par M. Beudant et par M. G. Rose est le même, quoique le premier de ces cristallographes se fonde principalement sur la disposition des faces, et le second sur la nature des axes.

Ces formes sont au nombre de six : le cube, le rhomboèdre, le prisme droit à bases carrées, le prisme droit à bases rectangulaires, le prisme oblique à bases rectangulaires, et le prisme oblique à bases de parallélogrammes obliquangles.

Le CUBE est un solide à six faces carrées ; d'où il suit

qu'elles sont égales et inclinées entre elles de 90°. Il a huit angles trièdres (1) identiques, douze arêtes également identiques, quatre axes angulaires, trois axes faciaux et six axes d'arêtes (voy. ci-dessus pl. 3, fig. 1 et 3).

Les principales formes dérivées du cube sont : l'octaèdre, le dodécaèdre, les ikositétraèdres, le tétrakishexaèdre, l'hexakisoctaèdre, le tétraèdre, l'hémiikositétraèdre, l'hémihexakisoctaèdre et l'hémitétrakishexaèdre (2).

Le cube, modifié par des faces perpendiculaires aux extrémités des axes, produit le cubo-octaèdre, fig. 4 et 5, et l'octaèdre, fig. 6 : sulfo-arséniure de cobalt de Tunaberg. Modifié par une seule facette perpendiculaire à chaque axe d'arêtes, il donne les solides, fig. 7 et 8; le dernier est le cubododécaèdre : sulfo-arséniure de cobalt. Il donne enfin le solide, fig. 9, qui est le dodécaèdre : grenats, fer oxidulé, amphigène. La figure 13 représente un cube modifié à la fois sur les angles et les arêtes ; ce solide présente les faces du cube, de l'octaèdre et du dodécaèdre. Si au lieu d'une seule troncature il se trouve un biseau sur les arêtes du cube, on a alors le solide fig. 11, et celui qui est représenté fig. 12, qui est le tétrakishexaèdre de M. G. Rose, ou le cube pyramidal d'Haüy.

Le produit de la modification faciangulaire du cube est le trapézoèdre, pl. 3, fig. 15, dont le passage est indiqué par les fig. 13 et 14. Si la modification du cube est *arétangulaire*, on obtient alors les solides pl. 4, fig. 1, 2, 3. La dernière représente le *triakisoctaèdre* de M. G. Rose.

Six facettes provenant d'une espèce de biseau incliné

----

(1) A trois faces.

(2) La plupart de ces noms sont empruntés à M. G. Rose. La particule *hémi*, ajoutée au devant d'eux, exprime que la modification qui a produit les solides qu'elle affecte ne s'est opérée qu'à demi.

sur les angles du cube donnent des solides à quarante-huit faces, dont la fig. 4 indique le passage. Ces solides varient suivant l'inclinaison des faces, et peuvent se rapprocher plus ou moins de la forme du cube, de celle de l'octaèdre ou de celle du dodécaèdre, comme les fig. 5 et 6 l'indiquent.

Si le cube subit des modifications incomplètes, il peut donner lieu au tétraèdre par la moitié des troncatures qui produiraient l'octaèdre, fig. 7 et 8.

Trois facettes faciangulaires, situées à une seule des extrémités de l'axe angulaire d'un cube, donnent l'hémiikositétraèdre de M. G. Rose, fig. 9.

Le cube, altéré par la moitié des modifications qui conduisent au cube pyramidal d'Haüy, pl. 111, fig. 12, donne le *dodécaèdre pentagonal*, pl. 4, fig. 11, dont le passage est indiqué fig. 13. Ce solide irrégulier a huit angles trièdres qui correspondent à ceux du cube. Si ces huit angles sont remplacés par des facettes, on obtient *l'icosaèdre*, fig. 12, solide à vingt faces triangulaires, dont douze correspondent à celles du dodécaèdre pentagonal, et huit, à celles de l'octaèdre.

L'octaèdre régulier est un solide terminé par huit faces triangulaires, équilatérales, inclinées entre elles de 109°, 28', 16". Il a six angles tétraèdres, identiques, et douze arêtes également identiques. Les axes sont les mêmes que ceux du cube, si ce n'est que les axes faciaux sont devenus angulaires, et que les axes angulaires sont devenus faciaux. Les angles d'arêtes sont restés les mêmes, aussi l'octaèdre a-t-il autant d'arêtes que le cube, seulement elles se croisent avec celles de ce solide sous des angles de 90°. On voit cela dans la fig. 7 de la pl. 7, qui représente la pénétration d'un cube et d'un octaèdre.

L'octaèdre, par ses modifications, donne les mêmes dérivés que le cube ; ce que l'on voit facilement par la seule inspection des figures; par exemple , modifié sur les arêtes, pl. 4, fig. 14, il donne le dodécaèdre, comme il vient d'être dit.

Le *dodécaèdre rhomboïdal* est un solide à douze faces rhomboïdales ; chacune des faces a deux angles de 60° et deux de 120°. Ce solide a huit angles trièdres corespondant à ceux du cube , par conséquent aux faces de l'octaèdre , et six angles tétraèdres correspondant aux faces du cube et aux angles de l'octaèdre. Les axes du dodécaèdre rhomboïdal sont les mêmes que ceux du cube. Ce qui vient d'être dit, et l'inspection de la fig. 9, pl. 3, indiquent cette relation qui est rendue très sensible encore dans la fig. 10, qui montre à la fois les faces du cube, de l'octaèdre et du dodécaèdre.

Le *tétraèdre* est un solide à quatre faces triangulaires , équilatérales, inclinées entre elles de 70°, 31', 44" ; il a quatre angles trièdres et six arêtes. Ses axes d'arêtes correspondent aux axes faciaux du cube , aux axes angulaires de l'octaèdre et aux axes angulaires tétraédriques du dodécaèdre rhomboïdal. Les autres axes du tétraèdre sont des axes faciangulaires qui se rapportent aux axes d'arêtes du cube, comme cela est indiqué par la fig. 2, pl. 3.

Les arêtes du tétraèdre correspondent aux diagonales des face du cube.

En enlevant les quatre angles solides du tétraèdre, on produit quatre nouvelles faces et l'on obtient un octaèdre dont les angles correspondent au milieu des arêtes du tétraèdre.

Modifié à chaque angle par trois facettes faciangulaires , le tétraèdre peut donner naissance au dodécaèdre , pl. 3 , fig. 9.

Le RHOMBOÈDRE est un solide à six faces rhomboïdales ,

semblablement disposées, trois à trois, autour d'un axe principal avec lequel elles forment des angles très variables. Si ces angles ont moins de 35° 15' 52", le rhomboèdre est aigu, pl. 5, fig. 1 ; dans le cas contraire, il est obtus, fig. 2. La valeur d'angle qui vient d'être indiquée appartenant au système cubique, il en résulte que le cube est le passage entre les rhomboèdres aigus et les rhomboèdres obtus.

Dans les rhomboèdres il existe encore trois axes qui se coupent sous des angles de 60°; six arêtes *culminantes* qui se réunissent trois à trois à chacune des extrémités de l'axe principal; six arêtes latérales, d'un autre ordre, qui joignent deux à deux les extrémités des axes latéraux ; deux angles *sommets ou culminans à trois faces*, et six angles latéraux, également à trois faces.

Les faces rhomboïdales des rhomboèdres aigus se joignent par les angles aigus, pour en former les sommets. Dans les rhomboèdres obtus, c'est par les angles obtus que les rhomboèdres se réunissent.

Si les angles des faces du rhomboèdre étaient de 60° et de 120°, ce solide pourrait appartenir au système cubique et être construit avec deux tétraèdres appliqués sur les faces opposées d'un octaèdre, pl. 5, fig. 3. On voit aussi, par là, qu'en supprimant les sommets d'un autre rhomboèdre quelconque par des troncatures, on obtient un octaèdre irrégulier.

Les rhomboèdres peuvent donner un prisme hexaèdre par deux espèces de modifications, parallèles à leur axe principal, sur les arêtes latérales ou sur les angles latéraux, fig. 4, 5, 6, pl. 5. Dans la fig. 5, les sommets du rhomboèdre sont supprimés. Si les arêtes et les angles étaient modifiés ensemble, on aurait un prisme à douze pans, fig. 7.

Si les facettes qui remplacent les angles latéraux du rhomboèdre, au lieu d'être parallèles à l'axe, sont inclinées sur cet axe, elles peuvent reproduire un autre rhomboèdre, si elles font disparaître entièrement des faces du premier; mais, si elles n'en détruisent que la moitié, en s'inclinant sur l'axe principal de la même quantité que les faces du rhomboèdre primitif, on obtient le dodécaèdre à triangles isocèles, fig. 9, dont le passage est indiqué fig. 8.

Le dodécaèdre à triangles isocèles peut en donner un autre lorsqu'il est modifié par une seule facette sur chacune de ses arêtes culminantes.

Il existe aussi des dodécaèdres à triangles scalènes, fig. 14, qui peuvent naître toutes les fois que six parties identiques du rhomboèdre sont modifiées chacune par deux facettes inclinées à l'axe; ainsi un biseau sur chacune des arêtes culminantes, fig. 10, ou sur chacune des six arêtes latérales, fig. 11, des doubles facettes faciangulaires, culminantes, fig. 12, ou latérales, fig. 13, donneront des dodécaèdres à triangles scalènes qui pourront considérablement varier par la valeur de leurs angles, selon leur origine et l'inclinaison des facettes.

Les dodécaèdres isocèles ou scalènes donnent des solides à vingt-quatre faces isocèles ou scalènes, lorsqu'ils sont incomplétement modifiés sur leurs arêtes culminantes. La fig. 5 représente un de ces solides à triangles isocèles.

On conçoit facilement que chacun de ces solides peut reproduire des rhomboèdres en subissant quelques modifications, et que chacun d'eux pourra aussi changer plus ou moins d'aspect selon qu'il proviendra d'un rhomboèdre obtus ou d'un rhomboïde aigu, et qu'il présentera des facettes dans quelques unes de ses parties. Le prisme hexaèdre, par exemple, pourra être terminé par des pointemens à trois faces ou à six faces obtenus par l'ablation des angles ou des arêtes, ou devenir un prisme à douze pans par des facettes remplaçant les arêtes latérales, etc.

Tous les prismes hexaèdres appartenant au système rhomboédrique sont réguliers et ont des angles latéraux de 120°, ce qui les distingue des prismes d'un même nombre de côtés, provenant des prismes à bases de parallélogrammes.

Le PRISME DROIT A BASES CARRÉES a huit angles identiques, quatre arêtes latérales, huit arêtes aux deux bases, quatre faces latérales, qui sont rectangulaires, deux faces carrées, qui en sont les bases, un axe principal, qui joint les centres des bases, pl. 6, fig. 1.

L'aspect d'un tel prisme peut considérablement varier suivant que son axe principal est plus grand ou plus petit que les côtés des bases, fig. 1, 2. Si cet axe avait la même dimension que ces côtés, ce serait un cube. On distingue les prismes à bases carrées de ce dernier solide par les modifications qui se font sous des angles différens, qui sont parallèles aux diagonales des faces tronquées, comme l'indique la figure 3 (1). Ainsi donc, connaissant l'inclinaison des facettes, on peut déterminer la hauteur relative du prisme, *et vice versâ*.

Modifié par une seule facette sur les arêtes latérales, le prisme à bases carrées donne un prisme à huit pans, fig. 4, ou un autre prisme à base carrée, qui est inverse du premier, s'il en fait disparaître toutes les faces. Modifié par un biseau, il donne un prisme à douze pans, dont quatre faces prennent ordinairement plus d'accroissement que les au-

---

(1) Il y a quelques exceptions, mais les modifications qui leur donnent lieu se font suivant certaines lois trouvées par Haüy, qui sont encore en relation avec la forme primitive.

tres. Par l'ablation des arêtes des bases, on obtient un octaèdre, dit à base carrée (1), fig. 6, dont le passage est indiqué fig. 5. Par l'ablation des huit angles, fig. 7, on obtient un octaèdre qui est inverse du précédent. L'octaèdre direct et l'octaèdre inverse, combinés ensemble, donnent un solide à seize faces, formé de deux pyramides octaédriques accolées base à base, fig. 8.

Si les octaèdres étaient beaucoup plus courts, leur apparence serait différente; mais on les reconnaîtrait toujours facilement.

La modification sur les arêtes latérales et celles de la base peut avoir lieu en même temps; le solide qui en résulte diffère du cubo-dodécaèdre, en ce que les facettes des bases ne sont pas également inclinées sur les pans et les bases, fig. 9.

Les prismes à bases carrées et les octaèdres qui en dérivent offrent encore quelques modifications que l'on distinguera de celles du cube et de ses dérivés, parce que, souvent, elles ne sont point complètes, attendu que toutes les parties de même nom ne sont pas identiques dans ces prismes, et parce qu'elles se forment sous des angles différens lorsqu'elles n'appartiennent pas aux arêtes latérales.

Le PRISME DROIT A BASES RECTANGULAIRES est un solide à six faces rectangulaires, qui forment entre elles des angles droits. On reconnaît dans ce prisme : huit angles identiques; douze arêtes de trois ordres différens, quatre latérales; quatre, dont deux à chaque base, et quatre autres appartenant aussi aux bases, mais qui diffèrent par leurs dimensions. Les deux faces des bases sont semblables, et les quatre faces latérales sont de deux sortes différentes. Il

____

(1) On appelle la base d'un octaèdre le plan perpendiculaire à l'axe qui passe par les angles latéraux.

possède trois axes faciaux dont un est principal et perpendiculaire aux deux autres qui sont inégaux, réunis à
angles droits et dans le même plan. Les dimensions relatives de ces axes sont exactement comme celles des côtés
auxquels ils correspondent, pl. 6, fig. 10.

Les parties de ce solide se modifient encore par des
troncatures parallèles aux diagonales des faces endom-
magées.

Les huit angles étant identiques, ils sont modifiés tous
à la fois, et il en résulte un octaèdre dit *symétrique*, à
base rhomboïdale et à triangles scalènes, fig. 11.

Les arêtes semblables sont parallèles quatre à quatre.
De leur modification particulière, il pourra résulter trois
sortes de prismes à bases rhomboïdales, dont les figures
13, 14 et 15 offrent des exemples; dans la figure 13, on a un
prisme octogonal, irrégulier. Si deux des faces du solide primitif ont disparu, on a un prisme hexagonal irrégulier.

Le système rhomboédrique peut aussi donner naissance
à un prisme à bases rhomboïdales; mais il a toujours des
angles de 60 et de 120° degrés, ce qui le distingue de
presque tous ceux qui appartiennent au système prismatique rectangulaire. On peut le considérer comme un prisme hexagone régulier, réuni à des prismes trièdres par
deux côtés opposés.

Le prisme droit à bases rectangulaires, modifié sur
deux espèces d'arêtes à la fois, ou le prisme à bases rhomboïdales modifié sur une seule espèce de ses angles, qui sont
de deux sortes, donne un octaèdre à bases rectangulaires
et à triangles isocèles, pl. 6, fig. 13; par douze facettes
correspondant aux douze arêtes du prisme rectangulaire,
on obtient un prisme rhomboïdal terminé par des pointemens à quatre faces.

Ce court exposé suffit pour démontrer qu'un seul prisme à bases rectangulaires peut donner lieu à plusieurs octaèdres symétriques ou rectangulaires et à plusieurs prismes rhomboïdaux qui, eux-mêmes, sont susceptibles de modifications ; par exemple, l'octaèdre symétrique, modifié obliquement sur quatre de ses arêtes, peut donner lieu à un dodécaèdre à triangles isocèles, qui est irrégulier ; ce qui le distingue de ceux qui proviennent du système rhomboédrique, pl. 5, fig. 9. L'octaèdre à bases rectangulaires, à cause de l'inégale inclinaison des facettes qui modifient les arêtes, sera très souvent un octaèdre allongé, fig. 3, qui porte le nom de cunéiforme parce qu'il affecte la forme d'un coin : titane anathase.

Les côtés du prisme rectangulaire que l'on doit prendre pour base sont arbitraires, et l'on conçoit que l'octaèdre dont il vient d'être question pourra être considéré comme un prisme rhomboïdal modifié sur quatre de ses angles: sulfate de baryte.

Le PRISME OBLIQUE A BASES RECTANGULAIRES est un solide moins régulier que tous ceux qui ont précédé. Il a trois espèces d'axes principaux, qui sont faciaux et dont les dimensions sont comme celles des côtés du prisme qui leur sont parallèles. Il en est deux qui sont perpendiculaires entre eux et obliques relativement au troisième que l'on prend pour axe principal. Cet axe est indiqué dans la fig. 1, pl. 7, par les lettres a, b.

Dans le prisme oblique à bases rectangulaires, ainsi que dans les autres prismes à bases quadrilatérales, il y a six faces, huit angles et douze arêtes qui ne sont pas tous du même ordre. Les angles sont de deux sortes : 1° quatre, qui sont formés par la rencontre de trois plans, dont deux à angles droits, et un à angles obtus c, d, i ; 2° quatre au-

tres angles solides, formés par la réunion de trois plans,
dont deux à angles droits et un à angle obtus c, f, g, h. Les
arêtes sont de trois espèces : 1° quatre, qui sont parallèles à l'axe principal, $c\,g, d\,h, e\,i, fj$; 2° quatre autres,
qui sont parallèles à elles-mêmes, coupent les premières
obliquement, aboutissent par une extrémité à un angle
obtus, de l'autre à un angle aigu, et se trouvent être deux
à chaque base, $c\,e, d\,f, g\,i, h\,j$; 3° deux arêtes parallèles,
formées par la rencontre de deux plans sous un angle
obtus : il n'en existe qu'un seul à chaque base, $c\,d, i\,j$;
4° enfin, deux arêtes parallèles, formées par la rencontre
de deux plans sous une incidence aiguë; il n'en existe
également qu'une seule à chaque base, $e\,f, g, h$. Ces deux
dernières espèces d'arêtes aboutissent par chaque extrémité à des angles identiques, qui ne sont pas les mêmes
pour chacune d'elles.

Les faces sont de trois ordres et parallèles deux à deux.

Par l'ablation d'une seule espèce d'angles, on obtient un
octaèdre cunéiforme, irrégulier, présentant trois sortes de
faces : quatre parallèles, qui proviennent de la modification et quatre autres, dont deux appartiennent aux pans
du prisme, et deux appartiennent aux bases. L'octaèdre
qui naît par la troncature des angles obtus diffère de
celui que l'on obtient par la troncature des angles aigus.
La pl. 7, fig. 2, représente un de ces octaèdres, ou
prismes, peu importe le nom que l'on voudra leur
donner.

Si les huit angles sont modifiés à la fois, on obtient un
octaèdre à base rhomboïdale, fig. 3.

Modifié sur les quatre arêtes parallèles à l'axe principal,
le prisme oblique à bases rectangulaires donne un prisme
octogonal oblique, fig. 4, si les facettes n'ont pas entière-

ment fait disparaître les faces du solide primitif; dans le cas contraire, on aurait un prisme oblique à bases rhomboïdales, fig. 5. Si les quatre autres arêtes parallèles sont modifiées, on obtient encore des solides analogues à ceuxci, en prenant un des côtés pour bases. Si les arêtes aiguës et obtuses des bases sont modifiées séparément, on obtient des prismes hexagones, droits, irréguliers, en prenant encore un des côtés pour base. Si ces deux sortes d'arêtes sont modifiées à la fois, on obtient, comme pour les arêtes prises quatre à la fois, des prismes octogonaux, irréguliers, ou des prismes quadrilatéraux, irréguliers aussi, toujours en prenant un des côtés pour base (1).

Si quatre arêtes d'une espèce sont modifiées en même temps que quatre autres arêtes d'une ou de deux espèces, on a des octaèdres irréguliers. Si les douze arêtes sont modifiées ensemble, on peut obtenir un dodécaèdre irrégulier, qui présentera alors des faces de trois espèces différentes, ce qui est indiqué par leur origine.

Que l'on combine maintenant les modifications de chaque espèce d'arêtes avec celles de chaque espèce d'angles, qu'on les réunisse deux à deux et trois à trois, qu'on les modifie par des biseaux, par des facettes faciangulaires et arétangulaires, que l'on opère de semblables modifications sur les dérivés, on pourra se faire une idée des nombreuses modifications du prisme oblique à bases de parallélogramme rectangulaire.

Plusieurs minéraux remarquables appartiennent à ce système cristallin, et l'on trouve presque toujours au sommet des prismes des arêtes médianes et obliques qui indiquent leur origine : épidotes, pyroxènes.

(1) Je ne prends un des côtés pour base qu'afin de pouvoir donner un nom connu à la forme dérivée.

LE PRISME OBLIQUE A BASES DE PARALLÉLOGRAMME OBLIQUANGLE s'éloigne encore plus de la régularité que le prisme oblique à bases rectangulaires. Toutes les parties qui le constituent sont identiques deux à deux. Ces parties identiques sont opposées à chacune des extrémités d'un axe. Ce solide présente donc six faces de trois ordres différens, huit angles de quatre ordres différens, douze arêtes de six ordres différens, et, enfin, treize axes, dont trois faciaux, quatre angulaires et six d'arêtes, absolument différens. Les trois axes faciaux, les seuls que l'on considère ordinairement dans ce prisme, sont obliques les uns sur les autres, ce qui les distingue de ceux du système précédent, dont deux axes sont à angles droits. Les modifications qu'il produit peuvent être fort nombreuses. Très peu de cristaux appartiennent à ce système cristallin : on ne cite tout au plus que l'axinite et le sulfate de cuivre hydraté.

M. Brochant de Villiers distingue trois espèces de prismes obliques : un qui est incliné sur une arête, un qui est incliné sur un angle, et enfin un dernier, qui est incliné de telle façon qu'il ne repose ni sur un angle, ni sur une arête. Ces sortes de prismes peuvent effectivement embrasser tous les prismes obliques possibles (1).

Application de la cristallographie.

La cristallographie, telle qu'elle vient d'être exposée, démontre bien la relation géométrique qui existe entre les différentes formes que les cristaux peuvent affecter, mais elle ne prouve pas que telle ou telle autre forme d'un système soit plutôt primitive que secondaire ; par exemple, le

(1) On comprend facilement le genre d'obliquité dont il est ici question en la rapportant à un plan perpendiculaire à l'axe principal.

fer sulfuré cristallise en cube, en octaèdre, en dodécaèdre, etc., et comme le cube peut dériver de l'octaèdre et
du dodécaèdre, tout aussi bien que ceux-ci peuvent dériver du cube, il n'y a pas de raison pour adopter une de ces
formes préférablement à une autre. Cet inconvénient a conduit à adopter des *formes dominantes*, qui ne sont rien autre
chose que les formes sous lesquelles telles espèces cristallines se rencontrent le plus communément; par exemple,
on a pris le cube pour le fer sulfuré jaune, le dodécaèdre
pour le grenat; l'octaèdre pour le rubis spinelle; le prisme
hexaèdre pour l'émeraude, etc.

L'usage des formes dominantes est bon en ce qu'il rappelle une modification qui est caractéristique. Cependant le
choix que l'on est ainsi porté à faire peut être entièrement
contraire à la nature des choses : on déduit de l'observation
et le raisonnement démontre que la matière est formée de
particules insécables que l'on nomme atomes, qu'il y a des
atomes de plusieurs natures, et que c'est par une disposition symétrique ou régulière de ces atomes que les cristaux prennent naissance; qu'entre la forme des cristaux
et celle des atomes il y en a une autre, intermédiaire, qui
peut produire toutes les modifications d'un système cristallin, et qui a reçu le nom de *molécule intégrante*.

Le choix de la forme de cette molécule intégrante, qui
est quelquefois semblable à la forme primitive, ne peut
donc pas être arbitraire; mais ce qui manque pour la déterminer avec certitude dans un grand nombre de cas, c'est
que, sachant le rapport des atomes entrant dans une
molécule et le système cristallin qu'elles produisent,
on ne sait pas si ces molécules doivent se grouper
par juxta-position ou s'équilibrer à certaines distances,
n'étant en rapport que par des angles ou des arêtes. Si la

première supposition était réelle, les cristaux ne pourraient avoir, pour formes primitives, que des prismes, y compris le cube et le rhomboèdre. Cela exclurait les octaèdres, qui ne peuvent se grouper régulièrement que sur leurs angles et sur leurs arêtes, en laissant des espaces vides, tétraédriques; et les tétraèdres qui laissent des espaces octaédriques. L'opinion la plus probable, et la seule même qui paraisse d'une application générale, serait celle qui admettrait ces deux genres de groupemens.

Il est encore un ordre de faits bien remarquables, qui conduit à fixer le choix de la forme primitive : c'est que la plupart des minéraux cristallisés jouissent de la propriété de se diviser régulièrement par le choc ou par l'action d'une lame tranchante. On appelle *clivage* cette propriété des cristaux. La galène, cristallisée régulièrement, par le choc, présente des fissures, disposées à angles droits, qui donnent une multitude de petits cubes; la fluorine donne, dans les mêmes circonstances, des cubes, des octaèdres et des tétraèdres ; la chaux carbonatée rhomboédrique donne des rhomboèdres; le gypse et les micas se divisent en lames parallèles, lorsqu'on les sépare dans une certaine direction avec un instrument tranchant. On est ainsi conduit à adopter le cube pour forme primitive de la galène, le rhomboèdre pour celle du spath d'Islande ; mais la multiplicité des formes obtenues de la fluorine empêche de rien conclure : on est obligé de se baser sur d'autres données.

Jusqu'à présent, les formes dérivées ont été présentées comme résultant de l'ablation ou troncature de quelques unes des parties d'une forme primitive. Cela enchaînait bien les faits et facilitait leur étude ; mais ce n'est certainement point ainsi que la nature agit. Les molécules intégrantes ont une certaine forme qui peut donner les formes dérivées par des groupemens différens. Ainsi des cubes, en se groupant, peuvent donner naissance à l'octaèdre et au dodécaèdre, etc., comme on le voit pl. 7, fig. 8, 9. On conçoit facilement que les molécules intégrantes sont assez petites pour que la surface du solide puisse même paraître très polie, malgré ces espèces de groupemens. Cependant le fer sulfuré octaédrique présente souvent une surface mate qui semble rappeler les angles des petits cubes intégrans, et les dodécaèdres du sulfo-arséniure de cobalt ont des stries dans la direction des arêtes des cubes intégrans.

Par des groupemens analogues, le rhomboèdre obtus peut donner des rhomboèdres aigus, pl. 7, fig. 10.

Ces observations sont si précises, et les angles des cristaux naturels sont tellement en relation avec ceux que donne la théorie, qu'il est on ne peut plus probable que la nature n'emploie pas d'autres moyens. Un pareil genre d'observation démontre évidemment que la forme primitive de la fluorine est le cube et non ses dérivés.

Une observation du même genre, encore bien digne de marque, et qui conduit à adopter cette manière de voir, est que, dans la nature, on n'a jamais rencontré le dodécaèdre pentagonal régulier; mais un dodécaèdre symétrique, qui peut être rigoureusement construit avec un assemblage de cubes, comme celui qui est indiqué, pl. 7, fig. 8. On voit que ce genre de groupement a lieu par des rangées de molécules qui sont réunies par deux dans un sens et une à une dans un sens opposé.

Le carbonate de chaux, qui a déjà été signalé comme donnant des rhomboèdres toujours semblables par le clivage, offre cependant des cristaux naturels rhomboédriques, beaucoup plus obtus ou beaucoup plus aigus que le rhomboèdre de clivage ; mais si l'on vient à les rompre, on retrouve toujours ce dernier rhomboèdre, et l'on voit que les rhomboèdres secondaires , d'après leurs angles , peuvent être rigoureusement construits avec les rhomboèdres primitifs, en les ajoutant par rangées, deux contre un, trois contre un , trois contre deux , etc.

Est-il actuellement possible de penser que des cristaux qui présentent de telles modifications puissent avoir une autre forme primitive que celle qui peut, par des groupemens, donner toutes les formes dérivées ?

Groupement des cristaux.

Les cristaux se réunissent quelquefois de plusieurs manières remarquables qui donnent naissance aux *pénétrations*, aux *macles*, aux *hémitropies* et aux *transpositions*.

La *pénétration* a lieu lorsqu'un cristal se forme sur un autre qui lui sert de noyau, sans que leurs faces soient parallèles, si le solide est identique. La fig. 7 , pl. 7 , représente la pénétration d'un cube et d'un octaèdre.

Les *macles* résultent de l'entrecroisement des cristaux prismatiques : cet entrecroisement se fait souvent sous des angles qui sont en relation avec les modifications que peuvent subir les cristaux qui leur donnent naissance. La staurotide en offre des exemples bien remarquables, pl. 8, fig. 1.

Les *hémitropies* sont fort curieuses en ce qu'elles semblent présenter deux moitiés d'un cristal qui se seraient réunies en sens inverse de leur position normale, comme si l'une d'elles avait fait un demi-tour sur elle-même. Ainsi le feldspath, pl. 8 , fig. 2 , présente un cristal oblique qui, au moyen de l'hémitropie, prend l'aspect indiqué, fig. 2. L'oxide d'étain présente souvent cette altération.

La *transposition* est une hémitropie incomplète, représentée seulement par un sixième de révolution.

On a pu remarquer jusqu'à présent que pas un des cristaux simples n'a présenté d'angles rentrans. Cela ne s'observe que sur des cristaux réunis.

Quant à leur manière d'être dans la nature, les cristaux sont *disséminés* dans une roche ou *gangue*, fig. 3, comme les tourmalines, l'oxide de fer magnétique, etc., ou bien implantés, fig. 4, comme le quarz, l'épidote, le sulfate de strontiane, etc.

Mais les minéraux ne sont pas toujours cristallisés, et lors même qu'ils le seraient, leur forme pourrait n'être pas déterminable par les moyens géométriques; on se sert alors pour les décrire de plusieurs termes que nous allons faire connaître : quand la forme est absolument indéterminable, on dit que le minéral est *amorphe* (1). Tantôt les cristaux sont des prismes excessivement minces et on les dit *soyeux*: gypse, malachite; lorsqu'ils sont droits et déliés, on les dit aiguillés : *mélotype*; s'ils sont plus gros, prismatiques et accolés les uns contre les autres comme des baguettes en faisceau, on les dit *bacillaires* : aragonite; on les dit *lenticulaires* s'ils affectent la forme d'une lentille : gypse.

Lorsque les minéraux paraissent formés de lames assez étendues et parallèles, on les dit *laminaires* ; si les lames sont petites et entrecroisées irrégulièrement, ils sont *lamellaires*. On les dit *stratifiés* lorsqu'ils sont disposés par couches parallèles et ondulées. Enfin il est une foule d'autres termes faciles à comprendre, et qu'il serait inutile de rappeler ici.

_____

(1) De l'*a* privatif et de μορφη forme; sans forme.

La *cassure* présente aussi quelques caractères : ou la dit *droite, conique, conchoïde* (en écaille), *raboteuse, céreuse, esquilleuse, vitreuse*. Tous ces termes sont d'une intelligence tellement facile qu'il serait superflu de donner le moindre développement.

Densité. La densité des minéraux étant très variable peut aider à les reconnaître quand le doute ne porte que sur un petit nombre d'espèces. Les minéralogistes la déterminent au moyen de la balance de Nicholson , qui est très portative , pl. 2, fig. 1. C'est une espèce d'aréomètre portant deux plateaux marqués *a, b*. Pour se servir de cet instrument, on le plonge dans l'eau distillée ou dans l'eau de pluie : il s'y enfonce environ jusqu'en *c d;* alors on ajoute des poids dans le plateau *a*, jusqu'à ce que l'eau *affleure* un petit trait qui est marqué *e, f*. Cette opération n'a besoin d'être faite qu'une seule fois. seulement il faut noter les poids que l'on a ajoutés. La densité se déterminant en pesant un corps alternativement dans l'air et dans l'eau, on arrivera à ce résultat en prenant un échantillon bien pur, cristallisé s'il est possible, et pesant moins que le poids enregistré , le plaçant sur le plateau *a*, et ajoutant des poids pour obtenir l'affleurement; il en faudra moins que dans le premier cas , et le poids du corps sera représenté par ce qui manque pour y arriver. Cela fait, on laisse les poids dans le plateau *a :* si le corps est plus pesant que l'eau, on le place dans le plateau *b;* s'il nageait sur elle, on renverserait ce plateau en l'accrochant par l'anneau *g* au crochet *h;* puis, pour le lester, on mettrait le petit poids *i* dans l'anneau *j*, et l'on mettrait le corps sous le plateau. On plonge l'aréomètre et l'on ajoute de nouveaux poids qui représentent celui du volume de l'eau déplacée; or, en divisant le poids du corps, pris dans l'air , par ce poids de l'eau déplacée, on a la densité cherchée, rapportée à l'eau prise pour unité (1).

Action de la lumière sur les minéraux. Les corps sont *transparens* lorsqu'ils permettent de distinguer les objets au travers : silice, topaze, carbonate de chaux rhomboédrique, etc. Ils sont *opaques* s'ils ne transmettent point la lumière : métaux, sulfures de fer, de cuivre, etc.; *translucides* si, perméables à la lumière, ils ne permettent pas de voir au travers : calcédoine, albâtre, etc.

La *réfraction* des minéraux est aussi fort remarquable. Tantôt elle est *simple*, c'est à dire que le corps dévie simplement la lumière qui parvient obliquement à sa surface, comme tous les minéraux transparens qui appartiennent au système cubique : *sel gemme*; ou ceux qui n'ont jamais cristallisé : *verre volcanique*. Tantôt elle est *double*; alors la lumière, au lieu de se dévier simplement, se divise en deux faisceaux, et lorsqu'au travers des corps jouissant de cette propriété, on regarde un objet dans certaine position, on le voit double : tous les minéraux transparens et cristallisés qui n'appartiennent point au système cubique, mais surtout le carbonate de chaux rhomboédrique ou spath d'Islande.

Couleur des minéraux. La couleur des minéraux est

(1) Pour obtenir une densité avec exactitude, il faudrait peser le corps dans le vide, car le volume de l'air déplacé diminue son poids d'une certaine quantité; mais elle est si faible, que l'on peut la négliger dans les expériences ordinaires. Il est aussi bon de tenir compte de la température de l'eau; car comme elle se dilate par la chaleur, sa densité diminue nécessairement en raison de cette dilatation et le résultat est altéré; mais c'est aussi d'une faible quantité.

Quel que soit le procédé employé pour obtenir une densité, voici la formule générale à l'aide de laquelle on peut la trouver : soient P le poids du corps dans l'air ou dans le vide, et p son poids pris dans l'eau ; P—p représente le poids de l'eau déplacée, et $\frac{P}{P—p} = D$.

quelquefois un signe caractéristique de l'espèce ; mais elle est aussi souvent très variable. Le fer bisulfuré cubique est toujours d'un jaune métallique, si ce n'est à la surface, au moins dans l'intérieur de ses cristaux ; le fer oligiste est toujours gris d'acier lorsqu'il est cristallisé ; mais la fluorine et le quarz peuvent affecter toutes les couleurs. Il est bon de remarquer que la pulvérisation, en détruisant l'éclat métallique, change quelquefois complétement les couleurs : le fer oligiste, qui vient d'être cité, est rouge lorsqu'il est réduit en poudre : cette couleur est plus constante que la première.

La *dureté* des corps se mesure par l'effort qu'il faut faire pour les entamer ou simplement les rayer, et non point par l'effort qu'il faut faire pour les rompre ; cet effort mesurerait leur cohésion. Comme il est fort difficile d'obtenir une appréciation suffisante par un pareil moyen d'investigation, M. Mohs a eu l'heureuse idée de choisir une série de minéraux faciles à trouver, et de duretés différentes, qui servent de termes de comparaison. Voici cette série :

1°. Talc laminaire, blanc.
2°. Gypse prismatique, limpide.
3°. Calcaire rhomboïdal.
4°. Fluorine octaédrique.
5°. Phosphorite apatite.
6°. Feldspath adulaire limpide.
7°. Quarz hyalin.
8°. Topaze jaune du Brésil.
9°. Corindon télésie rhomboïdal.
10°. Le diamant limpide, octaédrique.

Le premier de ces corps est rayé par tous ceux qui le suivent ; le dernier, qui est le plus dur de tous ceux qui

sont connus, n'est rayé par aucun de ceux qui le précèdent. Un corps pris dans la série, quel qu'il soit, est rayé
par ceux qui le suivent, et raie ceux qui le précèdent; les
deux premiers sont rayés par l'ongle, les six premiers le
sont par l'acier d'un burin bien trempé. On essaie la
dureté d'un minéral par les corps qui viennent d'être désignés, et dans l'ordre des numéros, jusqu'à ce qu'on
en rencontre un qui le raie; pour n'être point trompé,
il faut essuyer le minéral après chaque essai pour voir si
la trace qui le recouvre est produite par sa propre poussière ou par celle du corps qui a servi pour l'essayer. Dire
qu'un corps est rayé par le quarz, c'est exprimer qu'il est
au moins aussi dur que le feldspath.

Électricité des minéraux. Beaucoup de minéraux
jouissent de la propriété de s'électriser par le frottement, et de pouvoir attirer et repousser ensuite des
corps très légers. Quelques uns s'électrisent par la simple compression : *calcaire rhomboédrique, topaze.* Le
premier de ces corps s'électrise vitreusement, et conserve
son électricité pendant un temps assez considérable. Haüy
a profité de cette propriété remarquable pour construire
un électroscope qui permet de distinguer l'électricité du
corps que l'on essaie. Voy. pl. 2, fig. 2. Un petit prisme
de calcaire rhomboïdal *a* est enchâssé à l'extrémité d'une
aiguille *b c,* qui se meut librement sur pied à pivot *d.*
L'aiguille est maintenue en équilibre par un contre-poids
b. Si l'on comprime entre le pouce et l'index le petit prisme, il s'électrise vitreusement, comme il vient d'être dit.
Si donc on en approche un corps électrisé de la même manière, il le repoussera; ce qui ne pourrait avoir lieu si le
corps n'était pas chargé d'une électricité semblable, car
un corps neutre ou électrisé résineusement l'attirerait;

mais pour distinguer le corps neutre du corps électrisé, il faut l'approcher de l'extrémité *b* de l'électroscope : le corps neutre n'agira point sur elle, et le corps électrisé l'attirera, quelle que soit l'électricité dont il pourra être chargé.

Un simple poil de chat fixé à l'extrémité d'une tige de bois ou de métal que l'on ferme dans un étui, est aussi un électroscope très sensible. Pl. 2, fig. 7.

Plusieurs minéraux s'électrisent par la chaleur, comme les *tourmalines*, le *boracite*, la *topaze*. Mais c'est le premier de ces corps qui présente ce phénomène de la manière la plus remarquable : si, après avoir chauffé un prisme de tourmaline, on le place rapidement dans un petit étrier de papier suspendu par un fil de soie non tordu (pl. 2, fig. 3), et si l'on approche alternativement un corps électrisé de chacune de ses extrémités, on voit qu'il en attire une et qu'il repousse l'autre. Mais la meilleure manière de faire l'expérience, est de suspendre le prisme de tourmaline dans un vase que l'on peut chauffer et refroidir à volonté. On observe alors que, quelle que soit la température du prisme, il ne donne pas de signes électriques, si elle est stationnaire; tandis qu'il en présente toujours de sensibles lorsqu'elle croît ou lorsqu'elle décroît. Mais, fait bien remarquable, l'extrémité du prisme qui donne de l'électricité positive pendant l'accroissement de température, donne de l'électricité contraire pendant son décroissement. On observe encore que les prismes de tourmaline, s'ils ont deux sommets cristallisés, présentent un défaut de symétrie. Un de ces sommets a toujours plus de facettes que l'autre; c'est celui qui donne de l'électricité négative pendant l'accroissement de température et de l'électricité positive pendant le décroissement. Voy. pl. 8, fig. 8.

Le défaut de symétrie des cristaux de tourmaline, s'observe généralement sur tous les cristaux pyro-électriques.

Magnétisme des minéraux. Le fer métallique, l'oxide noir de fer et quelques variétés de fer oligiste sont attirables à l'aimant. Pour rendre leur propriété magnétique très sensible, on les approche d'un barreau aimanté, mobile sur un pivot; il est facilement dévié de sa direction par un de ces corps.

M. Biot a vu qu'une espèce de mica cristallisé, qui ne renfermait que 0,06 de fer, suspendu après un fil non tordu, oscillait entre les pôles de deux barreaux fortement aimantés, et que, comparé à un autre mica qui contenait plus de fer, le nombre des oscillations était en raison de la quantité de ce métal que chacun d'eux renfermait. Ainsi, il y a toujours moyen de reconnaître le fer dans les corps qui le renferment. L'oxide de fer, dit oligiste, agit sur un barreau très mobile et fortement aimanté. Il cesse d'agir sur un barreau pesant et faiblement aimanté; celui-ci est cependant mis en mouvement par l'oxide noir de fer. Toutefois, le barreau aimanté est un instrument inutile pour le voyageur, à moins qu'il n'ait à reconnaître un faible aimant naturel qui aura toujours un pôle qui pourra repousser une des extrémités du barreau aimanté. La couleur de la poudre des oxides de fer oligiste et magnétique est un caractère très facile à mettre en évidence et qui est encore plus caractéristique que leur action magnétique.

De la classification des minéraux.

Les espèces minérales, dont le nombre augmente tous les jours, ne pourraient être étudiées sans ordre; il a donc été indispensable de les classer. Les classifications qui ont été publiées jusqu'à ce jour diffèrent quelquefois beaucoup

les unes des autres ; cependant on peut dire que presque
toutes celles de l'époque actuelle sont basées sur la constitution chimique des minéraux. Elles sont toutes bien loin
de ce que l'on peut espérer ; mais comme une discussion
sur un pareil sujet appartient à la partie philosophique de
la science, il me sera impossible de l'aborder ici ; je me
contenterai donc de dire que l'on doit regarder comme la
meilleure, celle qui satisfait au plus grand nombre d'exi-
gences, et que comme telle j'ai adopté, en y introduisant
quelques changemens, celle que M. Brongniart suit dans les
leçons qu'il fait au Muséum d'Histoire naturelle, quoiqu'elle
soit *hybride*, c'est à dire fondée sur plusieurs principes.

Quand on examine les êtres vivans on s'aperçoit, par
le moindre examen, qu'il existe entre eux une espèce de
filiation et d'enchaînement qui permet de partir d'un
être simple pour arriver à un plus compliqué, ou de partir d'un être compliqué pour arriver à un plus simple.
S'il se rencontre quelque lacune dans la série que l'on par-
court, on trouve quelquefois à l'état fossile des débris
d'êtres organisés qui permettent de la remplir. Cet enchaînement a servi de base pour toutes les classifications
dites naturelles. Lorsque l'on s'est occupé de ces classifications ou méthodes naturelles, on a d'abord voulu
faire des séries linéaires ; mais on s'est bientôt aperçu
qu'il était des affinités latérales qui faisaient qu'un tel
genre de série n'enchaînait point assez les êtres, et que
le moyen le plus convenable serait de les écrire sur un plan,
et de tirer des lignes d'une espèce à l'autre pour indiquer
les affinités.

Les êtres vivans ont des moyens de reproduction, et en
admettant cette idée vraie ou fausse, mais soutenue par
de Lamarck, que les circonstances ont pu les modifier et

faire que certaines espèces aient changé dans quelques unes de leurs parties sans perdre les caractères d'organisation primitive, on arrive *à priori* exactement au même mode de classification que celui qui, actuellement, est reconnu le meilleur de tous.

Aujourd'hui la nature est stationnaire : les êtres différens ne se croisent plus sans donner des germes impuissans, et l'espèce vivante se trouve déterminée en disant qu'elle se reproduit toujours la même par la génération.

On a groupé des espèces pour avoir des genres, des genres pour avoir des familles ou ordres, et des ordres pour avoir des classes. Ces genres, ces familles, ne peuvent être naturels, à moins qu'ils ne soient comme des rameaux complets, détachés du grand arbre de l'organisation. Cependant les moyens graphiques ne permettant pas de se passer de genres et de familles qui, au reste, approchent beaucoup des filiations naturelles, on les a donc conservés.

Chez les minéraux, il n'est point de reproduction, point d'enchaînement de ce genre. On est obligé de créer pour eux une espèce de philosophie particulière, et l'on s'est arrêté à copier ce que l'on avait fait pour les êtres vivans. On a donc des espèces, des genres et des ordres de minéraux.

Mon intention étant de suivre en grande partie la classification de M. Brongniart, je me contenterai de donner les définitions nécessaires pour qu'on la comprenne.

L'espèce est la réunion des individus minéralogiques, composés des mêmes élémens dans les mêmes proportions, et représentant le même type ou système de cristallisation.

Les *genres* sont formés par la réunion des espèces qui se conviennent par un élément chimique qui peut être électro-positif ou électro-négatif.

M. Brongniart prend tantôt un de ces principes, tantôt

il prend l'autre; mais le choix qu'il a fait rompt souvent les affinités : par exemple, le gahnite et le spinelle, qui se ressemblent tant, sont fort éloignés; le carbonate de fer et le carbonate de chaux rhomboédrique sont également séparés. Pour obvier à cet inconvénient, que je crois grave, je serai obligé de reporter les sels classés par la base, ou le corps électro-positif, parmi les sels classés par l'acide, ou le corps électro-négatif.

Le mot sel étant mal défini ou, pour mieux dire, indéfinissable, cela laissera de l'arbitraire dans le choix que je pourrai faire; mais je n'aurai pas prétendu l'éviter.

Le but que je me propose n'est pas d'atteindre un point de vue philosophique, mais simplement de réunir les minéraux dans un ordre qui puisse en faciliter l'étude.

Les genres sont réunis en classes, il faut le dire, d'après des considérations qui ont une origine plutôt historique que chimique; mais cela importe peu.

Il est quelques minéraux que l'on n'a jamais rencontrés à l'état cristallin, ou qui, dans cet état, seraient tout à fait étrangers à ce qu'ils sont réellement tels qu'on les connaît. Ils sont quelquefois en masses assez considérables et portent le nom de roches, tels sont les argiles, le schiste, la ponce, etc.; souvent ce sont des espèces minérales altérées. Comme elles entrent pour quelque chose dans la constitution du globe, il en sera question dans la partie géologique.

Les fossiles peuvent être partagés en deux grandes séries : les corps *anorganiques* ou les minéraux, et les corps d'origine organique.

Les minéraux se divisent en trois classes :

PREMIÈRE CLASSE. — Gazolytes.

Les types des genres forment à eux seuls, ou par combinaison, des gaz permanens à la pression et à la température ordinaires. Ils sont électro-négatifs, relativement aux corps des autres classes.

Exemple : Oxigène, hydrogène, soufre, arsenic, etc.

DEUXIÈME CLASSE. — Métaux autopsides.

(*Métaux proprement dits.*) (1)

Types génériques ne formant jamais de gaz par eux-mêmes, ni en se combinant à d'autres corps.

Leurs oxides sont tous réductibles à une température élevée, par le charbon ou par l'hydrogène, quand ils ne le sont pas immédiatement. Quelques uns d'entre eux décomposent l'eau à la chaleur rouge.

Exemple : Or, platine, argent, plomb, fer.

TROISIÈME CLASSE. — Métaux hétéropsides.

(*Métaux formant les terres et les alcalis par leur oxidation.*)

Types génériques ne formant jamais de gaz permanens (2). Corps électro-positifs relativement aux précédens. Oxides non réductibles par l'hydrogène.

Décomposent l'eau à une température peu élevée.

(1) Il est évident que ces sortes de divisions ne sont basées sur rien de bien déterminé.

(2) Si l'hydrogène potassié existe, ce caractère n'est pas absolu.

PREMIÈRE DIVISION.

CORPS ANORGANIQUES.

PREMIÈRE CLASSE.—GAZOLYTES.

OXIGÈNE.—*Air pur, air déphlogistiqué*. Corps simple des chimistes ; gazeux, transparent, incolore, inodore, pesant spécifiquement 1,1026 ; servant de terme de comparaison pour les poids atomiques. Ce gaz active considérablement la combustion, est absorbé par le phosphore sous une faible pression ou lorsqu'il est mélangé à l'azote. Enflammé dans un eudiomètre avec deux fois son volume d'hydrogène pur, les deux gaz se combinent pour former de l'eau et disparaissent.

Ce corps est très répandu dans la nature : il entre pour 0,21 en volume, et 0,23 en poids dans la constitution de l'air atmosphérique ; pour 11,1 en poids dans celle de l'eau. Combiné avec les autres corps simples, il donne les oxides et une grande partie des acides ; il existe encore dans une foule de combinaisons dites salines.

HYDROGÈNE. Corps gazeux qui ne se rencontre qu'à l'état de combinaison dans la nature.

Hyd. sulfuré.—*Acide hydrosulfurique, acide sulfhydrique*. Composition SH^2. Gazeux, incolore, odeur caractéristique d'œuf pourri ; approché d'un corps enflammé, il brûle en donnant pour produits de l'eau, de l'acide sulfureux et du soufre. Il se dissout dans l'eau à laquelle il donne la propriété de précipiter en noir les sels de plomb, de cuivre et d'argent.

Ce gaz existe dans l'air dans les environs des volcans, dans certaines eaux minérales dites *sulfureuses*.

Hyd. carboné. Corps gazeux, liquide ou solide, volatil, inflammable, donnant de l'eau et de l'acide carbonique par la combustion.

GRISOU. Gaz incolore, possédant presque constamment une odeur de bitume, qui lui est étrangère ; ne pouvant entretenir la combustion. Mêlé avec deux fois son volume d'oxigène, et enflammé dans un eudiomètre, il donne naissance à de l'eau et à un volume d'acide carbonique égal au sien.

Il existe dans la vase des eaux stagnantes dont il sort par l'agitation ;

on l'obtient en y plongeant des flacons pleins d'eau, renversés et munis d'un entonnoir.

C'est le gaz inflammable des houillières qui produit de si dangereuses explosions lorsqu'il est enflammé après avoir été mélangé à l'air. Il est des lieux où le grisou sort de terre par des crevasses ou par des trous faits à dessein ; on l'utilise alors, en l'enflammant, pour des usages économiques.

NAPHTALINE. Cette substance a pour formule $C^5 H^4$. Elle est solide, grasse au toucher, en lames nacrées, transparentes, d'une odeur très forte de naphte. Elle fond à 79°, et bout à 212°.

La naphtaline se trouve dans le goudron provenant de la distillation de la houille. Y existe-t-elle toute formée ?

PARANAPHTALINE. Même composition que celle de la naphtaline. Se trouve aussi dans les mêmes produits. Elle est grenue, insoluble dans l'alcool, fond à 180°, et bout à 300°. Sa densité de vapeur est à celle de la naphtaline : : 3 : 2. (*Dumas.*)

IDRIALINE. $C^3 H^2$. Substance blanche, cristalline, soluble à chaud dans l'huile volatile de térébenthine et l'alcool dont elle se sépare par le refroidissement ; se décompose en partie lorsqu'on la réduit en vapeurs. Elle se dissout à chaud dans l'acide sulfurique, et le colore en bleu.

Cette matière a été trouvée dans le minérai de mercure d'Idria, dont elle fut obtenue au moyen de la distillation, par M. Payssé. M. Dumas l'en retira par l'huile volatile de térébenthine.

HATCHÉTINE, ADIPOCIRE MINÉRALE. Hydrogène carboné dont la composition n'est pas connue. Consistance adipeuse, couleur roussâtre, poisse les doigts, très fusible.

CIRE FOSSILE DE MOLDAVIE. Couleur brune-verdâtre, odeur empyreumatique. Soluble en partie dans l'alcool ou l'éther sulfurique bouillans, entièrement soluble dans l'huile volatile de térébenthine, également bouillante, fusible à 82°. Elle est formée d'hydrogène et d'oxigène dans des proportions qui la rapprochent de celles du gaz oléifiant. Elle est peut-être identique avec l'hatchétine, qui n'a pas été suffisamment étudiée.

SCHEIRRÉRITE. CH^4. Substance molle, blanchâtre, nacrée, fusible à 36°, cristallisant en aiguilles par le froid, mais soluble dans l'alcool. Trouvée dans une couche de lignite des environs de Saint-Gall.

NAPHTE. Liquide, incolore ou jaunâtre, d'odeur céphalalgique, nauséeuse, qui est formé de plusieurs matières différentes, que l'on sépare en partie par la distillation. Il est soluble en toutes proportions dans l'alcool et l'éther purs, sa densité varie de 7,5 à 8,5 ; son point d'ébullition est au moins à 85°,5.

Se trouve dans toutes les matières bitumineuses dont on peut l'extraire directement ou par distillation. Il existe abondamment sur les bords de la mer Caspienne ; à Bakou ; à Amiano dans le duché de Parme ; en Sicile ; en France dans le village de Gobian, département de l'Hérault.

Le *pétrole* est un naphte impur.

EAU. OH^2. Liquide entre 0° et 100°, bout à cette dernière température. Incolore, limpide, insipide, inodore. Sa vapeur est décomposée par le fer rouge qui passe à l'état d'oxide en même temps qu'il se dégage de l'hydrogène.

L'eau existe sous les trois états à la fois sur la surface de la terre : en vapeur, dissoute ou suspendue dans l'atmosphère ; liquide, dans les sources, les rivières, les fleuves, les lacs et les mers ; solide, vers les pôles, dans les glaciers et sur les sommets des hautes montagnes. (Voy. *la partie géologique.*)

Les eaux qui couvrent la surface de la terre contiennent toujours des matières étrangères qu'elles dissolvent dans les terrains où elles coulent, et une quantité variable d'oxigène, d'azote et d'acide carbonique qu'elles empruntent à l'atmosphère. Quelquefois l'acide carbonique est très abondant et provient d'une autre source.

Pour qu'une eau soit potable, il faut que les matières étrangères y soient en faible proportion, et qu'elles contiennent autant que possible d'oxigène.

Les eaux des pluies d'orage contiennent quelquefois de l'acide nitrique.

Les eaux dites minérales sont celles qui renferment des matières étrangères en assez grande quantité pour ne pouvoir servir dans l'usage ordinaire.

L'eau de mer contient sur 500 parties : sel marin, 13,30 ; sulfate de soude, 2,33 ; chlorure de magnésium, 2,17 ; chlorure de calcium, 0,53 ; des traces de potasse, de bromure et d'iodure de magnésium.

On nomme *salines* les eaux minérales qui contiennent une assez forte proportion de sulfate de chaux ou de sulfate de magnésie : Sedlitz, Epsom, etc. Les eaux gazeuses tiennent une assez forte proportion d'acide carbonique en dissolution : Seltz. Les eaux *ferrugineuses* doivent leur nom au fer qu'elles renferment : Passy, Contrexeville, etc. Les eaux *sulfureuses* contiennent des sulfures variables et quelquefois de l'hydrogène sulfuré : Baréges, Bagnères, Cotterêts, Enghien, etc.

Indépendamment de cela, les eaux peuvent être thermales ; c'est à dire avoir une température plus élevée que celle des sources ordinaires.

CHLORE. N'existe dans la nature qu'à l'état de combinaison.

    Acide chlorhydrique. *Acide hydrochlorique, acide muriatique.* Gazeux, incolore, d'odeur suffocante; dissous dans l'eau, il lui communique la propriété de rougir le papier de tournesol et de faire naître, dans le nitrate d'argent, un précipité blanc de chlorure d'argent, noircissant à la lumière, insoluble dans l'acide nitrique et soluble dans l'ammoniaque.

    L'acide chlorhydrique existe dans l'atmosphère et dans l'eau qui environnent les volcans en activité.

    Les genres brome, iode, fluor, ne renferment pas d'espèces connues. (Voy. *Bromures, Iodures et Fluorures.*)

CARBONE. Le carbone; à la température rouge, brûle dans un courant d'oxigène et donne naissance à de l'acide carbonique qui fait aussi partie du genre.

    Diamant. C. Corps simple des chimistes. Transparent, limpide, le plus dur de tous les corps (voy. *Dureté*); pesant spécifiquement 3,5; cristallise dans le système cubique; mais les formes qu'il affecte le plus ordinairement sont l'octaèdre et le dodécaèdre terminés par des faces courbes et différemment modifiées (pl. 8, fig. 5 et 6), qui se clivent facilement dans la direction des faces d'un octaèdre régulier.

    Le diamant se trouve parmi des poudingues formés de cailloux siliceux réunis par une pâte argileuse et ferrugineuse; dans des terrains de transport, reposant sur des roches d'âges différens, tels que le granit, l'amphibole, le calcaire, etc., dont l'époque de formation n'est pas encore bien déterminée. Il est accompagné de quarz, d'oxides de fer magnétique et oligiste, de fer titané, d'or, de grunstein, de bois pétrifié, etc.

    C'est dans les Indes que l'on a d'abord rencontré le diamant; depuis ce temps on en exploite au Brésil, et on l'a trouvé récemment en Sibérie. Dans ces deux pays, le diamant est accompagné de platine en grain.

    Ce n'est qu'en 1576 que l'on parvint à tailler le diamant. Cette découverte est due à L. Berguem, qui usa ce corps avec sa propre poussière que l'on nomme égrisée, et ce fut Charles-le-Téméraire, duc de Bourgogne, qui porta le premier diamant taillé; avant cette époque, on ne portait que des diamans naturels, dits à *points naïves.*

    Le diamant peut affecter différentes couleurs, mais elles sont généralement pâles, ce qui fait qu'on les recherche peu. La taille qu'il reçoit varie suivant son épaisseur: les *brillans* sont plats vers le centre de la partie que l'on met en évidence, et taillés en pyramide vers la partie opposée, ce sont les plus estimés (Pl. 8, fig. 7); les *roses* sont plates d'un côté, et hémisphériques de l'autre, qui est couvert de facettes. Elles sont plus minces et ont moins de valeur que les brillans.

Le diamant n'est pas un simple objet de luxe; il sert dans les arts pour couper le verre ou pour écrire dessus. La propriété de couper le verre est due, non seulement à sa dureté, mais bien encore à la forme de coin terminé par des faces courbes qu'il affecte souvent; sans cette disposition, il le raierait sans le couper.

ANTHRACITE. Matière charbonneuse, noire, sèche au toucher, pesant 1,5 à 1,8, brûlant très difficilement et laissant peu de résidu.

On trouve de l'anthracite *réniforme, schistoïde, fibreuse, granulaire, terreuse, compacte,* etc.

L'anthracite a quelque analogie avec la houille, mais, comme cette dernière, elle ne renferme pas de bitume; elle paraît avoir une pareille origine et n'en différer que parce qu'elle aurait été soumise à une température élevée, hors du contact de l'air.

Elle accompagne la houille à Anzin, département du Nord. Elle se rencontre dans le lias alpin : le Dauphiné, la Tarentaise, etc.; elle se trouve encore dans le grauwake, comme dans les Vosges, la Bohême, la Saxe, etc.

L'anthracite peut être employée comme combustible. Elle s'allume difficilement; mais, lorsqu'elle l'est, elle brûle bien si l'on a soin de l'entretenir en grande quantité, et d'y ménager des courans d'air.

GRAPHYTE. *Plombagine, mine de plomb.* Matière composée de charbon mêlé avec du sulfure de fer. Elle est solide, gris de fer, douce au toucher; elle salit les doigts en les couvrant d'un enduit d'aspect métallique; elle laisse une trace grise sur le papier et sur la porcelaine. Le graphite a une densité de 2,08 à 2,45; il brûle très difficilement à la flamme extérieure du chalumeau, et laisse pour résidu un peu d'oxide de fer. Il fuse avec le nitrate de potasse à la chaleur rouge, et donne pour produits du carbonate, du sulfate de potasse et de l'oxide de fer; réduit en poudre et traité successivement par la potasse caustique et l'eau régale, il laisse du graphite pur, ou charbon d'un éclat métallique, pour résidu.

Le graphite a été rencontré dans les schistes alpins, le grès houiller, les schistes argileux, le calcaire intermédiaire, le micaschiste, le gneiss et le syénite.

Le graphite est employé pour faire des crayons dits de *mine de plomb.* Les meilleurs crayons sont taillés en petits parallélipipèdes dans le graphite du Cumberland; les autres sont faits avec de la poudre de graphite réunie par de l'eau tenant une matière gommeuse en dissolution. Le graphite est encore employé pour adoucir le frottement des machines et pour préserver le fer de la rouille.

Acide carbonique. O² C. Gazeux, incolore, inodore, éteignant les corps en combustion, soluble dans l'eau à laquelle il communique une saveur aigrelette, et la propriété de faire naître dans l'eau de chaux un précipité qui se redissout dans un accès d'acide.

L'acide carbonique existe dans l'air atmosphérique, en quantité qui varie depuis $\frac{0315}{1000}$ jusqu'à $\frac{0571}{1000}$. On le trouve dans quelques grottes (grotte du Chien, près de Naples), et en dissolution dans des eaux dites minérales gazeuses, Seltz, Vichy, etc.

L'acide carbonique des sources peut être employé pour faire du bicarbonate de soude.

Annexes du genre carbone : *carbonates, oxalate de fer, mellate d'alumine, houille, lignite, tourbe.*

BORE. N'existe qu'à l'état de combinaison.

Sassoline. *Acide borique naturel.* O³ B² $+$ 3 OH². Matière solide, blanche, écailleuse, nacrée, pesant 1,4791 ; elle fond facilement, perd de l'eau, s'épaissit et peut fondre de nouveau si l'on élève davantage la température; le résidu est une matière vitreuse, incolore, soluble dans l'eau, qui donne à l'alcool la propriété de brûler avec une flamme verte.

L'acide borique se trouve en dissolution dans les eaux des Lagoni de Toscane, ou solidifié sur leurs bords; il s'échappe de la terre jusqu'à une certaine hauteur avec de la vapeur d'eau et de l'hydrogène carboné, et constitue les *fumarolles*. Il a été découvert dans le cratère des volcans, où il est souvent mêlé avec du soufre.

Les annexes sont peu nombreux. (*Voy.* les borates et les borosilicates.)

SILICIUM. N'existe qu'à l'état de combinaison dans la nature.

Silice. *Quarz, acide silicique.* O³ Si². Matière plus dure que le feldspath, et moins dure que la topaze, faisant feu sous le briquet; incolore, limpide, lorsqu'elle est pure. La silice est infusible au chalumeau; pulvérisée et mêlée avec du fluorure de calcium sur lequel on ajoute de l'acide sulfurique, il se développe un gaz qui, en traversant l'eau, y forme une gelée blanche, épaisse de sous-hydrofluate de silice. La silice est attaquée à chaud par la potasse qui la rend soluble dans l'eau ; les acides qui la précipitent de cette dissolution la redissolvent ensuite, mais si cette dissolution est desséchée, elle devient tout à fait inattaquable par les acides. Après la dessiccation, le poids du résidu doit représenter celui de la matière employée.

QUARZ HYALIN. Cristal de roche. Matière solide, généralement limpide ou laiteuse, incolore ou aune, ou enfumée, ou violette. Les cristaux de quarz hyalin sont ordinairement des prismes hexaèdres, striés transversalement, qui dérivent d'un rhomboèdre de 94° 15′, que l'on peut obtenir par le clivage, en chauffant jusqu'au rouge les cristaux de quarz et les *étonnant* dans l'eau froide. Sa densité $=2,654$. Il jouit de la double réfraction et s'électrise vitreusement par le frottement.

Le quarz renferme quelquefois des traces d'oxides métalliques, tels que l'alumine, le sesquioxide de fer, le sesquioxide de manganèse, etc.

Les prismes de quarz peuvent être différemment modifiés; ils présentent rarement les deux sommets; on en trouve d'ainsi cristallisés dans le marbre de Carrare.

Le quarz violet est coloré par le sesquioxide de manganèse, et porte le nom d'améthyste; on en trouve rarement sous forme de prismes allongés, mais souvent sous forme de prismes très courts, terminés par des pointemens hexaèdres.

Le quarz aventuriné ou l'aventurine présente, au milieu d'une masse d'un brun-rougeâtre, des reflets dorés, qui sont dus à des fissures produites par une agglomération de petits prismes, ou à un mélange de lamelles de mica. (En cailloux roulés dans les environs de Nantes, de Rennes, en Saxe, en Espagne, en Écosse, etc.)

Le quarz est quelquefois en petits cristaux rouges, opaques, on lui donne alors le nom d'hyacinthe de Compostelle.

On trouve aussi des prismes de quarz renfermant des substances étrangères; les plus remarquables sont ceux qui sont traversés par des prismes très déliés et très droits d'acide titanique, et ceux qui renferment des filets d'amiante qui, quelquefois, ont déterminé les prismes à se courber.

Le quarz est très abondant dans la nature; on le rencontre depuis les terrains les plus anciens jusqu'aux plus modernes. Ce n'est que dans les formations volcaniques qu'il est assez rare. Il fait partie des roches nommées granite, protogyne, syénite, pegmatite, sidérocriste, hyalomicte, micaschiste; en très petits cristaux séparés et roulés, il constitue la majeure partie des sables qui couvrent la terre, etc.

Les cristaux de quarz se trouvent dans des espèces de fours, dans des *failles* et dans des géodes.

QUARZ GRÈS. En masses formées par une agglomération plus ou moins confuse de petits cristaux de quarz; sa dureté est égale à celle du quarz hyalin, mais sa ténacité est beaucoup plus faible.

On distingue plusieurs variétés de grès : le *grès lustré* ou *luisant*, le *grès à bâtir*, le *grès flexible*.

Le grès lustré est compacte, lisse, cohérent, à cassure écailleuse, conchoïde, conoïde même. Il n'est point employé pour le pavage. Le grès à bâtir a ses parties moins agglomérées, sa cassure est droite, et il se fend beaucoup plus facilement que le grès lustré, et d'autant mieux que la section s'opère parallèlement à la couche formée par le grès même pris dans sa position géologique, s'il n'a point éprouvé de déplacement.

Cette sorte de grès varie beaucoup de couleur; il peut être gris, jaune, rouge, etc.

Le grès gris appartient aux terrains tertiaires, il est quelquefois employé pour faire des meules et des pierres à aiguiser.

Le zodiaque de Dendrach est construit avec un grès jaune de l'Égypte.

Le grès flexible ou itacolumite est grenu, peu cohérent, et peut se plier sans se rompre. Ce grès a été trouvé au Brésil, près de Villarica, vers le mont Itacolumi, qui lui a donné son nom. Le grès flexible est en couches inclinées, recouvrant un stéachiste renfermant de l'or natif.

La substance que l'on nomme grès cristallisé de Fontainebleau, est du sable empâté par du carbonate de chaux cristallisé en rhomboèdre aigu. Traité par l'acide chlorhydrique, le carbonate de chaux se dissout, et le sable se sépare (1).

Le grès existe en bancs d'une étendue assez considérable, ou en masses séparées et gisant sur le sol. Il se trouve dans les terrains de sédimens inférieur, moyen et supérieur. Dans les environs de Paris, on le rencontre à la partie supérieure de la première formation d'eau douce, au dessus du lignite et au dessous du calcaire grossier, marin. Le grès de Beauchamps, qui repose sur des fossiles marins, est plus bas que le gypse.

On le rencontre encore dans la deuxième formation marine entre les marnes marines du gypse et les marnes et calcaires marins supérieurs.

Le grès de Fontainebleau est en masses angulaires isolées à la surface du sol. Il paraît qu'elles y étaient enfouies et qu'elles se sont découvertes par l'action de l'eau, des vents et de la pesanteur, sur les sables qui les entourent. Cela est d'autant plus probable qu'il n'existe ainsi que sur les flancs des montagnes.

---

(1) On donne le nom de grès rouge à un groupe de terrains qui est situé au dessous du groupe oolitique et au dessus du groupe carbonifère. Le grès rouge proprement dit, ou grès bigarré, est entre le muschelkalk et le lechstein ou calcaire pénéen d'Omalius d'Halloy.

Le *grès houiller* est quelquefois confondu avec le grès rouge, d'autres fois on désigne sous ce nom le grès qui alterne avec la houille. Il se trouve alors situé au dessous du groupe dit grès rouge.

Le *grès vert* renferme quelques groupes situés au dessous de la craie. (*Voy.* la partie géologique).

AGATE. Le quarz agate est rarement cristallisé ; il est translucide et jamais transparent dans toutes ses parties ; sa cohésion et son élasticité sont grandes ; sa cassure est céreuse, et quelquefois écailleuse. Il n'est point entièrement formé de silice ; on y rencontre toujours quelques centièmes de matières étrangères qui, souvent, peuvent être détruites par le feu.

Le quarz agate présente une grande variété de couleurs, quelquefois réunies sur un très petit échantillon. Ces différentes couleurs et la manière dont elles sont disposées lui ont fait donner des noms différens : la *cornaline* est rouge vif ; la *sardoine* est jaune roussâtre ; l'*héliotrope* est verte et présente des taches rouge de sang ; la *chrysoprase* est vert pomme, sa couleur est due à de l'oxide de nickel ; le *plasme* (*plasma*) se trouvait dans les antiquités de Cecilia Metellia, on en a rencontré de vert foncé en Moravie ; la *calcédoine* est blanchâtre, laiteuse, en masses qui semblent avoir été moulées dans des cavités, ou en nappe qui paraît avoir coulé à la surface des corps où elle s'est figée ; elle est quelquefois guttulaire sur les bitumes de l'Auvergne.

Les agates onix sont de plusieurs couleurs disposées par zones ; les agates *herborisées* et *arborisées* présentent des dessins imitant des plantes ; les *agates* brisées sont formées de fragmens d'agates réunis par un ciment de même nature.

Le quarz agate peut emprunter des formes étrangères, tantôt celles des cristaux de carbonate de chaux, tantôt celle du bois (*bois pétrifié*), tantôt celles de quelques mollusques ou de quelques radiaires qui ont servi de moules.

Les agates sont susceptibles d'un beau poli, et s'emploient comme pierres d'ornement ; on en fait des cachets, des coupes, des brunissoirs et des mortiers. La forme des agates est ordinairement un *nodule* de volume très variable plus ou moins irrégulier. Elles sont rarement pleines, et les couches internes semblent moulées sur les couches externes ; souvent on trouve dans leur intérieur des cristaux qui sont du quarz ou du carbonate de chaux, ou du sulfate de baryte, ou de la chabasie.

Les agates sont disséminées dans la cornéenne qui se rencontre dans les terrains trappéens (Oberstein, Féroë en Islande). On en trouve quelquefois en veines dans les roches porphyriques. Quelquefois on en trouve dans le calcaire : l'Auvergne, l'Irlande, la Sicile, la Hongrie, Zimapa au Mexique. On en rencontre peu dans l'Amérique septentrionale.

QUARZ SILEX. Le silex est plus fragile que l'agate, sa cassure est grenue, céreuse ou presque lisse, sa pureté est moins grande encore.

sa translucidité est aussi moins grande et sa couleur varie du blond
au noir. Les silex ne peuvent se polir comme les agates.

Silex corné. Ce silex a l'apparence de la corne blonde, sa cassure
est céreuse et écailleuse. Le silex corné se trouve en noyaux ou par
couches dans le calcaire des terrains de sédimens, moyens et supé··
rieurs.

Silex pyromaque. Blond ou noir, devenant blanc opaque à sa surface, probablement par une altération isomérique, sa cassure est
conchoïde. Ce silex est employé pour faire des pierres à fusils. Pour
lui donner la forme convenable, il faut le tailler au sortir de la car-
rière, sans cette précaution la taille deviendrait impossible. Le silex
pyromaque se trouve en rognons disséminés ou disposés par couches,
ou en lits très minces dans la craie. Meudon, Compiègne, etc.

Silex meulier. D'un blanc sale qui varie du roussâtre au bleuâtre;
sa cassure est droite, au moins dans le sens parallèle à l'horizon, si
l'on suppose la meulière dans sa position naturelle.

La meulière est compacte ou caverneuse : dans le premier cas, on
s'en sert pour les constructions; dans le second, elle est employée pour
faire des meules à moulins.

Le silex meulier se trouve en masses aplaties, isolées, irrégulières; elles sont disposées en bancs interrompus dans les terrains lacustres des sédimens supérieurs. Environs de Paris : Montmorency,
Lagny, etc.

Les meulières supérieures renferment des fossiles tels que lymnées,
planorbes et graines de chara.

Le silex nectique est un silex altéré, très spongieux, rude au toucher, fort léger à cause de ses pores nombreux. On en trouve de blancs
et de noduleux à Saint-Ouen, près Paris.

QUARZ JASPE. Le jaspe est presque opaque et beaucoup moins pur
que les quarz précédens; la quantité de silice qu'il renferme diminue
quelquefois jusqu'à 0,75; le reste est de l'alumine et de l'oxide de
fer; sa cassure est mate et terreuse; sa densité est environ 2,7. Les
couleurs qu'il présente sont vives et foncées. Il est susceptible de
recevoir le poli. Il est facile de confondre certains jaspes avec les
agates.

On distingue les jaspes par leurs couleurs et par la disposition de
ces couleurs, comme les agates. Le jaspe universel est celui qui
contient toutes les couleurs. Les *jaspes rubanés* présentent des couleurs disposées par bandes parallèles. Le *jaspe égyptien* ou *caillou
d'Égypte* est brun et présente des couches qui sont irrégulièrement
concentriques. Le *jaspe brèche* est formé par l'agglomération de
plusieurs fragmens de jaspes soudés par une pâte siliceuse. Le caillou

de Rennes est une espèce de jaspe brèche ou un poudingue frag-
mentaire.

Les jaspes forment des couches parallèles dans les terrains de calcaire des sédimens inférieurs, ophiolithiques.

Annexes du genre quarz: *silicates*, *borosilicates*, *fluosilicates*.

SOUFRE. Les corps qui composent ce genre sont si peu nombreux et si
faciles à caractériser, qu'il est inutile d'en établir les propriétés génériques.

Soufre natif. S. Corps simple des chimistes. Solide, jaune, transparent,
ou opaque, moins dur que le calcaire, fragile, ayant une faible odeur,
d'un poids spécifique double de celui de l'eau, fusible à 120°, volatil, brûlant avec une flamme bleue en répandant l'odeur de l'acide
sulfureux, s'électrisant résineusement par le frottement. La forme
dominante du soufre est un octaèdre symétrique à triangles scalènes
(pl. 6, fig. 11). Les angles du sommet sont de 106°38′ et de 84°58′. Les
pyramides culminantes sont inclinées de chaque côté de la base de
143°17′. Le soufre renferme toujours de petites quantités d'hydrogène
dont on peut le séparer en le combinant à un métal très fusible, dans
un appareil pneumatique.

On rencontre aussi du soufre aciculaire, stalactitique, pulvérulent, etc.; sa couleur, par voie de mélange, peut varier et devenir
verdâtre, rougeâtre, brunâtre, etc.

Le soufre ne forme pas à lui seul des couches bien étendues,
mais on le trouve en petites masses, en rognons, en petits filons
ou veines qui traversent les failles de quelques roches. On l'a rencontré à toutes les époques de formation, dans le gypse tertiaire de
Meaux, dans les marnes du gypse de Montmartre, dans des lignites
à Artern en Thuringe. Dans les terrains secondaires, il accompagne
le sel gemme, le gypse secondaire. Les cristaux de soufre les plus
remarquables viennent de cet ordre de terrain (Sicile, Gibraltar, etc.).
M. de Humboldt l'a trouvé dans les terrains de transition (Andes de
Camarka au Pérou), dans les terrains primitifs (Ticsan, Cordilières
de Quito). On le rencontre surtout dans les environs des volcans en
activité, qui le produisent journellement. Les volcans éteints avant
les faits historiques en présentent très rarement (basaltes de l'Ile-
Bourbon, trachytes du Mont-Dor).

Acide sulfureux. O^2S. Gazeux, incolore, d'odeur suffocante, soluble
dans l'eau, rougissant d'abord le tournesol et le décolorant ensuite.
L'acide sulfureux se rencontre abondamment, libre dans les airs
ou dissous dans l'eau, dans les environs des volcans en activité et
dans les solfatares.

Acide sulfurique. $O^3 S$ (1). Acide incolore; oléagineux, lorsqu'il est concentré par l'évaporation; il pèse alors 1,85. Dans cet état de concentration, il noircit immédiatement un morceau de bois que l'on y plonge, et chauffé avec du cuivre, du mercure ou de l'argent, il donne de l'acide sulfureux; avec les sels de baryte solubles, il donne un précipité blanc de sulfate de baryte insoluble dans l'eau et dans l'acide nitrique, qui, calciné sur un charbon à la flamme de réduction, donne du sulfure de baryum ayant une odeur d'œuf pourri lorsqu'on le place sur la langue.

L'acide sulfurique se rencontre dans les eaux qui entourent les volcans en activité, dans le Rio-Vinagre, dans un lac du mont Idienne à Java, etc.

Annexes du genre soufre : *hydrogène sulfuré, sulfures, sulfates.*

AZOTE. *Nitrogène, nitricum, air vicié,* etc. N. Corps simple des chimistes. Gazeux, incolore, inodore, très peu soluble dans l'eau, éteignant les corps en combustion, non absorbé par le phosphore, ne se combinant pas d'une manière sensible, ni avec l'oxigène ni avec l'hydrogène, lorsqu'on fait parvenir une étincelle électrique dans le mélange.

L'azote existe dans l'air dont il fait les 79 centièmes en volume. Il s'échappe quelquefois du sein de la terre ou des montagnes, par des crevasses.

Air atmosphérique. Gaz qui paraît être un *mélange* de 0,21 d'oxigène, de 0,79 d'azote, de quelques millièmes d'acide carbonique, de vapeur d'eau, et de quelques autres gaz ou vapeurs qui n'existent que dans des localités circonscrites.. Cette question sera traitée plus loin dans la partie géologique.

Acide nitrique. *Acide azotique, acide du nitre, eau forte.* $O^5 N^2$, $O H^2$. L'acide nitrique existe dans les pluies d'orage; il paraît devoir sa formation à l'action de l'électricité sur les élémens de l'air en présence de l'eau. Ces eaux saturées avec une petite quantité de carbonate de potasse, puis évaporées en grande quantité dans un petit vase, laissent un résidu de nitrate de potasse, qui, mis en contact avec de la limaille de cuivre et de l'acide sulfurique, donne immédiatement des vapeurs rouges d'acide hyponitrique, au contact de l'air.

Annexes du genre azote : *nitrates, urates, sels ammoniacaux.*

ARSENIC. Les espèces de ce genre sont toutes volatiles et peuvent

---

(1) L'acide sulfurique a deux degrés connus d'hydratation : $(O^3 S + O H^2) (O^3 S + 2 O H^2)$. S'il n'en existe pas un troisième, c'est le dernier qui se trouve dissous dans l'eau.

donner de l'arsenic métallique lorsqu'on les traite conjointement par le charbon et la potasse sèche. Si l'opération se fait dans un tube bouché, en chauffant, on obtient une vapeur d'odeur alliacée, qui se condense dans la partie froide du tube et y fait naître un enduit noir, possédant l'éclat métallique. Si le tube était ouvert par les deux extrémités, on obtiendrait une matière blanche, cristalline, qui serait de l'acide arsénieux.

ARSENIC NATIF. Solide, cassant, noir ou gris d'acier, éclat métallique, répandant une fumée blanche d'odeur alliacée, lorsqu'on le chauffe au feu de réduction ; sa densité varie depuis 5,7 jusqu'à 8,3 ; il est rayé par le fluorite.

La forme cristalline de l'arsenic n'a pas encore été bien observée. On en connaît de *bacillaire*, de *testacé* ou formé de couches ondulées et concentriques, de *grenu* et de *sublamellaire*.

L'arsenic, que l'on rencontre rarement pur, accompagne assez souvent les minérais d'argent, de cobalt et de nickel. On en trouve dans une foule de localités, et en France, à Allemont en Dauphiné.

RÉALGAR. *Orpin rouge, arsenic sulfuré rouge.* S^2 As. Solide, couleur rouge orangé, moins dur que le gypse, volatil, pesant 3,6. Sa forme primitive paraît être un prisme rhomboïdal, oblique de 105°30′, dont l'axe principal est incliné sur la base de 85°59′. Les formes qu'il affecte le plus communément sont le prisme rhomboïdal et le prisme hexagonal obliques. On en trouve de compacte, de bacillaire, de concrétionné et de pulvérulent.

ORPIMENT. *Orpin jaune', arsenic sulfuré jaune.* S^3 As. Couleur jaune doré, vif, métallique, à moins que la matière ne soit pulvérente ; densité 3,48°′, cristallisant en prismes rhomboïdaux obliques, de 100° environ, clivables parallèlement à un plan passant par les grandes diagonales des bases.

On rencontre de l'orpiment *cristallisé, lamelleux, testacé , granulaire, compacte* et *pulvérulent.*

Les sulfures rouge et jaune d'arsenic se trouvent dans les mêmes localités que l'arsenic natif, dans les solfatares et les produits des volcans (Etna , Vésuve).

ARSENIC BLANC. *Acide arsénieux, oxide d'arsenic.* O^3 As. Solide, blanc, volatil, soluble dans l'eau. Sa densité $= 3,71$.

En *cristaux rares, compactes* ou *pulvérulens.*

Mêmes lieux que les autres matières du genre arsenic.

Annexes du genre arsenic : *mispikel, cobaltine, smaltine, disomose, nikeline , tennantite, proustite , blishimmer , polybasite , panabase, rhodoïse, néoplase, arséniates.*

TELLURE. Toutes les substances renfermées dans ce genre sont solides elles possèdent l'éclat métallique et une faible dureté. Soumises à l'action de la chaleur, dans un tube fermé par une extrémité, elles donnent une matière grise qui se dépose sur ses parois; si le tube est ouvert, on obtient une fumée blanche inodore ou possédant l'odeur du sélénium.

LE TELLURE NATIF est toujours allié à de petites quantités de fer, d'or et même d'autres métaux; sa forme dominante paraît être le prisme hexaèdre. On ne l'a encore rencontré qu'à Fatzbay près Zalathna en Transylvanie.

LE SYLVANE est un alliage de tellure, d'argent et d'or.

LA MULLÉRINE renferme les mêmes métaux et du plomb.

L'ÉLASMOSE renferme ces métaux, moins l'argent.

Toutes ces substances se trouvent à Nagy-Ag en Transylvanie.

LA BORNINE est un tellurure de bismuth, qui se rencontre en lamelles qui paraissent hexagonales; on ne l'a encore trouvé que dans quatre localités : à Borsony, à Sheinowitz, à Tellemarken en Norwége, et enfin à Bastnaes.

Les formes des corps de ce genre ne sont point suffisamment connues faute de matériaux; aussi, plusieurs espèces pourront-elles être divisées ou réunies par la suite. Le tellure natif et la bornine sont les mieux déterminés, les trois autres ne forment peut-être qu'une seule espèce.

DEUXIÈME CLASSE.

MÉTAUX AUTOPSIDES.

ANTIMOINE. Toutes les substances de ce genre donnent un produit volatil au feu de réduction, qui apparaît sous forme de vapeurs blanches. L'antimoine natif, la stibine, l'exitèle, la stibiconise et le kermès ne laissent point de résidu. La stibiconise, seule, est infusible au feu d'oxidation. L'acide nitrique attaque toutes les espèces du genre excepté la stibiconise, il laisse un résidu d'acide antimonieux insoluble dans l'eau. Il n'y a que le zinkénite, la bournonite et l'haidingérite qui donnent un produit soluble, qui présente différentes réactions. Le résidu, insoluble dans l'acide nitrique, peut se dissoudre dans l'acide chlorhydrique et donner une liqueur qui précipite en blanc par l'eau, et en rouge de brique par l'hydrogène sulfuré ou les hydrosulfates.

Antimoine natif. *Régule d'antimoine.* Sb. Eclat métallique d'un blanc bleuâtre, fragile, cassure droite présentant une espèce de clivage, pesant 6,7 ; fusible, volatil ; donne des vapeurs blanches qui n'ont pas l'odeur de l'arsenic, et qui se déposent sur les parties froides. L'acide nitrique l'attaque facilement et le transforme en une poudre blanche, insoluble dans l'eau, qui est de l'acide antimonieux ; l'acide chlorhydrique la dissout, et l'eau fait naître un précipité blanc d'oxichlorure d'antimoine dans sa dissolution ; l'hydrogène sulfuré y fait naître un précipité rouge de brique.

L'antimoine natif renferme presque toujours de l'arsenic, dont la quantité est très variable ; cela constitue la variété *arsénifère*. Cet arsenic communique aux vapeurs une odeur alliacée, facile à reconnaître.

L'antimoine natif se trouve en petite quantité dans les filons métallifères (Allemont, en Dauphiné ; Poullaouen, département du Finistère ; Andreasberg, au Harz.)

Stibine. *Antimoine sulfuré.* $S^3 Sb^2$. Substance gris de plomb, ayant l'éclat métallique, facile à pulvériser, et donnant une poudre gris-noirâtre foncé ; sa densité varie de 4,3 à 4,6. Sa forme principale est un prisme à bases rhomboïdales de $91° 20'$.

Le stibine est très fusible et entièrement volatil lorsqu'on le chauffe long-temps dans un tube ouvert. Ce qui le distingue de l'antimoine natif, c'est que, pulvérisé et chauffé avec de la potasse humectée, il prend une teinte de brique pilée.

Cette matière est assez abondante dans la nature ; au moins on la rencontre dans une foule de localités, dans des filons traversant les terrains primitifs ; elle y est *cristallisée, lamellaire, bacillaire, aciculaire* ou *capillaire.* (Auzat, Puy-de-Dôme ; Doze, Lozère ; Massiac, Cantal, etc., etc.)

Zinkénite. $S^4 Sb^2 Pb = S^3 Sb^2 + S Pb$. Substance gris d'acier, ayant l'aspect métallique, dont le poids spécifique $= 5,30$. Sa forme paraît être un prisme hexaèdre. Cette matière, soumise à l'action du chalumeau, fond, répand des vapeurs blanches, et laisse un résidu jaune d'oxide de plomb. L'acide nitrique l'attaque, donne naissance à de l'acide antimonieux blanc, insoluble, et à du nitrate de plomb, qui précipite des lamelles de plomb métallique sur un barreau de zinc.

Découverte par M. Zinken, à Wolfsberg, dans le Harz.

Le *federerz de Wolfsberg* renferme deux fois autant de sulfure de plomb pour la même quantité de sulfure d'antimoine ; le jamesonite en renferme trois fois plus ; le bleishimmer renferme encore les mêmes élémens dans d'autres proportions, et un peu d'arsenic.

Haidingérite. *Berthiérite.* $S^9 Sb^4 Fe^3 = 2 (S^3 Sb^2) + 3 (S Fe.)$ Substance gris d'acier, ayant l'aspect métallique, pesant 4,32 ; laisse, par l'action du chalumeau, un globule noir de fer métallique, attirable à l'aimant. La partie soluble dans l'acide nitrique donne un précipité bleu par le cyanhydroferrate de potasse.

Cette matière existe, dans un filon traversant le gneiss, à Chazelles, en Auvergne.

Bournonite. *Endellione ; plomb antimonié, sulfuré.* $S^3 Sb Cu Pb.$ Eclat métallique, couleur gris de plomb, pesant 5,7. Forme primitive : prisme rectangulaire, dont les dimensions sont à peu près comme 210, 217, 220.

La partie soluble dans l'acide nitrique donne du plomb sur un barreau de zinc, prend ensuite une belle couleur bleue par l'ammoniaque, ou bien il s'y forme un précipité de couleur marron foncé, par le cyanhydroferrate de potasse.

La bournonite se trouve dans les filons qui contiennent des minérais de plomb et de cuivre. (Le Harz, Huel-Boyr-Mine, en Cornwall.)

M. Beudant en cite un assez grand nombre de variétés, qui formeront peut-être des espèces par la suite.

Exitèle. *Antimoine oxidé, chaux d'antimoine.* $O^3 Sb^2.$ Matière blanche, quelquefois nacrée, rayée par l'ongle, pesant 5,56 ; fusible à la flamme de la lampe à alcool, volatile ; réductible sur le charbon en un globule métallique, fragile ; inattaquable par l'acide nitrique.

L'exitèle se trouve cristallisé en lames rectangulaires, et sous forme aciculaire. Il est susceptible de se cliver parallélement aux pans d'un prisme rhomboïdal de 137° 43′.

Cette matière accompagne l'argent et l'arsenic. (Chalanches, en Dauphiné ; Braunsdorf, en Saxe.)

Stibiconise. *Acide antimonieux, antimoine oxidé terreux.* $O^2 Sb + \infty O H^2.$ Substance terreuse, peu cohérente, jaunâtre, pesant 3,8 ; infusible, fixe, réductible par le charbon au feu de réduction, et donnant alors les caractères de l'antimoine métallique.

Se trouve à la surface du stibine, et paraît due à sa décomposition. (Beudant.)

Kermès. *Antimoine oxidé, sulfuré ; antimoine rouge ; kermès minéral, naturel.* $O^3 S^6 Sb^6 = O^3 Sb^2 + 2 S^3 Sb^2.$ Substance d'un rouge brun, pulvérulente ou aciculaire ; fragile, tendre, pesant 4,6 ; fusible au chalumeau, en partie volatile dans un tube fermé ; le résidu est de l'oxide d'antimoine.

Cette substance accompagne le stibine et les minérais arsénifères. (Allemont, en Dauphiné ; Braunsdorf, en Saxe.)

Annexes du genre antimoine : *Panabase, discrase, argyrythrose, myargyrite, psaturose, polybasite, antimonikel.*

ÉTAIN. Sn. Inattaquable par l'acide nitrique, ou laissant un résidu blanchâtre, insoluble, qui, traité par la soude et le charbon, donne un globule métallique, blanc, *malléable*, difficile à réduire, et qui ne peut exister qu'au feu de réduction. Au feu d'oxidation, il forme un émail blanc avec le borax.

Stannine. *Étain pyriteux ; étain sulfuré ; or mussif.* $S^4 Cu^2 Fe Sn$. Aspect métallique, couleur gris d'acier, bronzé, fragile ; densité $= 4,3$ à $4,7$. Essayée au chalumeau, sur un charbon, elle fond et le couvre d'un enduit blanc, fixe. La stannine est attaquable par l'acide nitrique, qui en dissout une partie ; la liqueur prend une teinte d'un beau bleu par l'ammoniaque, qui indique la présence du cuivre. Si on en sépare tout ce métal par le zinc, on y forme un précipité bleu, en y ajoutant du cyanhydroferrate de potasse.

La stannine est rare, et n'a encore été rencontrée que dans le cuivre pyriteux de Huel-Rock et dans le granit du mont Saint-Michel, en Cornwall.

Cassitérite. *Étain oxidé.* $O^2 Sn$. Substance brune, plus dure que le verre, moins dure que la topaze, pesant de $5,5$ à 6. Inattaquable par l'acide nitrique. Sa forme primitive est un prisme à bases carrées dont la hauteur est à l'un des côtés de la base : : $43 : 32$.

Les cristaux de cassitérite offrent souvent des angles rentrans, qui sont dus à une hémitropie ; on en trouve aussi de maclés. Ce corps se rencontre aussi à l'état de concrétions stalactitiques (rare), à l'état fibreux, à l'état amorphe. Dans cet état, il porte quelquefois le nom d'étain de bois (Cornouailles).

Ce minérai est très rare en France ; on ne l'y a guère trouvé qu'à Piriac, près Nantes ; et à Saint-Léonard, près Limoges. Généralement il existe, disséminé en amas ou en filons, dans le gneiss, le granite, le micaschiste, où il se trouve quelquefois associé au wolfram, au fer arsenical, aux topazes, et à la chaux phosphatée. (Rio-Paraopeba, près Villarica ; Cornwall.) On en trouve dans les terrains intermédiaires, même dans les terrains secondaires, dans des dépôts d'alluvion. (Mexique ; Piriac, en Bretagne.)

TITANE. Substances infusibles au feu du chalumeau, donnant un verre violet par le sel de phosphore, insolubles dans tous les acides et même dans l'eau-régale. Pulvérisées, mêlées avec du carbonate de soude et fortement chauffées, elles donnent un produit, qui se dissout à *froid* dans l'acide chlorhydrique ; la liqueur obtenue devient rouge si l'on y plonge un fil d'étain ; bleue si l'on y plonge un fil de zinc, et elle donne un précipité rouge de sang, par l'infusion récente de noix de galle ; un précipité rouge-brun par le cyanoferrhydrate de potasse ; un précipité vert foncé par le sulfure de potassium, et un précipité blanc d'acide titanique par l'ammoniaque.

Ruthile. *Titanite oxidé, titanite.* O^2 Ti. Substance d'un rouge grisâtre, translucide ou opaque, ayant pour forme primitive un prisme à bases carrées, dont la hauteur est à l'un des côtés de la base :: 21 : 46. Les cristaux se clivent parallèlement aux pans, et présentent souvent des stries longitudinales.

On trouve du ruthile cristallisé en prismes à huit pans ; on en trouve de cylindroïde, qui est quelquefois *géniculé ;* on en rencontre d'aciculaire ou en cristaux très déliés, renfermés dans des prismes de quarz hyalin ; il en est de réticulé, de laminaire et de pulvérulent.

Le ruthile se trouve dans les terrains primitifs, dans les granites, les gneiss, les micaschistes, les protogynes (Chamouny, Piémont) ; dans les pegmatites (Gourdon, Saône-et-Loire ; Saint-Yrieix.)

Les minéraux qui accompagnent le ruthile sont les oxides de fer magnétique et oligiste, la chlorite, le talc, le disthène, etc.

Brookite. Matière ayant toutes les propriétés du ruthile, mais paraissant appartenir à un autre système cristallin. Les cristaux que l'on connaît affectent la forme de lames hexagonales, irrégulières, ou de lames rhomboïdales de 100° environ.

La brookite n'a encore été rencontrée que dans un petit nombre de localités : à Saint-Christophe, dans l'Oisan ; au Mont-Blanc et au Saint-Gothard.

Anatase. *Oisanite, schorl bleu.* Oxide de titane dont la composition n'est pas connue. Matière gris d'acier ou bleuâtre, plus dure que le verre, pesant 3,82.

On rencontre cette substance sous la forme d'un octaèdre à base carrée, aigu, ou souvent en octaèdre cunéiforme, dans les granites, les micaschistes, sur le quarz. (Dauphiné ; Moutier, en Tarentaise ; Saint-Gothard ; Baréges, aux Pyrénées.)

L'anatase n'est peut-être qu'une variété du ruthile.

Annexes du genre titane : *nigrine, chrichtonite, polymignite, æschinite, pyrochlore, sphène.*

MOLYBDÈNE. Mo. Ce genre ne contient que deux espèces : la molybdénite et le molybdène oxidé. Le premier de ces minéraux après le grillage, et le second, immédiatement, se combinent avec la potasse à l'aide de la chaleur, et donnent un sel *soluble dans l'eau,* qui devient bleu par l'addition du protochlorure d'étain, ou par l'action d'un barreau de zinc. Le produit du grillage ou l'acide molybdique donne, avec le sel de phosphore, au feu de réduction, un verre de couleur verte.

MOLYBDÉNITE. *Molybdène sulfuré.* S^2 Mo. Substance solide, douce au toucher, ayant l'aspect du graphite, mais une couleur plus bleuâtre ; laissant une trace verte sur la porcelaine, pesant 4,6.

Les cristaux rares affectent la forme d'un prisme hexaèdre.

La molybdénite se trouve dans les terrains cristallisés, dans le granite, le micaschiste, etc. (Alpes, Pyrénées, dans les gîtes métallifères.)

MOLYBDÈNE OXIDÉ. *Acide molybdique.* O^3 Mo. Substance pulvérulente, d'un blanc-jaunâtre, et qui, au chalumeau, colore en vert le sel de phosphore.

En enduit sur la molybdénite.

SCHÉLIN. *Tungstène.* W.

SCHÉLIN OXIDÉ. *Acide tungstique.* O^3 W. Matière pulvérulente, jaune, pesant 6, qui donne, au chalumeau, un verre bleu avec le sel de phosphore. Elle se trouve quelquefois à la surface du wolfram.

CHROME. Cr.

CHROME OXIDÉ. Matière verte, pulvérulente, qui donne, par la chaleur, avec le nitrate de potasse, un sel jaune, soluble dans l'eau, qui précipite le plomb en jaune, et l'argent en rouge. Fondu avec le borax au feu de réduction, il donne un verre vert.

Cette matière est isolée ou mélangée avec une roche siliceuse. (Ecouchets, près d'Autun.)

MANGANÈSE. Toutes les matières de ce genre, sans grillage ou après un grillage préalable, donnent, par la chaleur, avec la potasse ou la soude, une frite verte, qui se dissout dans l'eau froide sans se décolorer. Fondues avec le borax, elles le colorent en violet au feu de réduction.

ALABANDINE. *Manganèse sulfuré.* S Mn ? Matière noire ou gris d'acier, dure, pesant 3,95. Réduite en poudre et traitée par le nitrate de potasse, à une température élevée, elle donne du sulfate et du manganate de potasse, faciles à reconnaître. Cette matière est rare.

HAUSMANITE. O^4 Mn^3. Matière brune, plus dure que la fluorine, pesant 4,72, et cristallisant en octaèdre à base carrée. L'hausmanite est rare, et n'a guère été rencontrée qu'à Illfeld, au Harz.

BRAUNITE. *Manganèse sesqui-oxidé.* O^3 Mn^2. Substance noire-brunâtre, plus dure que le feldspath, pesant 4,818, cristallisant en octaèdre à base carrée, clivable parallèlement à ses faces. La braunite est peu répandue dans la nature.

ACERDÈSE. *Manganèse, sesqui-oxidé, hydraté.* O^3 $Mn^2 + O H^2$. Matière noire, ayant quelquefois l'éclat métallique, rayant la fluorine, pesant 4,312, et cristallisant en prisme rhomboïdal de 99° 41', clivable parallèlement à ses pans et à ses diagonales. Chauffée dans un tube fermé par une extrémité, elle donne de l'eau.

Cette matière est très répandue dans la nature; elle accompagne souvent les minérais d'hématite brune; d'autres fois, elle forme à elle seule des amas assez considérables. (Laveline, Vosges; Lavoulte, Ardèche, etc.)

Pyrolusite. *Binoxide de manganèse, peroxide de manganèse, manganèse.* O² Mn. Substance gris de fer, noirâtre, possédant l'éclat métallique, donnant une poussière noire par la pulvérisation. Sa forme dominante est un prisme rhomboïdal, oblique, susceptible de clivage parallèlement à ses pans et à sa petite diagonale; son poids spécifique est 4,9 environ. Chauffée seule, elle perd le tiers de l'oxigène qu'elle renferme, prend une couleur rouge brunâtre, et ne fond pas; elle peut donner du chlore par l'acide chlorhydrique.

On en trouve de cristallisée, de bacillaire, de mamelonnée, de compacte et de terreuse.

Se trouve à Caiveron, département de l'Aude; à Crettnick, près Saarbruck, etc.

Cette matière est employée dans les verreries en gobeléterie, pour affaiblir la teinte verte du verre, par la couleur violette qu'elle lui communique.

Psilomélane. *Manganèse oxidé barytifère, manganèse oxidé terne.* Substance noire grisâtre, dont la poudre est noire, pesant 4,145; rayée par l'apatite, et rayant la fluorine. Se comportant au chalumeau comme la pyrolusite; mais donnant, par l'acide chlorhydrique, une dissolution qui produit un précipité de sulfate de baryte par l'acide sulfurique.

La composition pondérale de la psilomélane est mal connue. Elle renferme constamment du manganèse, du baryum, de l'oxigène et les élémens de l'eau.

La psilomélane est amorphe, concrétionnée, fibreuse ou terreuse, et se trouve à Romanèche, près de Mâcon, et près de Thiviers, en Périgord. On l'emploie aux mêmes usages que la pyrolusite.

Annexes du genre manganèse : *Franklinite, columbite, baierine, triplite, hureaulite, hétérosite, diallogite, rhodonite, marceline, opsimose, photizite, bustamite, knebelite, pyrodmalite, carpholite, helvine, wolfram.*

Le manganèse se trouve aussi dans l'axinite, le mica, le pyroxène, l'amphibole, la smaragdite, l'idocrase, le grenat et le thorite; mais il peut, dans plusieurs cas, être remplacé par d'autres bases isomorphes sans que l'espèce change de nom; c'est aussi au manganèse qu'est due la couleur de l'améthyste.

FER. Fe. Les substances qui composent ce genre sont attaquables à chaud par l'eau régale, ou même par l'acide chlorhydrique , si l'on a eu soin de griller quelques unes d'entre elles. La dissolution, étendue d'eau, donne un précipité bleu par le cyanoferhydrate de potasse.

FER NATIF. *Fer météorique.* Corps malléable , dont la couleur est connue de tout le monde. Il est attirable à l'aimant; on le trouve quelquefois cristallisé en octaèdre. Sa densité = 6, 5 à 7, 8.

Il est attaqué par l'acide chlorhydrique , avec dégagement d'hydrogène. Traité par l'acide nitrique , desséché, puis calciné, il laisse un résidu rouge de sesqui-oxide de fer.

M. Beudant a toujours reconnu du chrôme , du nickel et du cobalt, mélangés avec ce fer.

On connaît du fer natif *cristallisé en lamelles ou dendritique;* il en est de *caverneux,* renfermant du péridot (Sibérie); de *globulaire* et *d'aciéreux,* que l'on rencontre dans les houillères embrasées , et qui paraît dû à la réduction d'un minérai de fer.

On a trouvé du fer natif dans plusieurs gîtes métallifères; mais on le trouve plus souvent en masses isolées , qui , à n'en pas douter , sont tombées de l'atmosphère.

MISPIKEL. *Sulfo-arséniure de fer, pyrite arsénicale.* S^2 As Fe^2. Eclat métallique d'un blanc jaunâtre ; pesanteur spécifique = 6,127. Donnant du feu par le choc du briquet, en répandant l'odeur alliacée de l'arsenic. Fusible au chalumeau, en donnant la même odeur. Chauffé dans un tube fermé par une extrémité, il abandonne du sulfure d'arsenic qui se condense sur sa paroi.

Le mispikel cristallise en prisme rhomboïdal , de $111°$ $12'$, qui est peut-être oblique? On en trouve qui présente des modifications, et sous forme d'octaèdre rectangulaire. Il en est de bacillaire, de capillaire et de compacte.

Le mispikel accompagne les gîtes métallifères dans les terrains anciens.

FER BISULFURÉ. S^2 Fe.

Les deux espèces suivantes sont isomériques; il est probable qu'il en existe une troisième, très dense, de couleur jaune , qui s'effleurit à l'air humide.

PYRITE. *Marcassite, pyrite martiale.* Vif éclat métallique de couleur jaune. Substance plus dure que l'acier , étincelant sous le choc du briquet, en répandant une odeur sulfureuse , et se couvrant lentement d'un enduit de couleur hépatique par l'action de l'air humide. Densité = 4,987 à 4,990 à + 20°.

Chauffée dans un tube fermé , la pyrite donne du soufre sublimé ; dans un tube ouvert , elle donne de l'acide sulfureux.

La pyrite appartient au système cubique. On en trouve sous forme de cube, d'octaèdre (rare), de dodécaèdre pentagonal, et d'icosaèdre, plus ou moins modifiés. Elle est quelquefois *stalactique*, *dendritique*, *pseudomorphique*, *fibreuse*, *compacte*, *décomposée*, etc.

La pyrite est très répandue dans la nature, quoiqu'elle y soit peu abondante. C'est à Brosso, en Piémont, que l'on a trouvé les plus belles et les plus variées.

Sᴘᴇʀᴋɪsᴇ. *Fer sulfuré blanc, pyrite blanche, pyrite rayonnée.* Eclat métallique blanc jaunâtre ou jaune; pesanteur spécifique $= 4,819$ à $19°$. Cette pyrite s'altère facilement à l'air humide, en donnant naissance à du sulfate de fer.

Sa forme primitive est un prisme à bases rhomboïdales de $106° 2'$. On en trouve en cristaux, différemment modifiés, qui sont quelquefois maclés; il en est de *globuleuse*, de *dendritique*, de *stalactitique*, de *pseudomorphique*, etc.

La sperkise est moins répandue que la pyrite, surtout dans les terrains anciens. On la trouve dans la craie en masses globuleuses, isolées, qui sont hérissées de cristaux à l'extérieur, et radiées à l'intérieur.

On rapporte à cette espèce un fer sulfuré jaune, aussi dense, aussi brillant que la pyrite, mais qui est susceptible de s'effleurir par l'action de l'air humide. Ce sulfure est probablement une troisième espèce isomérique. Les globules qu'elle forme ne sont point radiés dans l'intérieur, mais très compactes.

. Lᴇ́ʙᴇʀᴋɪsᴇ. *Octosulfure septemferré, fer sulfuré salin, pyrite magnétique.* $S^8 Fe^7$. Faible éclat métallique; couleur d'un brun bleuâtre; agissant sur une aiguille magnétique mobile. Densité $= 4,62$.

Ce sulfure n'est pas altéré par la chaleur seule; mais, chauffé dans un tube ouvert, il donne de l'acide sulfureux, facile à reconnaître.

La forme primitive de ce minéral est un prisme à bases hexaèdres, dont la hauteur est à l'apothême $:: 23 : 10$.

On en trouve de *cristallisé*, en prismes hexaèdres, et en prismes à douze pans, différemment modifiés, de *lamellaire* et de *compacte*.

Ce sulfure de fer est beaucoup moins répandu que les précédens; on en a trouvé dans les diorites (Nantes, Schemnitz, en Hongrie), dans le micaschiste, dans les roches talqueuses, dans quelques gîtes métallifères, et dans les pierres météoriques.

Aɪᴍᴀɴᴛ (1). *Quadroxide triferrique, fer oxidé salin, oxide noir de fer, fer oxidulé, fer oxidé magnétique, oxide ferroso-ferrique.* $O^4 Fe^3$,

---

(1) Le nom d'aimant appliqué à cette espèce est impropre, puisque ce n'est que rarement qu'on la rencontre jouissant de propriétés magnétiques.

Substance grise , métalloïde, dont la poudre est noire; jouissant de la propriété magnétique ou agissant sur une aiguille aimantée. Sa densité $= 4,74$ à $5,09$.

Les formes dominantes de cet oxide sont l'octaèdre régulier , et le dodécaèdre rhomboïdal.

On en rencontre de *laminaire,* de *granulaire,* de *concrétionné* et de *terreux.*

L'aimant existe dans la nature quelquefois en masses assez considérables pour former des montagnes entières. (Taberg , en Smoland.) On le rencontre principalement dans les terrains anciens, avec le micaschiste, l'amphibole et la serpentine. (Alpes , Piémont , Tyrol, etc., etc., etc.)

Oligiste. *Trinoxide biferrique, peroxide de fer, fer oxidé rouge, fer oligiste.* $O^3 Fe^2$. Substance gris d'acier , possédant l'éclat métallique ; donnant constamment une poudre rouge par la pulvérisation. Ou substance rouge-brunâtre. Sa pesanteur spécifique $= 5,24$. Il raie l'apatite.

Un barreau aimanté est insensible ou à peine sensible à l'action de cet oxide.

L'oligiste a pour forme primitive un rhomboèdre de $86°\ 10'$. On en connaît beaucoup de variétés cristallines.

M. Beudant distingue les variétés amorphes ou pseudomorphes de l'oligiste, en métalloïdes, ou possédant l'éclat métallique, et en non métalloïdes.

Parmi les premières, on en trouve de *spéculaire,* de *laminaire,* de *lamellaire,* de *fibreux,* de *concrétionné,* de *schisteux,* de *granulaire,* de *compacte,* etc.; parmi les secondes, on en trouve de *pseudomorphique,* de *polyédrique,* de *mamelonné,* de *fibreux,* de *globulaire,* de *lithoïde,* d'*ocreux* (mêlé avec une argile), etc.

La variété métalloïde pseudomorphique de M. Beudant, qui appartient au système cubique, est probablement une espèce isomère avec la précédente.

L'oligiste métalloïde appartient principalement aux terrains cristallisés, parmi lesquels il existe souvent en masses considérables. (Ile d'Elbe; Framont, dans les Vosges ; Danemarck; Suède; Brésil.) On en trouve dans les terrains intermédiaires. (Altenau, le Harz, etc.) On en trouve jusqu'à la hauteur du lias (Ardèche). On le rencontre aussi parmi des produits volcaniques, où il existe en cristaux spéculaires, qui paraissent avoir été sublimés, mais qui sont plutôt le résultat d'une double décomposition, telle que celle qui pourrait s'opérer entre les élémens du chlorure de fer et de la vapeur d'eau qui sont volatils (Auvergne).

L'oligiste non métalloïde se trouve généralement dans des terrains moins anciens ; cependant, il en existe dans les terrains cristallisés. On le trouve aussi dans les solfatares, et il se produit journellement par la décomposition des laves.

L'oligiste métalloïde est exploité comme un excellent minérai de fer. La variété fibreuse est employée pour faire des brunissoirs ; la variété argileuse, qu'on appelle sanguine, sert pour faire des crayons rouges. *Voy.* **Limonite.**

Fraklinite. Substance contenant du fer, du manganèse, du zinc et de l'oxigène, dans des proportions qui ne permettent pas d'en déduire facilement une formule. Elle est noire ou noire-brunâtre, présente faiblement l'éclat métallique ; sa pesanteur spécifique $= 5,09$. Elle est presque infusible au chalumeau, et calcinée avec de la soude sur une feuille de platine, à la flamme extérieure du chalumeau, elle donne une frite verte, qui se dissout en partie dans l'eau, en lui communiquant cette couleur. À l'aide de la chaleur, elle donne du chlore par l'acide chlorhydrique ; sa dissolution donne un précipité bleu par le cyanoferrure jaune de potassium ; l'ammoniaque, ajoutée en excès, précipite le fer et le manganèse à l'état d'oxides, et redissout le zinc ; la nouvelle liqueur, saturée par un acide, donne un précipité orangé par le cyanure rouge de potassium.

Cette substance cristallise en octaèdre régulier. Elle a été trouvée à New-Jersey, dans la mine de Franklin.

M. Beudant l'a rangée dans le genre ferrate, qu'il a créé pour elle, pour l'aimant et pour la beudantite, qui peut être considérée comme un ferrate de plomb.

Annexes du genre fer : *Haidingérite, nigrine, craitonite, limonite, mélantérie, néoplase, pitizite, vivianite, dufrénite, sidérose, liévrite, cronstédite, chloropale, nontronite, achmite, pharmacosidérite, néoctèse, scorodite, sidéritine, sidérochrôme, philipsite, chalkopyrite, panabase, tennantite.* Les espèces suivantes contiennent aussi du fer, mais il n'est point toujours essentiel à leur composition : *Columbite, baierine, triplite, hureaulite, hétérosite, knebelite, pyrodmalite, sidérochrôme, wolfram, cérine, tourmaline, quincyte, mica, sordawallite, achmite, chlorite, pyroxène, amphibole, péridot, diallage, épidote, idocrase, gehlénite, anthophyllite, grenats, staurotide, eudyalite, thorite, pléonaste, saphirin, chamoisite.*

CÉRIUM. Ce genre renferme six espèces dans le tableau des espèces minérales de M. Brongniart ; il n'y en a que deux qui doivent être conservées, en continuant à appliquer les principes qui ont été suivis jusqu'ici, mais nous y ajouterons la basicérine.

Fluocérine. Fl³ Ce. Matière cristalline, rougeâtre ou jaunâtre, plus dure que le calcaire, pesant 4,7.

Cette matière n'abandonne point d'eau, est infusible, et noircit lorsqu'on la chauffe. Les acides la dissolvent; et la potasse forme, dans la dissolution, un précipité insoluble dans un excès de réactif, qui devient rouge de brique par la calcination.

La fluocérine est très rare, et n'a encore été trouvée qu'à Fimbo et à Brodbo, en Suède, dans les pegmatites.

La *Basicérine*, 3 (Fl² Ce) + Aq., est une espèce voisine de la précédente, qui se trouve dans les mêmes localités, et est aussi rare qu'elle. Mais la basicérine renferme de l'eau, comme la formule l'indique, et la fluocérine n'en contient pas.

Yttrocérite. *Fluorure d'yttria et de cérium.* On rencontre souvent de la silice et de la chaux dans l'yttrocérite, qui en modifient la formule d'une telle manière, que leur présence permettrait d'en faire des espèces à part. L'yttrocérite est d'une couleur qui varie du gris au violet; son poids spécifique est de 3,44 à 4,15; elle raie la fluorine. Elle ne fond point au chalumeau; les acides peuvent la dissoudre. La dissolution donne un précipité en partie soluble dans le carbonate d'ammoniaque. Du sulfate de potasse solide ajouté à cette liqueur, en précipite un sulfate double de cérium, qui, décomposé par la potasse, donne un oxide, qui devient couleur de cannelle par la calcination. La liqueur contient l'yttria, qui est précipitée par la potasse sans pouvoir être redissoute, tandis que le carbonate d'ammoniaque la redissout assez facilement.

L'yttrocérite se trouve à Brodbo et à Fimbo, dans les pegmatites.

Annexes du genre cérium : *Cérine, allanite, orthite, cérérite.*

ZINC. Zn. Les minérais de zinc, calcinés fortement et long-temps sur un charbon avec du sel de soude, donnent des vapeurs blanches, dont une partie se dépose sur le charbon et y forme un anneau.

Blende. *Zinc sulfuré, sulfure de zinc.* S Zn. La blende est métalloïde ou transparente, sa couleur varie du brun au jaunâtre; elle appartient au système cubique, et donne par le clivage, l'octaèdre, le tétraèdre, le dodécaèdre rhomboïdal, et un rhomboèdre obtus de 109° 30′. Sa structure est généralement laminaire; sa densité = 4,16. La blende est infusible et irréductible par l'action du chalumeau. Après un long grillage, l'acide nitrique l'attaque difficilement; la dissolution obtenue précipite en rouge orangé par le cyanoferrure rouge de potassium; l'ammoniaque y fait naître un précipité blanc qu'elle peut redissoudre.

La blende paraît contenir constamment du protosulfure de fer et du sulfure de cadmium.

On en trouve de cristallisée, de mamelonnée, de lamellaire, de fibreuse, de grenue, etc.

La blende est assez répandue dans la nature, mais on ne l'y trouve jamais en amas considérables; elle accompagne la galène. On en trouve dans les terrains granitiques (Pyrénées); on la rencontre dans la dolomie (Saint-Gothard); dans le gypse (Hall, en Tyrol).

C'est de ce minérai que l'on extrait actuellement une grande partie du zinc que l'on emploie dans les arts.

M. del Rio a trouvé à Culebras, au Mexique, un séléniure de zinc hydrargyrifère.

ANCRAMITE. *Zinc oxidé rouge.* O³ Mn² 15 O Zn.? Substance lamellaire ou cristallisée en prisme rhomboïdal, de couleur rouge, pesant 5,43. L'ancramite exige de nouvelles recherches pour que l'on puisse être assuré que sa composition est invariable : on la trouve parmi les minérais de fer de l'Amérique septentrionale.

On a trouvé en Silésie deux minérais de zinc, dont l'un contient, tout à la fois, de l'iode et du cadmium, et l'autre, du brôme.

Annexes du genre zinc : *Smithsonite, zinconise, calamine, gahnite, willémite, gallizinite, franklinite.*

URANE. Dans le genre urane de M. Brongniart, on trouve quatre espèces; nous n'en avons conservé qu'une.

PECHURANE. *Urané oxidulé, pechblende.* O U. Substance noirâtre, possédant à peine l'éclat métallique, d'une dureté à peu près égale à celle du verre, pesant 6,46. Le pechurane est infusible au chalumeau; il colore la flamme en vert. Il est attaquable par l'acide nitrique; la dissolution donne un précipité rouge brun par le cyanoferhydrate de potasse.

Ce minérai, qui est rare, accompagne l'or, l'argent et l'étain. (Bohême, Saxe, Cornwall.)

Annexes du genre urane : *Uraconise, uranite, chalkolite.*

COBALT. Une très petite quantité d'un minérai de cobalt, avant ou après un grillage, suffit pour colorer en bleu intense une masse assez considérable de borax, sans lui faire perdre sa transparence.

KOBOLDINE. *Cobalt sesqui-sulfuré.* S³ Co². Substance gris d'acier, possédant l'éclat métallique, à cassure inégale; cristallisant dans le système cubique; ne donnant point l'odeur de l'arsenic lorsqu'on la chauffe au chalumeau. Fusible en un globule gris après avoir été grillée, et se comportant avec le borax, comme il est dit aux caractères génériques.

Substance rare, trouvée à Riddarhytta, en Suède, et à Näsen, dans le pays de Segen.

Cobaltine. *Cobalt arsénio-sulfuré, cobalt gris; cobalt de Tunaberg.* $S^2\,As\,Co^2$. Matière gris d'acier, brillante, laminaire, cristallisant dans le système cubique; pesant 629. La cobaltine fond au chalumeau, en répandant l'odeur de l'arsenic.

On trouve cette substance sous les formes suivantes : cube, octaèdre, cubo-octaèdre, cubo-dodécaèdre, dodécaèdre pentagonal, icoasèdre, etc. On ne l'a encore rencontrée ni en dendrites, ni en concrétions, mais en cristaux disséminés dans le gneiss, *terrains primordiaux.* (Tunaberg, en Suède.)

Smaltine. *Cobalt arsénié* ou *cobalt arsénical.* As Co. Matière métalloïde, noirâtre, présentant l'éclat métallique et la couleur de l'acier dans sa cassure fraîche. Elle appartient au système cubique; sa densité$=6,35$. Elle fond au chalumeau, en donnant un globule gris, métallique, après avoir abandonné des vapeurs arsénicales. L'acide nitrique l'attaque assez facilement.

La smaltine se trouve en cristaux, sous forme dendritique (cobalt tricoté), fibreuse, et on en trouve d'amorphe. On la rencontre dans les terrains primordiaux (Allemout, en Dauphiné, Schneeberg, en Saxe, etc.), dans les terrains de transition (Sainte-Marie-aux-Mines).

Cobaltide. *Cobalt peroxidé, sesqui-oxide de cobalt?* $O^3\,Co^2$? Matière terreuse, pulvérulente, noire, qui se trouve parmi les autres minérais de cobalt ou qui les recouvre sous forme d'enduit.

Annexes du genre cobalt : *Erythrine, rhodoïse, rhodalose.*

NICKEL. Matières qui, avant ou après le grillage à l'air libre, donnent une matière pulvérulente, infusible, réductible sur le charbon par le feu de réduction, laissant un résidu magnétique. Ces matières sont attaquables par l'acide nitrique, et donnent une liqueur verte qui, acidulée, ne présente pas l'indice du cuivre par un barreau de fer, et devient bleue sans précipiter par l'addition de l'ammoniaque.

Harkise. *Nickel sulfuré, nickel natif, pyrite capillaire.* S Ni. Substance cristalline, en groupes formés de cristaux aciculaires, déliés, d'une couleur vert jaunâtre, donnant l'indice de l'acide sulfureux dans le tube ouvert par l'action de la chaleur.

L'harkise accompagne quelquefois la smaltine, la blende, la galène, quelques minérais argentifères. (Johann - Georgenstadt, en Saxe ; Saint-Austle, en Cornwall, etc.)

Disomose. *Nickel arsénio-sulfuré, nickel gris.* $S^2\,As\,Ni^2$, plus quelque peu de fer et de cobalt. Substance gris d'acier, possédant l'éclat métallique, rapportée par M. G. Rose au système cubique. Sa densité $=6,12$.

Chauffée au moyen du chalumeau, elle donne l'odeur de l'arsenic ; chauffée dans un tube fermé, elle donne un sublimé de sulfure d'arsenic ; chauffée dans un tube ouvert, elle donne l'indice de l'acide sulfureux. Le résidu se comporte comme il a été dit, en parlant des propriétés génériques.

On trouve la disomose en petites masses lamellaires ou compactes, très fragiles, parmi les minérais de cobalt, à Laos, Suède.

NICKÉLINE. *Nickel arsénié ou arsenical, kupfernickel.* As Ni^2, plus un peu de soufre, de plomb et de fer. Substance d'aspect métallique, gris rougeâtre, se ternissant à l'air.

Substance donnant, comme la précédente, l'indice de la présence du soufre et du nickel, et donnant à peine de l'acide sulfureux lorsqu'on la grille dans un tube ouvert.

La forme cristalline de cette espèce minérale est douteuse : on pense pouvoir la rapporter au système cubique, et cette observation paraît très vraisemblable, parce que d'autres substances de même formule affectent le même système cristallin.

La nickéline accompagne la smaltine.

M. Berzélius a indiqué un arséniure de nickel contenant une fois plus d'arsenic pour la même quantité de métal électro-positif.

M. G. Rose distingue aussi l'espèce nickelspies-glanz (arsenic sulfoantimonié), ayant la même formule que la disomose, mais qui en diffère parce que l'arsenic s'y trouve remplacé par de l'antimoine.

Annexes du genre nickel : *Néoplase, nickelocre.*

CUIVRE. Les espèces qui composent ce genre peuvent, avant ou après un grillage, en les chauffant au feu de réduction sur un charbon, donner un globule de cuivre métallique, qui est brillant tant qu'il est en fusion. Ce globule est inattaquable par l'acide chlorhydrique, mais il se dissout dans l'acide nitrique. Les mêmes minérais ou ce globule, traités par ce dernier acide avant ou après le grillage, donnent une liqueur bleu verdâtre, qui forme un dépôt de cuivre métallique sur un fil de fer brillant, qui devient d'un très beau bleu par l'addition de l'ammoniaque, et qui donne un précipité marron par l'hydroferrocyanate de potasse. Ce dernier réactif ne peut pas toujours être employé ; parce qu'il précipite aussi d'autres métaux.

CUIVRE NATIF. Cu. Couleur rouge, éclat métallique, malléable, pèse 8,58 ; sa forme dominante est l'octaèdre régulier.

On en connaît de laminiforme, de lamelleux, de dendritique, de mamelonné et de filiforme.

On le trouve principalement, dans les terrains cristallisés, en enduits sur un jaspe ferrugineux, sur un calcaire saccharoïde, sur le micaschiste, etc., et dans du sable. Il est implanté, en amas ou en lames.

(Tourinski, monts Ourals ; Hamden, dans les Etats-Unis d'Amérique.)

Berzéline. *Cuivre sous-sélénié.* Se Cu². Substance blanche, possédant l'éclat métallique, malléable, donnant l'odeur du sélénium en combustion lorsqu'on la grille : dissolution nitrique ne donnant point de précipité par l'acide chlorhydrique ni par l'acide sulfurique ; substance très rare qui n'a encore été rencontrée que dans le calcaire spathique de la mine de cuivre de Skrickerum.

Il existe aussi un séléniure de cuivre et de plomb, dont la solution nitrique donne un précipité blanc par l'acide sulfurique.

Euchairite. *Cuivre et argent séléniés.* Se² Cu³ Ag. Substance gris de plomb, se coupant avec un couteau, donnant l'odeur de l'oxide de sélénium lorsqu'on la grille. Solution nitrique donnant un précipité blanc, soluble dans l'ammoniaque, par l'acide chlorhydrique.

Ce minéral se trouve dans les mêmes circonstances et dans les mêmes localités que la berzéline.

Chalkosine. *Cuivre sulfuré, cuivre vitreux.* S Cu². Eclat métallique, couleur gris brunâtre, pesant 5,6, fusible au chalumeau, soluble dans l'acide nitrique ; solution donnant alors l'indice du cuivre par l'ammoniaque, et un précipité blanc insoluble par le chlorure de baryum. La forme primitive de cette substance est un prisme hexaèdre.

Ce minérai se trouve cristallisé, ou mamelonné, ou compacte, dans les terrains primitifs, où il existe en filons assez puissans et en amas. On le rencontre aussi dans les terrains de transition.

Stromeyerine. *Cuivre sulfuré argentifère.* S² Cu² Ag. Gris d'acier, éclat métallique, fragile, fusible au chalumeau, ne donnant pas l'odeur de l'oxide de sélénium, soluble dans l'acide nitrique bouillant ; solution donnant un précipité blanc par le chlorure de baryum, un précipité de cuivre sur un fil de fer, et un précipité d'argent par un fil de cuivre. Substance rare, trouvée en Sibérie, dans les mines de Schlangenberg.

Philipsite. *Cuivre pyriteux panaché.* S³ Fe Cu⁴. Substance brun rougeâtre, pesant 5, cristallisant dans le système cubique. La dissolution nitrique indique la présence de l'acide sulfurique par le chlorure de baryum, qui y fait naître un précipité blanc ; un barreau de zinc en précipite du cuivre en poudre noirâtre ; la liqueur acidulée de nouveau, et chauffée ensuite, donne un précipité bleu, abondant, par le cyanoferrhydrate de potasse. La philipsite accompagne l'espèce suivante, mais elle existe à bien moindre quantité qu'elle.

Chalkopyrite. *Pyrite cuivreuse.* S² Fe Cu. Couleur jaune foncé, éclat métallique, densité = 4,16 ; sa forme primitive est un prisme à bases carrées ; sa forme principale est un tétraèdre irrégulier. Mêmes caractères chimiques que l'espèce précédente.

On trouve la chalkopyrite *cristallisée, en masse , stalactitique, in-crustante* , etc. Elle est très répandue dans la nature, où elle se ren-contre , en filons, dans les terrains primitifs granitoïdes (Sainte-Marie-aux-Mines, Chessy, en France; Derbyshire, Cornwall, Frey-berg, etc.)

PANABASE. *Cuivre et fer sulfantimóniés, cuivre gris, argent gris, cuivre antimonifère.* Substance grise, possédant l'éclat métallique, pe-sant 4,79 à 5,10, et cristallisant en tétraèdres réguliers, fusible au chalumeau, en donnant des vapeurs d'antimoine , et presque tou-jours aussi des vapeurs d'arsenic; solution nitrique incomplète, laissant un dépôt inattaquable d'acide antimonieux ; composition très compliquée. On trouve toujours du soufre, de l'antimoine, qui peut être en partie remplacé par de l'arsenic, du cuivre, du fer, du zinc et de l'argent. Formule $= S^8 Sb^2 Fe Cu^6$.

La panabase se trouve dans les terrains primitifs, où elle forme des filons à elle seule. Elle est souvent accompagnée de différens mi-nérais qui renferment les mêmes élémens qu'elle, mais en plus petite quantité. (Sainte-Marie-aux-Mines, Freyberg, Annaberg, en Saxe; Cornwall, en Angleterre; Guanaxuato, au Mexique, etc.)

TENNANTITE. *Cuivre et fer sulfo-arseniés, cuivre gris.* Substance grise, possédant l'éclat métallique, donnant une poussière grise ou noirâtre par la trituration , pesant 4,37 à 4,8, cristallisant en dodécaèdre rhomboïdal, donnant l'odeur d'arsenic lorsqu'on la chauffe ; du reste, possédant les caractères chimiques de la philipsite.

La tennantite ne forme point de filons à elle seule , comme la pré-cédente , mais elle est assez répandue.

ZIGUÉLINE. *Cuivre oxidulé*, *cuivre rouge.* O Cu². Substance rouge, ne possédant pas l'éclat métallique, vitreuse ou compacte, pesant 5,69, rayée par le calcaire et rayée par une pointe d'acier, attaquable par l'acide nitrique avec dégagement de vapeurs rouges.

Se trouve *cristallisée* en octaèdres réguliers, en dodécaèdres rhom-boïdaux , *capillaire , compacte , lithoïde* , etc., accompagnant la chal-kopyrite, l'azurite et les autres minérais de cuivre. (Chessy, près Lyon.)

MÉLACONISE. *Cuivre oxidé , cuivre oxidé noir.* O Cu. Substance noire, terreuse, pulvérulente, soluble dans l'acide nitrique , sans dégage-ment de gaz nitreux; solution donnant , comme toutes celles de ce genre, la réaction du cuivre.

La mélaconise se trouve en enduit sur les minérais cuprifères, et provient probablement de leur décomposition.

La plupart des minérais de cuivre sont exploités pour en extraire ce métal.

Annexes du genre cuivre : *mysorine*, *azurite*, *malachite*, *atacamite*, *cyanose*, *brochantite*, *aphérèse*, *ypolème*, *olivénite*, *euchroïte*, *aphanèse*, *érinite*, *liroconite*, *dioptase*, *chrysocole*.

PLOMB. Minéraux qui, sans ou après un grillage préalable, peuvent donner un globule métallique, malléable, lorsqu'on les chauffe sur un charbon au feu de réduction. La solution nitrique donne un précipité blanc de sulfate de plomb par l'acide sulfurique ; un précipité noir de sulfure de plomb par l'hydrogène sulfuré ou les sulfhydrates, et des lamelles brillantes de plomb sur un fil de zinc.

Plomb natif. Pb. Malléable, mou, très fusible, pesant 10,47, soluble dans l'acide nitrique bouillant, avec apparition de gaz nitreux rouge.

Le plomb natif est en grains d'un volume variable, dans les produits volcaniques (Vésuve), dans les dolomies, dans les laves, etc.

Galène. *Plomb sulfuré.* S Pb. Substance cassante, couleur de plomb, clivable dans trois directions perpendiculaires, l'une aux deux autres, affectant le système cubique, pesant 7,759.

Soumise à la calcination, dans un tube ouvert, elle donne un sublimé de soufre et de l'acide sulfureux. Elle se réduit facilement sous l'influence du carbonate de soude et du charbon. Lorsqu'on la traite immédiatement par l'acide nitrique, il se forme un dépôt blanc de sulfate de plomb.

Elle est souvent argentifère et exploitée comme minérai d'argent ; elle peut aussi renfermer du sélénium, comme celle de Fahlun, ou plus souvent de la blende.

La galène se trouve cristallisée, très communément en *cube*, plus rarement en *octaèdre* et en *dodécaèdre* ; il en existe de *pseudomorphique*, qui provient de la décomposition des différens minéraux plombifères salins, de *lamellaire*, de *grenue*, de *compacte*, etc.

Ce minérai, qui, de tous les minérais de plomb, est le seul exploité d'une manière spéciale, est très répandu dans la nature. On l'y trouve depuis les terrains cristallisés jusque dans les terrains de sédimens inférieurs. Il est souvent accompagné d'autres minéraux plombifères, de quarz, de fluorine, de barytine, etc.

Clausthalie. *Plomb sélénié.* Se Pb. Substance ressemblant à la galène, mais pouvant être entamée avec une lame tranchante ; pesant 6,8 ; donnant l'odeur de chou pourri lorsqu'on la chauffe dans un tube ouvert, et un sublimé de sélénium rouge dans le tube fermé.

Minéral rare qui paraît appartenir au système cubique et qui a été rencontré à Clausthal.

La clausthalie renferme souvent du cobalt, et l'on connaît un séléniure de plomb et de mercure.

Massicot. *Plomb protoxidé.* O Pb. Matière pulvérulente, jaune, soluble dans l'acide nitrique sans apparition de vapeurs rouges, facilement réductible par l'action du chalumeau.

Matière peu abondante, trouvée à Brémig, près de Stolberg.

Minium. *Plomb oxidé rouge* (oxide de plomb naturel dont la composition ne semble pas suffisamment déterminée, mais qui paraît être $O^3 Pb^2$). Matière pulvérulente, rouge, brunissant par l'action de l'acide nitrique et se dissolvant en partie ; facilement réductible par la flamme interne sous l'influence du chalumeau.

Ce minéral existe en petite quantité dans les localités où l'on trouve la galène.

Kérasine. *Plomb oxichloruré, plomb muriaté, plomb corné.* $O^2 Cl^2 Pb^3$. Substance blanchâtre, cristallisant en prismes droits à bases carrées, dont la hauteur est à l'un des côtés de la base : : 6 : 11 ; pesant 6,06 ; fusible, réductible en plomb par le carbonate de soude ; ce sel, dissous après la réaction, donne l'indice du chlore par le nitrate d'argent.

Substance trouvée dans les localités suivantes : Sommersetshire, Derbyshire, Massachusetts.

Annexes du genre plomb : *Plomb gomme, céruse, anglésite, léadhil lite, lanarkite, calédonite, pyromorphite, mimétèse, crocoïse, vauque linite, mélinose, schélitine.*

BISMUTH. Métal blanc-jaune, cassant, très fusible, soluble dans l'acide nitrique, et donnant une liqueur incolore dans laquelle l'eau détermine la formation d'un précipité blanc de nitrate quadribismuthique, et dans laquelle l'hydrogène sulfuré ou les hydrosulfates font naître un précipité noir. Le sulfure et l'oxide se réduisent facilement lorsqu'on les place sur un charbon et qu'on les chauffe au feu de réduction.

Bismuth natif. Bi. Métal cristallisant en cube et en octaèdre, quelquefois en rhomboèdre dérivant du système cubique, pesant 9,737.

Ce métal se rencontre avec les minerais d'arsenic et d'argent, en quantité peu considérable. (Vallée d'Ossau, Pyrénées; Schneeberg, Altenberg, en Saxe ; plusieurs localités de la Suède, etc.)

Bismuthine. *Bismuth sulfuré, bismuth natif.* $S^3 Bi^2$. Substance gris jaunâtre, possédant l'éclat métallique, cristallisant en prismes rhomboïdaux, aiguillés, de 130 et 50° ? pesant 6,54, fusible avec projection de gouttelettes. Acide sulfureux par le grillage; soufre sublimé dans le tube fermé, par la chaleur.

M. Beudant n'a rencontré de sulfure de bismuth pur que dans les échantillons de Bastnaës, d'autres contiennent du sélénium, du plomb, de l'argent, du cuivre, etc.

Il existe des sulfures de bismuth à différens degrés de sulfuration qui ne sont pas suffisamment étudiés.

Bismuth oxidé. $O^3 Bi^2$. Substance pulvérulente, jaunâtre, pesant 4, 36, fusible, réductible.

Le bismuth oxidé se trouve à la surface des minerais de bismuth, de cobalt, de nickel ; Schneeberg, en Saxe, etc.

Le bismuth natif et le bismuth sulfuré sont exploités comme minerais de bismuth.

Annexes du genre bismuth : *Bornine, carbonate de bismuth ?*

MERCURE. Métal liquide, blanc d'argent, volatil, qui existe natif, ou que l'on obtient en chauffant les minerais avec du carbonate de soude dans un tube fermé.

Mercure natif. *Vif argent, quecksilber :* Hg, pesant 13,5.

Le mercure natif se trouve à la surface des minerais de cinabre et dans leur intérieur, dont il peut sortir par l'action de la chaleur.

Amalgame. *Mercure argental.* $Hg^a Ag$. Substance possédant l'aspect de l'argent, cristallisant en dodécaèdre rhomboïdal, souvent déformé par du mercure adhérent. Chauffée dans le tube, le mercure se dégage, et il reste un dépôt d'argent. (*Voy.* les propriétés du genre argent.)

Ce minéral, qui n'existe qu'en petites masses, se rencontre avec le mercure natif et le cinabre.

Cinabre. *Mercure sulfuré, vermillon,* S Hg. Substance rouge ou brunâtre, donnant une poudre d'un rouge d'autant plus vif qu'on la rend plus fine, pesant 8,09, entièrement volatile, non attaquable par l'acide nitrique, attaquable par l'eau régale. On connaît du cinabre cristallisé en prismes hexagones, dont trois faces prennent souvent plus d'accroissement que les autres (vermillon entier de la Chine). On en trouve de *granulaire, de compacte,* de *pulvérulent.*

Calomel. *Mercure chloruré, mercure muriaté, mercure corné, protochlorure de mercure.* Cl Hg. Substance incolore, d'éclat adamantin, noircissant à la lumière, cristallisant en prismes à bases carrées, pesant 6,50, volatile, décomposée par le carbonate de soude ; le résidu, dissous dans l'eau, donne par le nitrate d'argent un précipité blanc, insoluble dans l'acide nitrique.

Mêmes gisemens que les autres minerais de mercure (V. plus bas).

M. del Rio a découvert, au Mexique, un iodure de mercure de couleur rouge, qui complète les espèces connues du genre mercure.

Les minerais de mercure se rencontrent spécialement à la partie inférieure des terrains secondaires, depuis le calcaire pénéen jusqu'au grès rouge. On les trouve dans le grès rouge (Ménildot, département de la Manche ; Almaden, en Espagne ; Cuença, Nouvelle-Grenade) ; dans les porphyres subordonnés (Mexique), dans le schiste bitumineux (Idria en Carniole), etc.

ARGENT. Métal blanc, malléable, plus dur que l'étain, pesant 10,4743 ; soluble dans l'acide nitrique avec apparition de gaz nitreux ; dissolution incolore donnant un précipité blanc, fixe, par l'acide chlorhydrique, qui se dissout dans l'ammoniaque liquide. Elle donne aussi de l'argent métallique sur un fil de cuivre.

Argent natif. Ag. Ce minerai possède les propriétés qui ont été indiquées au genre. Il renferme quelquefois de l'antimoine ou du cuivre.

On le connaît cristallisé en octaèdre, en cubo-octaèdre et en cube. Il en est de dendritique, de filiciforme ou pectiné, de filiforme et de massif.

L'argent natif accompagne ordinairement en petite quantité les autres minerais d'argent, et principalement l'argyrythrose.

Discrase. *Argent antimonié.* Ag² Sb. Substance possédant l'éclat et la couleur de l'argent ; cassante, donnant des vapeurs d'antimoine quand on la chauffe au chalumeau, et laissant un résidu d'argent ; soluble en partie dans l'acide nitrique, laissant un résidu qui, après avoir été lavé, se dissout dans l'acide chlorhydrique et donne alors les réactions de l'antimoine (V. ce genre).

Cette substance appartient au système prismatique à base rectangulaire : on en trouve d'amorphe ; elle se rencontre parmi les minerais d'argent (Allemont, en Dauphiné ; Guadalcanal, en Espagne)

Argyrose. *Argent sulfuré, argent vitreux.* S Ag. Substance de couleur grise, possédant l'éclat métallique, quelquefois translucide, pouvant s'entamer avec une lame tranchante, pesant de 6,9 à 7,2 ; fusible avec boursouflement, réductible, donnant de l'acide sulfureux par le grillage.

Ce minéral appartient au système cubique et se trouve quelquefois à l'état *dendritique, filiforme* ou *mamelonné.*

C'est le plus abondant et le plus répandu de tous les minerais d'argent. On le rencontre dans les terrains primitifs, dans les terrains intermédiaires et même à la base des terrains secondaires (Allemont, en Dauphiné ; Sainte-Marie-aux-Mines ; Saxe, Suède, Sibérie, Mexique, etc., etc.

Argyrythrose. *Argent sulfo-antimonié, A. rouge.* S⁶ Sb² Ag³. Couleur rouge ; fragile ; poussière rouge sombre ; pesanteur spécifique, 5,8. Cristaux dérivant d'un rhomboèdre de 108°, 30′. Substance donnant de l'acide sulfureux par le grillage, des vapeurs blanches d'antimoine au chalumeau, et laissant un dépôt insoluble d'acide antimonieux lorsqu'on la traite par l'acide nitrique, comme la discrase.

L'argyrythrose se trouve cristallisée en prismes hexaèdres différemment modifiés, et en dodécaèdres scalènes ou isocèles. Elle est beaucoup moins abondante que l'argyrose, et surtout en Europe. En Amérique, elle est l'objet d'exploitations spéciales.

Myargyrite. *Argent sulfo-antimonié noir.* $S^4 Sb^2 Ag$. Substance possédant l'éclat métallique, à cassure conchoïdale, cristallisant en prismes rhomboïdaux obliques, de 93° 56′, inclinés de 101° 6′; pesant 5,2 à 5,4, et possédant les mêmes caractères chimiques que l'espèce précédente.

Substance assez rare, trouvée à Braunsdorff, en Saxe.

Psaturose. *Argent sulfuré, fragile; argent sulfo-antimonié, noir.* $S^9 Sb^2 Ag^6$. Substance gris de fer, possédant l'éclat métallique, fragile, dérivant d'un prisme rhomboïdal de 107° 47′; pesant environ 6, donnant une poussière noire et possédant les mêmes caractères chimiques que les deux espèces précédentes. On la trouve avec l'argyrythrose (Freyberg, en Saxe; Schemnitz, en Hongrie).

Proustite. *Argent sulfo-arsénié.* $S^6 As^2 Ag^3$. Substance rouge, fragile, à poudre rouge clair, paraissant cristalliser dans le système rhomboédrique, pesant 5,5, fusible au chalumeau, donnant des vapeurs d'arsenic et de l'acide sulfureux; produit, dans le tube fermé, un sublimé de sulfure d'arsenic; solution complète ou presque complète dans l'acide nitrique (l'arsenic est quelquefois remplacé en partie par l'antimoine dans ce minéral.)

Mêmes gisemens que l'argyrythrose.

Polybasite. *Argent et cuivre sulfurés, arséniés et antimoniés, Bournonite en partie, Cuivre gris.* Substance contenant : soufre 17,04, antimoine 5,09, arsenic 3,74, argent 64,29, cuivre 9,93, fer 0,06 ; possédant une couleur grise, cristallisant en prismes hexagones, pesant 6,21.

Guanaxuato et Guarisamey, au Mexique.

Kérargyre. *Argent chloruré, argent corné, argent muriaté.* $Cl^2 Ag$. Substance d'un gris perlé, translucide ou opaque, pouvant se couper comme la corne, cristallisant en cube, fusible au chalumeau et immédiatement réductible, plus facilement réductible par la soude, qui donne ensuite la réaction du chlore (*Voy.* Calomel), insoluble dans l'acide nitrique.

Très rare en Europe, exploitée comme minérai d'argent au Mexique et au Pérou.

Iodargyre. *Argent ioduré.* $I Ag$. Substance d'un blanc jaunâtre, tendre, à texture lamelleuse, réductible immédiatement et surtout par la soude, qui, dissoute ensuite, et mêlée à l'amidon, le colore en bleu si on y ajoute de l'acide sulfurique.

Substance fort rare, trouvée au **Mexique**.

OR. Or natif. Métal d'un beau jaune, inaltérable à l'air, très malléable, fusible, pesant de 12,666 à 19. L'or est inattaquable par l'acide nitrique ; mais l'eau régale peut le dissoudre, souvent en donnant lieu à du chlorure d'argent insoluble, quand il renferme ce dernier métal.

L'or cristallise dans le système cubique, on en connaît de *dendritique*, de *lamelliforme*, de *granulaire* et de *filiforme*.

L'or existe dans des filons des terrains cristallisés ou dans des terrains meubles. Dans le premier cas, on le trouve en petits cristaux ou en lamelles disséminées dans du quartz, souvent d'un aspect gras (La Gardette, en Dauphiné; Minas Geraës, etc.); ou bien isolé dans les gîtes métallifères. Dans le second cas, on le trouve dans les sables des plaines, des fleuves et des torrens (Rhône ; Villa-Rica, au Brésil ; Pactole ; Afrique, etc., etc.). C'est l'or des terrains arénacés qui produit presque tout celui qui est exploité.

Electrum. *Aurure d'argent, or argentifère, argent aurifère, alliage naturel d'or et d'argent.* Propriétés attribuées à l'or ; mais toujours un précipité blanc, insoluble et abondant, dans le traitement du minerai par l'eau régale. Les proportions d'or et d'argent qui constituent cet alliage sont excessivement variées, et doivent le faire considérer comme l'exemple d'une espèce de corps simple auquel un autre corps simple isomorphe se substitue. M. Beudant ne fait qu'une espèce de l'or et de l'électrum.

PLATINE. Le platine pur n'existe point dans la nature, on ne l'y connaît qu'à l'état d'alliage.

Platine natif. *Alliage naturel de platine de palladium, de rhodium, d'iridium et d'osmium.* Substance infusible, insoluble dans l'acide nitrique, attaquable par l'eau régale ; solution donnant un précipité jaune-rougeâtre par le chlorhydrate d'ammoniaque.

Quelques uns des métaux peuvent manquer dans cet alliage naturel. Ils paraissent être tous isomorphes, au moins dans les combinaisons ultérieures qu'ils peuvent former, et l'on doit en dire autant du platine natif que de l'électrum.

Le platine natif se trouve disséminé en grains dans les mêmes terrains meubles que le diamant (*Voy*. Diamant). Vauquelin a trouvé du platine dans un cuivre gris (*panabase*), accompagné d'argyrythrose, sur un calcaire de Guadalcanal, en Estramadure. Il en existe un échantillon dans la collection de l'Ecole des mines de Paris.

Le platine est un des métaux les plus précieux pour les arts chimiques, parce qu'il permet de faire des vases infusibles, qui ne sont point attaqués par les acides ordinaires les plus concentrés.

IRIDIUM. Ce métal n'existe dans la nature qu'en combinaison avec le rhodium ; ils constituent ensemble l'espèce suivante, pour laquelle on doit répéter ce qui a été dit pour l'électrum et le platine natif.

Iridosmine. *Osmiure d'iridium*. Substance métallique en paillettes blanches, quelquefois hexagonales, très denses, infusibles par le chalumeau et inattaquables par l'eau régale. L'iridosmine accompagne le minerai de platine.

TROISIÈME CLASSE.

MÉTAUX HÉTÉROPSIDES (1).

Ier **ORDRE**. MÉTAUX HÉTÉROPSIDES FORMANT LE TYPE DES GENRES, OU GENRES ÉTABLIS SUR LE PRINCIPE ÉLECTRO-POSITIF.

ALUMINIUM. Les substances qui composent ce genre, lorsqu'elles sont pulvérisées, se dissolvent à chaud dans l'hydrate de potasse ; la dissolution donne un précipité comme mucilagineux par le chlorhy

(1) Les caractères des classes, exposés page 50, nous obligent à laisser ici les genres aluminium, calcium, potassium, sodium et magnésium, qui auraient été beaucoup mieux placés entre le cérium et le zinc. Les caractères dont il vient d'être question sont absolument insuffisans pour bien circonscrire la troisième classe, parce qu'elle renferme des silicates contenant du fer, du manganèse, etc.; ils le deviennent encore plus en y introduisant tous les *sels* formés par les métaux autopsides. Cet inconvénient est grave, mais il n'est rien en comparaison de celui qui existe pour établir soit le genre silicate, soit le genre phosphate parmi les hétéropsides, en se fondant sur la présence de la silice, et de retrouver des phosphates et des silicates parmi les métaux autopsides.

M. Brongniart divise les métaux hétéropsides en oxidés ou hydratés, et en salifiés. Un hydrate étant, pour nous, un sel tout aussi bien qu'un carbonate, nous n'avons pu adopter cette distinction ; et au lieu de conserver les genres chlorures et fluorures comme sels, quand on en exclut les oxides, nous avons préféré créer les genres aluminium, magnésium, calcium, potassium, sodium, en les traitant comme ceux des métaux autopsides, et commencer ensuite, par les hydrates, la série de ce qu'on nomme des sels.

drate d'ammoniaque, ou par un acide ajouté avec précaution; le précipité, desséché, est infusible au chalumeau, et prend une teinte bleue par le nitrate de cobalt au moyen de la chaleur. Le précipité mucilagineux est insoluble dans l'ammoniaque et les carbonates de potasse, de soude et d'ammoniaque ; mais il est soluble dans la potasse et la soude caustiques.

CORINDON. *Oxide d'aluminium.* O³ Al². Espèce jouissant des propriétés chimiques du genre aluminium.

M. Brongniart la divise en trois sous-espèces, qui sont de moins en moins pures à mesure qu'elles s'éloignent de la première.

CORINDON - TÉLÉSIE. Pierres gemmes orientales. Substances limpides, de couleurs très variées qui leur ont valu des noms différens. Après le diamant, cette espèce minérale est la plus dure de toutes celles qui sont connues. Ses différentes variétés de formes dérivent d'un rhomboèdre de 86° 4′ et de 93° 56′. On observe des prismes hexaèdres et des dodécaèdres à triangles isocèles. *V*. Pl. 5, fig. 6 et 9.

Cette espèce fournit plusieurs pierres des plus précieuses : 1° la *télésie adamantine* ou saphir blanc, qui est incolore ; le *rubis oriental*, qui est rouge ; le *saphir*, qui est bleu, et qui n'est fort estimé qu'autant que sa couleur est vive ; l'*améthyste orientale*, qui est violette ; l'*émeraude orientale*, qui est verte ; la *topaze orientale*, qui est jaune ; et enfin d'autres variétés de couleurs mal caractérisées et quelquefois mélangées, qui sont peu estimées en comparaison des premières, qu'il faut bien se garder de confondre avec d'autres espèces minérales qui portent des noms semblables, à cela près qu'on n'y joint point l'épithète d'orientales.

On appelle corindon-astérie celui sur lequel on aperçoit une étoile à six rayons, dont le centre correspond à l'un des sommets du rhomboèdre primitif; on l'observe encore très bien après la taille.

La télésie se trouve dans les terrains meubles, en cristaux roulés, accompagnés de fer titané, de rubis spinelle, de quarz, de zircons, de débris de terrains de syénite, de terrains trappéens et basaltiques. (Ceylan ; Bohême ; ruisseau d'Expailly; Pic-d'Adam ; sables de la mer; Pyriac, etc.)

CORINDON ADAMANTIN. Substances presque opaques, possédant un éclat plutôt chatoyant que transparent, pesant spécifiquement 3,9, et ne renfermant qu'environ 0,91 d'alumine ; le reste est de la silice et de l'oxide de fer. Cette variété cristallise comme la précédente dans le système rhomboédrique. On en connaît de grisâtre, de jaunâtre, de verdâtre et de rouge.

Le corindon adamantin se trouve dans les sables de l'Inde, de la

Chine, de Ceylan; dans des roches granitoïdes; disséminé dans le feldspath du Piémont (sella); dans des dépôts d'oxide de fer subordonnés, à Gellivoran en Laponie ; on le rencontre aussi quelquefois avec des zircons , de l'amphibole, du calcaire saccharoïde, etc.

CORINDON - ÉMERI. Dureté du corindon-télésie, mais possédant une ténacité plus grande; texture granulaire ou presque compacte; aspect terne; pesant 4, et contenant de l'alumine en quantité qui varie de 0,70 à 0,96 ; le reste est de l'oxide de fer, la silice y est rare et peu abondante. Les couleurs de l'émeri sont le rouge d'hématite, le rougeâtre, le noirâtre.

On le trouve au Bengale et dans les roches talqueuses de Smyrne et de Naxos.

L'émeri est employé, à cause de sa grande dureté, pour doucir, pour tailler les pierres dures ou les métaux, tels que l'acier, et pour graver sur les pierres et sur le verre, à l'aide de roues de cuivre que l'on en imprègne.

Annexes du genre aluminium : *néoplase , cryolithe , klaprothine , wawellite , calaïte, amblygonite, alun, ammonalun, websterite, alunogène , alunite , tourmaline, axinite.* Voyez la nombreuse famille des *silicates* , qui en renferme un grand nombre ; la famille des *aluminates* et la *mellite.*

MAGNÉSIUM. Ce genre ne renferme qu'une espèce, qui n'existe qu'en dissolution dans les eaux de la mer , dans celles des lacs et dans celles de plusieurs sources. Cette matière, très soluble, n'est point précipitée par l'ammoniaque, ni par l'oxalate d'ammoniaque, et donne à chaud, par le carbonate de la même base, un précipité qui, recueilli et calciné avec quelques gouttes d'une dissolution concentrée de nitrate de cobalt, prend une couleur rosâtre.

CHLORURE DE MAGNÉSIUM. *Magnésie muriatée.* Cl² Ma. Substance incolore, amère, déliquescente, donnant la réaction du chlore comme la sylvine qui suit, p. 91.

Annexes du genre magnésium : *brucite , wagnérite , epsomite , giobertite, dolomie, condrodite, marmolite, magnésite, talc, stéatite,* plusieurs autres *silicates, le boracite, le spinelle,* etc.

CALCIUM. Ce genre ne renferme que deux espèces, que l'on peut reconnaître en les traitant par l'acide sulfurique étendu d'un peu d'eau: il donne naissance à un sulfate peu soluble, qui absorbe beaucoup d'eau en se formant. La dissolution de ce sulfate ne donne point de précipité par l'ammoniaque, et donne un précipité blanc insoluble par l'oxalate d'ammoniaque. Ce précipité, recueilli et calciné, laisse un résidu de chaux caustique, qui bleuit du papier de tournesol rouge et humide.

Chlorure de calcium. Cette substance est déliquescente et ne se trouve qu'en dissolution dans les eaux (1). Ces eaux ont une saveur fort piquante et légèrement amère; elles donnent un précipité d'oxalate de chaux par l'oxalate d'ammoniaque, et un précipité de chlorure d'argent, insoluble dans l'acide nitrique et soluble dans l'ammoniaque, par le nitrate d'argent.

Fluorine. *Fluorite, spath fluor, chaux fluatée, fluorure de calcium, phtorure de calcium*. Fl² Ca. Substance pouvant posséder un grand nombre de couleurs, transparente ou translucide, rayant le calcaire, pesant 3,1 à 3,2. La fluorine fond au chalumeau et donne une perle opaque. L'acide sulfurique l'attaque en faisant naître des vapeurs qui corrodent le verre.

La fluorine se présente souvent sous forme de cristaux cubiques; on en connaît d'octaédriques, de tétraédriques et de dodécaédriques, qui sont plus rares, pl. 3, fig. 3, 4, 5, 6, 7, 8, 9, 12. Cette espèce minérale peut donner, par le clivage, un octaèdre, un tétraèdre et un cube. Il en est de stalactitique, de pseudomorphique, de bacillaire, de lamellaire, de granulaire, de compacte, etc.

On en connaît d'incolore et de limpide, c'est la plus rare, de jaune, de bleuâtre, de violâtre, de violette très foncée, de verdâtre, etc.; souvent toutes ces couleurs sont réunies sur un seul échantillon, et se trouvent disposées par bandes parallèles et ondulées.

La fluorine appartient principalement aux terrains de sédimens inférieurs; elle existe quelquefois en filons. On la trouve accompagnée de chaux phosphatée, de baryte sulfatée, de galène, de blende et surtout de pyrite. (Auvergne, Vosges, Derbyshire, Cumberland, Saint-Gothard, etc., etc., etc.) La fluorine se taille pour faire de petits objets d'ornement, tels que des flambeaux, des vases, etc. Celle de Derbyshire, qui est souvent violette, est surtout employée à cet usage.

Les annexes du genre calcium sont nombreux; voyez : *bustamite, liévrite, cérine, phosphorite, pharmacolite, arsénicite, haidingérite, nitrate de chaux, gypse, karsténite, glaubérite, polybasite, calcaire, arragonite, barytocalcite, gaylussite, datholite, axinite, wollastonite,* et un grand nombre de *silicates* composés dont la *chaux* fait partie.

POTASSIUM. Ce genre ne renferme qu'une seule espèce, qui est fixe, soluble, et dont la disssolution concentrée donne un précipité jaune

____

(1) Si l'on devait placer parmi les espèces minérales toutes les substances salines qui se trouvent en dissolution dans les eaux, on devrait joindre ici des iodures et des brômures de calcium, de magnésium, de potassium et de sodium, etc.

avec le chlorure de platine, un précipité blanc par l'acide fluosilici-
que, ou par l'acide heptachlorique.

Sylvine. *Chlorure de potassium. Muriate de potasse.* $Cl^2 K$. Substance
solide, possédant une saveur salée et piquante, dont la dissolution
donne, par le nitrate d'argent, un précipité blanc de chlorure d'argent, soluble dans l'ammoniaque et insoluble dans l'acide nitrique.

Ce n'est qu'en très petite quantité que l'on a rencontré le chlorure
de potassium dans des mines de sel gemme.

SODIUM. Ce genre ne renferme qu'une espèce, qui est fixe, soluble
dans l'eau, et ne donne de précipité renfermant le sodium par aucun
réactif connu, si ce n'est par l'acide hepta-iodique.

Salmare. *Sel marin, sel gemme, muriate de soude, chlorure de sodium.*
$Cl^2 Na$. Substance incolore ou diversement colorée, limpide, possédant une saveur qui est le type de la saveur salée. Sa pesanteur spécifique est de 2,1 à 2,3. Sa dissolution donne, par le nitrate d'argent,
un précipité de chlorure d'argent, comme la sylvine.

Lorsqu'on chauffe la salmare, elle décrépite et fond ensuite; exposée à l'air, elle en attire puissamment l'humidité.

Cette matière appartient au système cubique, et possède un clivage dont les plans sont à angles droits.

On en connaît de compacte, de lamellaire et de fibreuse, qui est
rare.

La salmare se présente en dissolution dans les eaux des mers, de
certains lacs et des sources salées; ou en dépôt dans les terrains de
sédimens moyens. Elle est accompagnée de gypse, de karstéuite, de
bitume, de lignite, etc. (Vic, dans le département de la Meurthe;
Vilickzka, en Pologne; Hongrie; Amérique méridionale; Afrique.)
On le trouve aussi parmi les produits volcaniques (Vésuve), ou en
efflorescence à la surface du sol (Égypte, Arabie).

Les usages de cette substance sont connus de tout le monde.

Cryolite. *Fluorure de sodium et d'aluminium.* $Fl^{12} Na^3 Al^2$. Substance
blanche, devenant translucide lorsqu'on la plonge dans l'eau, clivable
en prismes rectangulaires, pesant 2,96, fondant au chalumeau, insoluble dans l'eau, soluble dans l'acide nitrique; solution donnant un
précipité gélatineux par l'ammoniaque; la liqueur qui le contient
donne, par l'évaporation et la calcination, un résidu de soude. La
cryolite, chauffée avec l'acide sulfurique, donne des vapeurs qui
corrodent le verre. Cette substance se trouve en filons dans le
granit et le gneiss, où elle est accompagnée de quarz, de carbonate
de fer spathique, de fer oxidé et de galène. (Vika et Groenland.)

Annexes du genre sodium : *nitrate de soude, exanthalose, thénar dite, glaubérite, polyhalite, borax, couzéranite, feldspath, néphéline, sodalite, lazulite, analcime, mésotype* et d'autres *silicates.*

IIe ORDRE. ACIDES ENTRANT DANS LA COMPOSITION DES SELS, FORMANT LES TYPES DES GENRES.

HYDRATES. Corps abandonnant de l'eau lorsqu'on les chauffe dans un tube fermé par une extrémité.

Annexes du genre hydrate : *Toutes les matières salines dites hydratées.*

ACERDÈSE. *Manganite, hydroxide de manganèse.* OH^2, O^3 Mn^2. Substance noirâtre, pouvant posséder l'éclat métallique, donnant une poudre brune. Elle raie la fluorine; sa densité $= 4,312$; sa forme primitive est un prisme rhomboïdal droit de $99°41'$, qui peut se cliver parallèlement à ses pans et à ses diagonales.

Chauffée au feu de réduction, l'acerdèse devient brune ; du reste, elle possède les caractères chimiques des genres manganèse et hydrate.

L'acerdèse est connue *cristallisée, bacillaire, capillaire, fibreuse, mamelonnée, stalactitique, globulaire, écailleuse, terreuse, etc...* On la trouve en dépôts dans les terrains secondaires ou dans les terrains primitifs, ou bien elle accompagne les minerais de fer et principalement l'hématite brune. (Lavoulte, Ardèche; Laveline, Vosges, etc.)

Annexes : *voy.* le genre *manganèse* et l'espèce suivante.

PSILOMÉLANE. *Manganèse oxidé barytifère, manganèse oxidé, terne.* Oxide de manganèse + baryte + eau. Substance noire, possédant quelquefois l'éclat métallique; sa poussière est noire; sa densité $= 4,145$; la psilomélane raie la fluorine et est rayée par l'apatite.

Les caractères chimiques de la psilomélane sont les mêmes que ceux de l'espèce précédente, à cela près que, si l'on ajoute de l'acide sulfurique à sa dissolution dans l'acide chlorhydrique, il se forme un précipité blanc insoluble.

On connaît la psilomélane à l'état concrétionné, fibreux ou terreux. Se trouve avec la pyrolusite. (*Voy.* genre manganèse.) (Romanèche, près Mâcon ; Thiviers, en Périgord.)

LIMONITE. *Hydrate de sesqui-oxide de fer, hématite brune, fer limoneux.*

$3 H^2 O + O^3 Fe^2$. Substance rouge, brune ou jaune-brunâtre, ne possédant pas l'éclat métallique; dont la pesanteur spécifique varie de 3,37 à 3,94. Après avoir été chauffée dans un tube fermé, elle laisse une poussière rouge de brique, qui se dissout dans l'acide chlorhy-

---

(1) La sassoline , p. 56 ; l'acide sulfurique et l'acide nitrique , p. 62 , auraient pu être placés ici , mais l'eau a été considérée comme jouant un rôle positif dans ces composés.

drique, et donne un précipité bleu très foncé par l'addition du cyano-ferhydrate de potasse.

On connaît de la limonite cristallisée ; dans ce cas, elle appartient
au système cubique, mais il est probable que ses cristaux ne sont
rien autre chose que de la pyrite altérée. On la rencontre à l'état
*aciculaire, pseudomorphique, stalactitique, géodique, compacte,
schisteux, globuliforme, ocreux,* etc.

Elle se trouve depuis les schistes argileux jusqu'aux terrains les
plus élevés.

Les globules peuvent varier depuis le volume d'un grain de millet
jusqu'à celui d'une noix ou même d'un œuf. Dans le premier cas, on
les rencontre en lits subordonnés dans des couches calcaires des terrains de sédimens inférieurs et moyens ; et dans le second cas, on les
trouve dans des cavités ordinairement superficielles des couches calcaires des terrains de sédimens moyens (Brong.). Cette espèce minérale est très abondante dans la nature, et on l'exploite comme minerai de fer (Berry, Bourgogne, Normandie, Lorraine, etc.). La limonite ocreuse renferme de l'argile ou de l'alumine hydratée, et
est employée en peinture. Calcinée, elle donne du rouge de Prusse.

Uraconise. *Urane oxidé hydraté.* x (O H²) + O³ U²? Substance jaunâtre,
pulvérulente, soluble dans l'acide nitrique ; solution donnant des
précipités jaunes par les alcalis ; le précipité peut se redissoudre
dans les dissolutions des carbonates alcalins ; précipité rouge de
sang, par le cyano-ferhydrate de potasse.

Cette substance, assez rare, se rencontre sur la *péchurane.* (Voyez
péchurane.)

Silhydre. *Opale* (Beudant); *quarz aquifères* (Brongniart); *silice hydratée, résinite, pecten.* H² O? + 2 (O³ Si²). Substances limpides (rarement) ou translucides, incolores ou jaunâtres, rougeâtres, bru-
nes, etc. Cassure résineuse. Pesanteur spécifique = 2,11 à 2,35. Raie
le verre et est rayée par l'acier d'un bon burin ; n'offrant pas le
moindre indice de cristallisation. Ces matières perdent de l'eau et
blanchissent au feu. Le résidu est de la silice. (*Voy.* les caractères
chimiques du genre quartz.)

M. Brongniart distingue les variétés suivantes :

HYALITE. Fiorite. Matière vitreuse, incolore et limpide, ou blanche et
translucide. Cette opale est guttulaire ou mamelonnée. On la trouve
dans les fissures des roches trachytiques ou basaltiques (Francfort;
Schemnitz; Auvergne; Santafiora, en Toscane).

GIRASOL. Presque laiteuse, chatoyante, reflétant le soleil en rouge.

OPALE (*opale* proprement dite). Laiteuse, couleurs vives, variées et
variables. Elle se trouve dans les tufs trachytiques (Hongrie).

L'hydrophane paraît être une opale altérée, qui reprend son éclat chatoyant et sa translucidité dans l'eau.

RÉSINITE. Pecten. Matières presque opaques, présentant diverses couleurs : résinite blanche (Champigny , bords de la Seine près Saint-Ouen); résinite jaunâtre (Saint - Ouen); résinite verdâtre et jaune-pâle (Hongrie); résinite brune (Hongrie; Gergovia, Auvergne); résinite rose (dans un calcaire de formation d'eau douce du département du Cher); résinite rouge foncé (Guadeloupe, île des Singes) ; résinite grise , rousse (Moravie).

Cette variété ne se trouve habituellement que dans des terrains calcaires , renfermant quelquefois des débris d'animaux et jamais de corps marins.

MÉNILITE. Opaque , brune , hépatique; en nodules, en rognons ou en plaques mamelonnées (Ménilmontant , près Paris). On en trouve de grisâtre à Villejuif. La résinite blanche ou grisâtre de Saint-Ouen paraît n'être rien autre chose que de la ménilite altérée. Il faut à ces variétés joindre au moins celle qui est *semi-gélatineuse,* plus hydratée , et qui a été découverte en Hongrie par M. Beudant.

Hydrates d'alumine. Substances infusibles , qui deviennent bleues lorsqu'on les chauffe avec du nitrate de cobalt.

DIASPORE. *Alumine hydratée.* $O^3 Al^2 + OH^2$. Substance dont la couleur varie du blanchâtre au brunâtre, plus dure que le verre, moins dure que le corindon, trouvée à Odonchélon.

ALUMINE DES BAUX (près d'Arles). *Alumine bi-hydratée.* $2 OH^2 + O^3 Al^2$? (Cette matière contient une quantité considérable d'oxide de fer qui ne permet pas d'accorder grande confiance à cette formule.) Substance rougeâtre.

GIBSITE. *Alumine tri-hydratée.* $3 (O H^2) + O^3 Al^2$. Substance blanchâtre ou verdâtre, rayant le calcaire, pesant 2,40, attaquable par l'acide nitrique. En petites concrétions stalactitiformes, dans une mine de manganèse de Richemont, dans le Massachusetts.

BRUCITE. *Magnésie hydratée, hydrate de magnésie.* $OH^2 OMa$. Substance blanchâtre, translucide, lamelleuse, nacrée, qui est rayée par le calcaire, et dont la pesanteur spécifique $= 2,336$. Par la calcination, elle laisse un résidu blanc, infusible , qui rougit le papier de curcuma humide. Chauffée avec le nitrate de cobalt, elle prend une teinte rosâtre. On l'a trouvée à New-Jersey et dans l'île d'Unst, dans des veines de serpentine.

PHOSPHATES. Tous les phosphates naturels sont insolubles dans l'eau. Réduits en poudre, mêlés avec de l'acide borique et fortement chauffés au chalumeau, ils donnent un globule ; si on y introduit un très petit morceau de fil de fer (corde de piano), par l'action de la chaleur, il s'opère une réaction dans laquelle l'acide phosphorique se réduit par une partie du fer, tandis que le phosphore se combine avec l'autre partie, pour former un globule qui est attirable à l'aimant et plus ou moins *cassant*, suivant la quantité de phosphore qu'il contient. Cette dernière partie de l'opération doit être obtenue à feu de réduction.

Calcinés avec le sel de soude, ils donnent du phosphate de soude : ce phosphate, dissous dans l'eau, donne, lorsqu'il est neutralisé, des précipités par les sels de baryte et de plomb, qui sont solubles dans les acides. Le précipité obtenu par un sel de plomb, étant recueilli, desséché et chauffé au chalumeau, fond et donne un globule blanc qui cristallise par le refroidissement.

Le phosphate de soude, obtenu comme il vient d'être dit, donne, par le nitrate d'argent, des précipités qui varient du blanc au jaunâtre. Si le phosphate contenait de l'arsenic, ce précipité prendrait une couleur rouge de brique, d'autant plus foncée qu'il en contiendrait davantage.

Triplite. *Phosphate bibasique de fer et de manganèse, manganèse et fer sous-phosphatés, manganèse phosphaté ferrifère.* $O^5 P^2 + 4 O \begin{Bmatrix} Fe \\ Mn \end{Bmatrix}$. Substance d'une couleur brunâtre ou noirâtre. En masses clivables parallèlement aux faces d'un prisme rectangulaire. Son poids spécifique est de 3,43 à 3,9. Elle raie la fluorine et est rayée par le feldspath. Elle fond facilement au chalumeau et donne un globule noir, métalloïde, magnétique. Elle est soluble dans l'acide nitrique, et donne, d'ailleurs, les réactions du fer et du manganèse. (*Voy.* ces deux genres.)

Elle se trouve en nids ou en filons dans les granites. (Colline de Barat, près Limoges.)

Hureaulite. *Phosphate un et un quart basique, de fer et de manganèse, surhydraté.* $4 (O^5 P^2) + 10 O \begin{Bmatrix} Fe \\ Mn \end{Bmatrix} + 15 OH^2$. Substance jaune-rougeâtre, à cassure vitreuse, cristallisant en prismes rhomboïdaux de 117° 30′, inclinés sur l'arête aiguë, base faisant avec les faces latérales des angles de 101° 13′.

Pesanteur spécifique, 2,27.

Elle raie le calcaire et est rayée par la fluorine. L'hureaulite fond facilement au chalumeau et possède les caractères chimiques de l'espèce précédente.

On trouve l'hureaulite cristallisée en très petits prismes rhomboïdaux, simples ou diversement modifiés.

Elle existe en petits nids dans les pegmatites des environs de Limoges.

HÉTÉROSITE. *Phosphate un et un quart basique, de fer et de man-
ganèse, hydraté.* $6\,O^5\,P^2 + \begin{Bmatrix} 10\,O\,Fe \\ 5\,O\,Mn \end{Bmatrix} + 5\,O\,H^2$. Substance gris-
bleuâtre, d'un éclat gras, violette et terne dans quelques parties,
clivable en prisme rhomboïdal, oblique, d'environ 100°. Sa pesanteur
spécifique $= 3,52$ dans les parties non altérées, et $3,39$ dans celles
qui l'ont été (Beudant). Elle est rayée par une pointe d'acier et raie
difficilement le verre.

L'hétérosite possède tous les caractères chimiques des espèces précédentes, et se trouve dans la même localité.

Phosphates de fer. Substances blanches, bleues ou vertes, amorphes ou cristallines, qui donnent de l'eau lorsqu'on les chauffe dans
un tube; elles présentent, d'ailleurs, les caractères chimiques des
phosphates et ceux du fer. (*Voy.* genre Fer.)

La composition des espèces minérales qui suivent n'est pas assez
bien établie pour que l'on puisse donner autre chose que des formules approximatives pour les représenter.

PHOSPHATE BLANC DE FER. *Phosphate de fer sesquibasique, hydraté.*
$O^5\,P^2, 3\,O\,Fe + 6\,O\,H^2$. Substance amorphe, blanchâtre, devenant
bleue par le contact de l'air. Cette espèce minérale se trouve à Ec-
kartsberg, en Thuringe, et à New-Jersey.

VIVIANITE. *Phosphate bibasique de quadroxide triferrique, hydraté;
fer azuré; bleu de Prusse natif; schorl bleu; fer phosphaté.*
$O^5\,P^2, O^4\,Fe^3 + 6\,OH^2$ (1). Une autre espèce de même couleur paraît
renfermer une fois plus d'eau.

Substance bleue, cristallisée en prismes obliques, à bases rectangulaires, ou sous forme terreuse. Sa pesanteur spécifique $= 2,66$, et
elle est rayée par le calcaire. La vivianite paraît due à l'oxigénation
de l'espèce précédente, et se trouve dans les mêmes localités (Bodennais, Hillentrup, Alleyras).

DUFRÉNITE. *Fer phosphaté bibasique.* $2\,O^5\,P^2, 4\,(O\,Fe) + 5\,OH^2$.
Substance vert glauque, en nodules compacts, fibreux ou radiés,
très fusibles au chalumeau (Anglar, près Limoges). Un autre phos-

---

(1) Cette formule me paraît la plus probable de toutes celles qui ont été publiées; elle ne diffère
de la précédente que par un atome d'oxigène, corps qui paraît nécessaire pour transformer l'espèce blanche en vivianite.

phate vert, qui contient une fois moins d'eau, se trouve à Saynn, sur les bords du Rhin, parmi des minerais de fer et de manganèse.

Les fers phosphatés sont de formation moderne.

Uranite. *Urane et chaux sous-phosphatés, hydratés ; oxide d'urane.* $3 (O^5 P^2)$, $2 (O^3 U^2)$, $3 (O Ca) + 24 OH^2$. Substance d'un jaune doré, cristallisant en prismes à bases carrées, pesant 3,12 et se laissant rayer par le calcaire, donnant de l'eau lorsqu'on la chauffe, fondant au chalumeau, soluble dans l'acide nitrique, donnant par l'ammoniaque un précipité d'oxide d'urane, et un précipité rouge-brun par le cyanoferhydrate de potasse. La liqueur ammoniacale est incolore et contient de la chaux qui donne un précipité blanc d'oxalate de chaux par l'acide oxalique.

On trouve de l'uranite cristallisée en lames carrées et de l'uranite terreuse. En petits nids, dans les pegmatites saines et décomposées (Saint-Symphorien de Marmagne, près d'Autun ; Saint-Yrieix, près Limoges) : on la trouve aussi dans le granite (Chessy, près Lyon).

Chalkolite. *Urane et cuivre sous-phosphatés, hydratés ; oxide d'urane.* $3 (O^5 P^2)$, $2 (O^3 U^2)$, $3 (O Cu) + 24 OH^2$. Substance verte, appartenant au système prismatique à bases carrées, pesant 3,33, rayée par le calcaire, présentant les caractères chimiques de l'espèce précédente, si ce n'est que la liqueur ammoniacale est d'un beau bleu.

On connaît la chalkolite en cristaux prismatiques ou octaédriques, et en lamelles (mines d'étain et de cuivre de Cornwall; mines d'argent de Schneeberg, en Saxe, etc.).

Aphérèse. *Cuivre phosphaté bibasique, hydraté.* $O^5 P^2$, $4 O Cu + 2 OH^2$. Substance verte, foncée, pesant 3,6, rayant le calcaire, donnant de l'eau lorsqu'on la chauffe, laissant des globules de cuivre lorsqu'on la traite par la soude au feu de réduction. La dissolution nitrique donne l'indice du cuivre sur un fil de fer, et prend une belle couleur bleue par un excès d'ammoniaque.

On connaît l'aphérèse en petits cristaux octaédriques, rectangulaires, dont les faces sont inclinées sur la base de 47° 38′ et de 60° 38′, et présentant quelques modifications sur les arêtes et les angles : on en connaît aussi de fibreuse et de compacte dans le quarz et le micaschiste (Libethen en Hongrie).

Ypoleime. *Phosphate de cuivre équibasique hydraté* (1). $O^5 P^2$, $5 O Cu + 5 OH^2$. Autre phosphate de cuivre, présentant la même couleur et les mêmes caractères chimiques que l'aphérèse, mais qui cristallise en prismes rhomboïdaux de 141°, inclinés sur la base d'environ 112° 30′. Son poids spécifique $= 4,2$ et elle raie la fluorine.

---

(1) Équibasique, dont la base contient autant d'oxigène que l'acide.

L'ypoleime a été trouvée *cristallisée, cylindroïde, fibreuse et ter-reuse*, dans le quarz et les filons qui traversent les dépôts de grauwacke (Virneberg, Prusse rhénane).

Pyromorphite. *Plomb phosphaté sesquibasique, fluo-chloruré; plomb phosphaté; plomb vert.* 3 (O^5 P^2, 3 OPb) + Ch^2 Pb. Dans ce minéral, une partie de l'acide phosphorique est souvent remplacée par de l'acide arsénique.

Substance presque constamment verte, quelquefois d'une couleur très pâle, fragile, pesant 7,09, ayant à peu près la dureté du calcaire, fusible en un globule qui cristallise par le refroidissement. Solution nitrique abandonnant des lamelles de plomb sur un barreau de zinc, et donnant un précipité blanc par le nitrate d'argent.

La pyromorphite cristallise en prismes hexaèdres, dont la hauteur est à l'apothême environ : : 66 : 37, qui sont différemment modifiés, et en dodécaèdres isocèles : on en connaît d'*aciculaire*, de *bacillaire*, de *mamelonnée*, de *stalactitique* et de *pulvérulente*. Elle se trouve dans les mines de plomb. (*Voy.* genre plomb.) On connaît de la galène pseudomorphique ayant la forme de la pyromorphite.

Xenotime (1). *Phosphate sesquibasique d'yttria, Yttria phosphatée.* O^5 P^2, 3 O Y ? Substance jaune-brunâtre, pesant 4,55, rayant la fluorine et rayée par l'acier, infusible au chalumeau, inattaquable par l'acide nitrique, donnant une scorie infusible par le sel de soude.

Substance très rare, cristallisant en octaèdres à bases carrées, très surbaissés, trouvée près de Lindenaes, en Norwège, dans une pegmatite.

Wagnérite. *Phosphate sesquibasique de magnésie, fluoré; magnésie phosphatée.* O^5 P^2, 3 (O Ma) + Fl^2 Ma. Substance blanche, pesant 3,15, rayant le verre blanc, rayée par le feldspath, presque infusible au chalumeau. Solution nitrique ne donnant point immédiatement de précipité par le bicarbonate de soude, mais en donnant un blanc lorsqu'on la chauffe.

La wagnérite existe en prisme rhomboïdal de 95°, dont les pans sont inclinés sur la base de 109° 20'; on en connaît aussi de laminaire. On l'a trouvée dans le quarz qui existe dans le schiste à Hoellgraben, dans le Salzburg, et aux États-Unis d'Amérique.

Klaprothine. *Phosphate équibasique de magnésie et d'alumine* (hydraté ?), *lazulite, azurite, feldspath bleu.* Substance bleue, pesant 3,024, rayant l'apatite, rayée par le quarz; donnant de l'eau par la chaleur, perdant sa couleur par la calcination et donnant une scorie.

---

(1) C'est avec regret que j'ai conservé ce nom créé par M. Beudant, qui rappelle une erreur commise par l'un des plus célèbres chimistes dont le monde puisse s'honorer.

La klaprothine cristallise en prismes à angles droits; on la trouve plus constamment à l'état amorphe. Schistes argileux, micaschistes et granite (Salzburg, Styrie, Autriche).

Phosphorite. *Phosphate de chaux sesquibasique, fluo-chloruré; apatite; chaux phosphatée; moroxite; béryl de Saxe.* $3 (O^5 P^2, 3 \, O \, Ca)$ $+ \left\{ \begin{matrix} Fl^2 \\ Cl^2 \end{matrix} \right\}$ Ca. Substance transparente ou opaque et terne, présentant des couleurs variées; mais le plus souvent incolore, blanche, verdâtre et bleuâtre; cristallisant en prisme à base hexagonale, régulier, dont la hauteur est à l'apothême environ :: 39 : 46. Sa pesanteur spécifique varie de 3,166 à 3,285. Elle raie la fluorine et raie le feldspath. (*Voy.* p. 43.)

La phosphorite est presque infusible au chalumeau. Sa dissolution nitrique donne un précipité blanc abondant par l'oxalate d'ammoniaque. Cette espèce minérale est assez répandue dans la nature, où elle forme quelquefois des masses considérables. On en trouve de cristallisée en prismes hexagones différemment modifiés, dans les terrains cristallisés (Nantes; Chanteloube, près Limoges; Saint-Gothard; Tyrol, etc.). A l'état terreux, elle se rencontre dans des terrains généralement plus modernes; elle y existe en couches ou en filons, dans des roches quarzeuses (Logrosso, Estramadure); en rognons dans les argiles des terrains houilliers (Fins, Allier); enfin, dans des terrains plus récens encore (Côte-d'Or, Pas-de-Calais).

Wawellite. *Phosphate bibasique d'alumine, hydraté et fluoruré; alumine phosphatée, hydrate d'alumine.* $3 (O^5 P^2), 4 \, O^3 Al^2 + 18 \, OH^2$ $+ Fl^3 Al$? Substance blanche ou verdâtre, pesant 2,33, rayant le calcaire et rayée par le feldspath. Chauffée dans un tube, elle donne une eau qui corrode le verre; elle se gonfle lorsqu'on la chauffe sur un charbon et devient d'un blanc de neige (*V.* le genre Aluminium).

La wawellite se trouve en cristaux dérivant d'un prisme rhomboïdal de 122° 15', dont la hauteur est à la moitié de la grande diagonale :: 11 : 15, et qui est susceptible de clivage parallèlement à ses pans : on la trouve aussi en cristaux mamelonnés ou radiés.

La wawellite se trouve dans des schistes argileux, la dolomie, les mines d'étain et le fer hématite (Devonshire, Irlande, Cornwal, Anaberg, etc.).

Calaite. *Turquoise, turquoise de vieille roche, agaphite, johnite.* Substance renfermant de l'acide phosphorique, de l'alumine, environ 0,73 de la chaux, du fer environ 0,04, du cuivre, de l'eau, mais dont la composition quantitative n'est pas établie. M. Beudant la place dans un appendice à la suite de la klaprothine. Elle est bleu clair, quelquefois verdâtre, opaque; elle raie le verre et est rayée par le quarz; son poids spécifique varie de 2,86 à 3,6o. Au feu, elle abandonne de l'eau, décrépite, noircit et ne fond pas. Elle est inattaquable par les acides.

La turquoise existe à l'état terreux ou compacte, remplissant des fissures, ou en rognons (Nichabour, en Perse).

Elle est taillée comme pierre d'ornement.

Amblygonite. *Phosphate bibasique d'alumine et de lithine.* 3 ($O^5 P^2$), 4 ($O^3 Al^2$) + $O^5 P^2$, 4 O L. Substance vitreuse, verte, cristallisant en prisme rhomboïdal, droit, de 106° 10′, pesant environ 3, rayée par le quarz et rayant la phosphorite.

L'amblygonite peut fondre, sur le charbon, en un verre clair, qui prend de l'opacité par le refroidissement; si on la chauffe avec de la soude sur une feuille de platine, cette dernière est attaquée.

L'amblygonite est très rare et n'a été trouvée qu'en petits cristaux ou en petites masses à texture cristalline, dans le granite, en Saxe et en Norwège.

ARSÉNIATES. Les arséniates, chauffés au feu de réduction avec de l'acide borique, qui n'est pas toujours indispensable, et du charbon en poudre, donnent de l'arsenic en vapeur dont l'odeur est reconnaissable. Calcinés avec la soude, ils sont décomposés et donnent naissance à de l'arséniate de soude soluble dans l'eau, et dont la dissolution donne un précipité rouge de brique par le nitrate d'argent, et un précipité blanc par le nitrate de plomb; ce précipité, recueilli, desséché et chauffé au feu de réduction, donne des vapeurs d'arsenic et un globule de plomb; ou mêlé avec du charbon, et chauffé dans un tube étroit et fermé par une extrémité, il donne un enduit annulaire, noir, miroitant, d'arsenic métallique. Si l'arséniate contenait un phosphate, le précipité de plomb ne serait pas entièrement réduit par le chalumeau, et laisserait un globule de phosphate de plomb qui cristalliserait par le refroidissement.

Pharmacosidérite. *Arséniate sesquibasique de proto et de sesquioxide de fer, hydraté; fer arséniaté de Cornwal.* 3 ($O^5 As^2$), 2 ($O^3 Fe^2$), 3 (O Fe) + 18 OH^2. Substance d'un vert foncé, appartenant au système cubique, pesant 2,99, rayant le calcaire. Dissoute dans l'acide chlorhydrique, elle donne un précipité bleu, abondant, par le cyanoferhydrate de potasse. Elle a été trouvée dans les gîtes métallifères des terrains anciens (environs de Limoges, Saxe, etc.).

Néoctèse. *Arséniate unitrientibasique* (1) *de protoxide et de sesqui-*

---

(1) Unitrienti , pour un et un tiers.

oxide de fer, hydraté ; fer arséniaté du Brésil. 3 (O⁵ AS²), 2 (O³ Fe², OFe) + 12 OH² ? Substance d'un vert clair, qui paraît appartenir au système cristallin rectangulaire, droit, et présente les mêmes caractères chimiques que la pharmacosidérite.

La néoctèse se trouve au Brésil, près de Villa-Rica, dans une espèce de limonite compacte.

Scorodite. *Arséniate de fer équibasique, hydraté ; fer arséniaté.* 2 (O⁵ As²), 10 (O Fe) + 15 OH². Substance vert bleuâtre, pesant 3,2, rayant le calcaire et rayée par la fluorine ; donnant, par la chaleur, de l'eau dans un tube fermé et laissant un résidu blanc sale. Solution nitrique faite à chaud, donnant un précipité bleu par le cyanoferhydrate de potasse ; la solution chlorhydrique donne un précipité blanc sale par le même réactif.

La scorodite a été trouvée en cristaux octaédriques rectangulaires, plus ou moins modifiés, dérivant d'un prisme rhomboïdal de 120° 10′ (gîtes cobaltifères et stannifères de Saint-Léonard et de Vaury, en Limousin ; Schneeberg, en Saxe, etc.).

Sidéritine. *Arséniato-sulfate de fer basique, hydraté ; pittizite ; fer oxidé ; résinite.* Mélanges en proportions variables d'arséniate et de sulfate de sesqui-oxide de fer, comme cela semble résulter d'analyses qui ne s'accordent pas, et comme on peut l'admettre, puisqu'elle n'a point été analysée à l'état cristallin. — Substance d'apparence résineuse, brune et translucide, ou jaune de rouille et opaque, donnant une eau acide par l'action de la chaleur ; solution chlorhydrique, *acide*, précipitant en blanc par le nitrate de baryte, et donnant un précipité bleu par le cyanoferhydrate de potasse. Cette substance se trouve dans les mines qui contiennent des sulfo-arséniures, où elle paraît se former par l'action de l'air humide sur ces substances (Schneeberg, Saxe).

Erythrine. *Arséniate sesquibasique de cobalt, hydraté ? cobalt arséniaté.* O⁵ As² 3 (O Co) + 9 OH². Substance rose (fleur de pêcher) ou violâtre ; cristallisant en prisme oblique à bases rectangulaires, se clivant parallèlement à ses pans ; pesant 2,9 à 3,0 ; rayée par le calcaire ; donnant de l'eau par l'action de la chaleur ; colorant le verre de borax en bleu.

On connaît de l'érythrine *cristallisée, aciculaire, mamelonnée, en lames radiées,* et de l'érythrine *terreuse :* on la trouve dans les mines cobaltifères. *Voy.* genre Cobalt.

Nickelocre. *Arséniate sesquibasique de nickel, hydraté ; nickel arséniaté ; nickel oxidé.* O⁵ As², 3 (O Ni) + 9 OH². Substance filamenteuse ou terreuse, de couleur verte tendre, ou blanchâtre, donnant de l'eau par calcination, et laissant un globule métalloïde cassant lorsqu'on le chauffe sur un charbon. Le résidu du grillage ne colore pas le verre en bleu comme l'érythrine, mais en couleur rougeâtre à chaud, et jaunâtre après le refroidissement. La solution nitrique devient d'un bleu violet par l'addition de l'ammoniaque.

Le nickelocre se trouve à la surface des minerais de nickel arsenical, ou dans les matières terreuses qui accompagnent les minerais de nickel. (*Voy*. genre Nickel.)

Arséniates de cuivre. Substances vertes ou bleues, cristallisées ou amorphes, donnant de l'eau ou n'en donnant pas par la chaleur ; réductibles au chalumeau en un globule blanchâtre, d'aspect métallique ; attaquables par l'acide nitrique ; solution donnant l'indice du cuivre sur un barreau de fer, devenant bleue par un excès d'ammoniaque, et donnant un précipité marron foncé par le cyanoferhydrate de potasse.

Olivénite. *Arséniate de cuivre équibasique ; cuivre arséniaté.* O^5 As^2, 5 O Cu. Substance d'un vert noirâtre, pesant 4,28, rayant la fluorine, ne donnant pas d'eau par la chaleur.

On connaît l'olivenite en prismes rhomboïdaux de 110° 50′. Les espèces fibreuses et mamelonnées qui ne contiennent point d'eau, mais qui ne présentent pas cette forme, semblent avoir une autre composition (Cornwall, Chessy).

Euchroïte. Substance vert glauque, cristallisant en prisme rhomboïdal de 117° 30′, pesant 3,389, donnant de l'eau par la chaleur. Elle contient en centièmes

$$\begin{cases} \text{acide arsénique} \dots\dots & 33,62 \\ \text{oxide de cuivre} \dots\dots & 47,65 \\ \text{eau} \dots\dots\dots\dots\dots & 18,80. \end{cases}$$

On pense qu'elle provient de Liebethen, en Hongrie.

Aphanèse. *Arséniate de cuivre équibasique, trihydraté ; cuivre arséniaté, prismatique, triangulaire.* $2 (O^5 As^2, 5 O Cu) + 15 OH^2$? Substance d'un vert glauque ou bleuâtre, souvent altérée à sa surface, cristallisant en prisme rhomboïdal de 124°, dont la base est inclinée sur les pans de 95°? Cette matière donne de l'eau par la chaleur, et présente les réactions de l'acide phosphorique.

L'aphanèse se trouve : en cristaux prismatiques incomplets, qui paraissent triangulaires ; à l'état *capillaire, fibreux, amiantoïde, hématitique*, etc. Ces variétés sont moins pures que l'espèce cristallisée, et renferment souvent du fer (Cornwall).

Erinite. *Arséniate de cuivre équibasique, trienthydraté.* $3 (O^5 As^2, 5 O Cu) + 5 O H^2$? Substance d'un vert d'émeraude, appartenant au système de cristallisation rhomboédrique, pesant 4,043, plus dure que le calcaire, et presque aussi dure que la fluorine, donnant de l'eau par la chaleur. On a rencontré de l'érinite lamellaire (Cornwall , Irlande? Hongrie).

Liroconite. *Arséniate de cuivre quinquebasique, hydraté ; cuivre arséniaté en octaèdre obtus.* Substance bleue, cristallisant en octaèdre obtus, dont les faces sont inclinées sur la base de 60° 40′, et de 72° 20′. Sa pesanteur spécifique est de 2,88 ; elle raie le carbonate de chaux rhomboédrique. Cette substance est hydratée, et paraît être tribasique. Sa formule se rapproche de : $As^2 O^5 + 10 O Cu + 6 O H^2$. On en connaît de *cristallisée*, de *mamelonnée* et de *lenticulaire*. Trouvée en Cornwall.

Mimétèse. *Arsénio-phosphate de plomb équibasique ; plomb arséniaté; plomb phosphaté arsénifère.* Substance que l'on a rencontrée sous forme de prisme hexagone, dont la hauteur : l'apothème : : 5 : 3 ? Elle est environ six fois plus dense que l'eau; elle est peu cohérente, et peut rayer le calcaire. Sa formule est : $\begin{Bmatrix} O^5 & As^2 \\ O^5 & P^2 \end{Bmatrix} + 3 O Pb +$ $Ch^2 Pb$. Elle est peu fusible, réductible, et donne, par l'acide nitrique, une dissolution qui abandonne des lamelles de plomb sur du zinc. On en connaît de *cristallisée*, de *fibreuse* et de *mamelonnée*. (Champallement, près Nevers; Cornwall ; Georgenstadt, en Saxe.)

On a trouvé, à Saint-Prix-sous-Beuvray, à la Harpie en France , dans le Brisgaw, l'Andalousie , le Cornwall et la Sibérie, un *arséniate de plomb fibreux*, qui ne renferme pas de chlore, et dont la composition paraît s'éloigner des rapports qui constituent l'espèce précédente,

* Les trois arséniates suivans sont à base de chaux ; ils sont tous solubles dans l'acide nitrique, et donnent un précipité blanc par l'ammoniaque et par le bicarbonate de soude.

Pharmacolite. Substance blanche ou légèrement colorée en rose par le cobalt, appartenant au système rhomboédrique , pesant 2,64 , rayant la fluorine , ayant pour formule : $O^5 As^2 + 6 O Ca + 4 O H^2$. Par la chaleur, elle abandonne de l'eau et fond en produisant un émail blanc.

Elle est en cristaux prismatiques à six pans, ou en dodécaèdres scalènes alongés , ou aciculaires. On l'a rencontrée à Andreasberg, au Hartz ; à Joachimstal, en Bohême, etc.

Haidingérite. *Arséniate de chaux hydraté.* Cette substance contient une fois moins d'eau que la pharmacolite pour les mêmes quantités d'acide arsénique et de chaux; elle cristallise en dodécaèdres scalènes, et pèse spécifiquement 2,848.

Arsénicite. *Chaux arséniatée, pharmacolite.* Blanche ou rosée, pulvérulente ou fibreuse, pesant 2,3, rayée par la fluorine. Cette substance contient quelquefois un peu de magnésie, et paraît avoir pour formule : $2\ (O^5\ As^2) + 5\ O\ Ca + 15\ O\ H^2$. Trouvée à Andreasberg, au Hartz, et à Riegelsdorf, Hesse.

La *rosélite* est un arséniate de chaux magnésifère et cobaltifère, qui cristallise en prismes rhomboïdaux de $132°\ 48'$. Elle est plus dure que le gypse, et a été trouvée à Schnéeberg, en Saxe.

Annexes du genre arséniate : *Genre arsénic, mispikel, cobaltine, smaltine, disomose, nikeline, tennantite, proustite, arsénites.*

ARSÉNITES. Substances donnant la réaction de l'arsénic, comme les arséniates ; et, traitées à chaud par une dissolution de potasse caustique, elles donnent une liqueur qui forme un précipité vert pomme avec le sulfate de cuivre, et un précipité jaune-pâle avec le nitrate d'argent, après avoir été saturées par l'acide nitrique.

Rhodoise. *Arsénite de cobalt ; cobalt arséniaté terreux, cobalt merde d'oie.* Substance rose bleuâtre, pulvérulente, donnant d'abord de l'eau, puis de l'acide arsénieux par la calcination. Avec le borax, elle donne un verre bleu. On l'a trouvée en enduit sur des échantillons cobaltifères d'Allemont, en Dauphiné.

Néoplase. *Arsénite basique de nickel ; nickel oxidé noir.* Substance d'une couleur noire ou brune, donnant de l'eau et de l'acide arsénieux par la chaleur ; attaquable par l'acide nitrique ; dissolution devenant violette par l'ammoniaque, et ne donnant point de cuivre par le fer. Trouvée dans un schiste bitumineux, à Friederich-Wilhelm, en Hesse.

Arsénite de plomb. Substance jaune, terreuse ou pulvérulente, trouvée en petite quantité sur des minerais de phosphate de plomb de Poullaoen.

Annexes. (*Voy*. ci-dessus *Arséniates.*)

NITRATES. Substances solubles dans l'eau, *fusant* sur les charbons ardens. Mises en contact avec du cuivre en limaille et de l'acide sulfurique moyennement concentré, elles donnent naissance à des vapeurs rouges d'acide hyponitrique.

Nitrate de potasse. *Nitre, salpêtre.* $O^5\ N^2 + O\ K$. Substance incolore, cristallisable en longs prismes striés, dérivant d'un prisme rhomboïdal d'environ 60 et $120°$, dont la hauteur : la petite diagonale : : $32 : 47$. Sa densité est de $1{,}93$. Sa dissolution donne un précipité jaune par le chlorure de platine.

Le nitrate de potasse est très répandu dans la nature ; on le trouve habituellement en efflorescence sur les murailles des lieux humides habités par des animaux domestiques ; mais on le rencontre très souvent encore en efflorescence sur les flancs des montagnes crayeuses, dans des plaines de sable, dans des cavernes feldspathiques, etc.

Nitrate de soude. *Nitre quadrangulaire, nitre prismatique.* $O^5\ N^2 +$

O Na. Substance incolore ou légèrement colorée en roux, cristallisant en rhomboèdres de 106 et 74°, pesant 2,096.

La solution de cette substance ne précipite ni par le carbonate de potasse, ni par le chlorure de platine.

Trouvé en couches d'une très grande étendue, dans les environs de Taracapa et d'Atacama, au Pérou, par M. Mariano de Rivero. Il existe aujourd'hui en grande abondance dans le commerce. On l'emploie, au lieu de nitrate de potasse, dans la préparation de l'acide sulfurique et de l'acide nitrique.

Nitrate de chaux et *nitrate de magnésie*. Sels déliquescens, qui accompagnent le nitrate de potasse dans les écuries, les étables, etc. Le premier de ces sels précipite à froid par le bicarbonate de potasse, et le second ne précipite, par ce réactif, qu'à l'aide de l'ébullition.

SULFATES. Substances sans éclat métallique, solubles ou insolubles. Celles qui se dissolvent dans l'eau donnent, par une dissolution d'un sel de baryum, un précipité blanc, insoluble dans l'acide nitrique. Celles qui sont insolubles donnent, lorsqu'on les calcine avec du charbon, un résidu de sulfure, qui dégage de l'acide sulfhydrique par l'addition de l'acide chlorhydrique.

Mélantérie. *Vitriol vert, couperose verte, sulfate de fer hydraté.* Substance soluble, d'un vert d'émeraude, cristallisant en prisme oblique rhomboïdal de 99° 30', dont la base est inclinée sur les faces d'environ 108° et 82°. Sa densité varie de 1,84 à 1,97. Sa dissolution, bouillie avec un peu d'acide nitrique, donne un précipité bleu par le cyanure jaune de potassium et de fer.

Cette substance provient de la décomposition de la sperkise, et se trouve dans les mêmes localités. (V. *Sperkise.*)

Néoplase. *Fer sulfaté rouge ; mélange de sulfate, de protoxide et de sesqui-oxide de fer.* Substance rouge, soluble, ayant une saveur d'encre, et donnant immédiatement un précipité bleu par le cyanure jaune de potassium et de fer. Se produit journellement dans les mines en exploitation (Fahlun, Freyberg).

Pittizite. *Fer sulfaté ocreux ou résinite.* $O^3 S + 2 (Fe^2 O^3) + 6 O H^?$. Substance de couleur brune, insoluble dans l'eau, soluble dans les acides, et donnant alors un précipité bleu par le cyanure jaune de potassium et de fer.

Se forme dans les mines en exploitation, et se trouve ordinairement déposé par les eaux.

Rhodalose. *Sulfate de cobalt hydraté.* Il existe plusieurs espèces de ces substances, qui sont roses, solubles dans l'eau, et donnent un précipité bleu par la potasse.

Cyaxose. *Vitriol bleu, couperose bleue, sulfate de cuivre hydraté.*

O^3 S $+$ O Cu $+$ 6 O H^2. Substance bleue, soluble, d'une saveur métallique, cristallisant en prismes obliques, à bases de parallélogrammes obliquangles d'environ 124°, et inclinés sur la base de 109° 30′, et 128° 30′, pesant 2,19.

Solution donnant par l'ammoniaque un précipité bleu, qui se redissout dans un excès du réactif, en produisant une liqueur d'un beau bleu ; elle dépose du cuivre sur un morceau de fer décapé.

La cyanose provient de la décomposition des pyrites cuivreuses par l'action de l'air humide, et se trouve dans les mines de cuivre.

La *brochantite* est un sous-sulfate de cuivre verdâtre et insoluble.

ANGLÉSITE. *Plomb sulfaté.* O^3 S, O Pb. Substance insoluble, présentant l'éclat diamantaire, dont les cristaux dérivent d'un prisme droit rhomboïdal de 103° 42′, et dont le poids spécifique varie de 6,2 à 6,3. À l'aide de carbonate de soude, l'anglésite est réduite par la flamme interne du chalumeau, et donne un globule de plomb métallique.

Cette substance, assez rare, se trouve *cristallisée*, mamelonnée, compacte et terreuse, dans les gîtes de galène.

GALLIZINITE. *Vitriol blanc, couperose blanche, sulfate de zinc.* O^3 S, O Zn $+$ 6 OH^2. Substance blanche, cristallisable en prismes rhomboïdaux de 91° 7′, pesant 2. Solution donnant par l'ammoniaque un précipité gélatineux, qui se redissout dans un excès de réactif. Précipité jaune orangé par le cyanure rouge de potassium et de fer.

On trouve cette substance à l'état aciculaire, ou mamelonnée, dans les mines zincifères abandonnées.

EPSOMITE. *Sel d'Epsom, sel de Sedlitz, sulfate de magnésie hydraté.* O^3 S $+$ O Ma $+$ 6 O H^2. Substance incolore, soluble dans l'eau, très amère, cristallisant en prismes rhomboïdaux de 90° 30′, pesant spécifiquement 1,66. Ne précipitant point à froid par une dissolution de bicarbonate de potasse, mais donnant un précipité blanc à l'aide de la chaleur. Trouvée en petits cristaux plus ou moins apparens, sur des schistes alumineux, dans des houillères embrasées, et surtout en dissolution dans l'eau. (Sedlitz.)

GYPSE. *Sélénite, pierre à plâtre, pierre à Jésus, miroir d'âne, sulfate de chaux hydraté.* O^3 S, O Ca $+$ 2 O H^2. Substance donnant de l'eau par la chaleur, peu soluble ; solution précipitant par l'oxalate d'ammoniaque ; dérivant d'un prisme rectangulaire oblique, dont la base est inclinée à l'axe d'environ 113°, pesanteur spécifique $=$ 2,33, rayée par l'ongle.

On trouve le gypse cristallisé sous un grand nombre de formes ; il en est en outre *d'aciculaire, de cylindroïde, de lenticulaire, de mamelonné, de lamellaire, de fibreux, de compacte* (albâtre), *de niviforme*, etc., etc.

. Le gypse est très répandu. On le rencontre depuis les terrains de cristallisation jusque dans les parties les plus élevées des terrains de sédimens supérieurs (Montmartre, près Paris).

Le gypse perd son eau par la chaleur et devient plâtre. C'est à la facilité qu'il possède de se recombiner rapidement avec l'eau que l'on y ajoute et de la solidifier, que le plâtre doit d'être employé dans les constructions.

Karsténite. *Chaux sulfatée, anhydre.* O^3 S, OCa. Substance à peine soluble dans l'eau, rarement cristallisée, clivable en prisme rhomboïdal droit, pesant 2,5 à 2,9, rayant le calcaire et rayée par la fluorine. La karsténite ne donne point d'eau par la chaleur. Le résidu de la calcination avec du charbon, dissous dans un acide, donne un précipité blanc, abondant, par l'oxalate d'ammoniaque.

La karsténite affecte plusieurs couleurs qui sont le blanc, le bleuâtre, le rougeâtre et le grisâtre. On la trouve *rarement cristallisée*, elle est plus souvent *laminaire*, *lamellaire*, *fibreuse*, *compacte*, *terreuse*, etc.

La karsténite se trouve principalement à la partie inférieure des terrains de sédimens. Elle accompagne surtout le sel gemme. A Vulpino, on la taille pour l'ornement.

Célestine. *Sulfate de strontiane.* O^3 S, O Sr. Substance incolore, cristallisant en prisme droit rhomboïdal de 104°, 30', rayant la chaux carbonatée rhomboédrique; son poids spécifique est de 2,96. La célestine est presque insoluble, ne donne point d'eau par la chaleur, et fond facilement en émail blanc à l'aide du chalumeau. Le produit de la calcination avec le charbon est soluble dans l'acide chlorhydrique, et donne une liqueur qui précipite par le sulfate de chaux, et ne précipite point le sulfate de strontiane.

La célestine a été trouvée *cristallisée* en prismes rhomboïdaux, modifiés de différentes manières; il en est *d'aciculaire*, *de bacillaire*, *de fibreuse*, *de mamelonnée*, *de pseudomorphique*, *de compacte*, *de terreuse*, etc. Les plus beaux échantillons viennent de la Sicile. On la trouve dans des dépôts de soufre, dont les cristaux l'accompagnent presque constamment. On l'a vue dans la craie (Meudon). On la trouve en rognons énormes dans les marnes de gypse. (Montmartre, près Paris).

Barytine. *Spath pesant, pierre de Bologne, baryte sulfatée, sulfate de baryte.* O^3 S, O Ba. La barytine est limpide ou opaque; elle est incolore ou rousse. Elle se trouve souvent en cristaux qui dérivent d'un prisme droit rhomboïdal, de 101° 42', clivable en octaèdres. Son poids spécifique, très considérable, = 4,7. Elle est tout à fait insoluble dans l'eau, décrépite au feu, et fond difficilement au chalumeau. Le produit de sa calcination avec le charbon, dissous dans un acide, donne un précipité par le sulfate de strontiane en dissolution.

La barytine a été trouvée en cristaux prismatiques ou tabulaires, etc., en cristaux dits en *crête de coq*, ou *lamellaire*, *bacillaire*, *fibreuse*, *mamelonnée*, *compacte*, etc. Elle est très répandue dans la nature. On la rencontre le plus souvent dans les filons plombifères, argentifères, etc., où elle est accompagnée par la pyrite cubique.

Exanthalose. *Sel de Glauber, sulfate de soude.* $O^3 S, O\ Na + 2\ O\ H^2$ (1). Substance incolore, cristallisant habituellement en prismes hexaèdres, dérivant d'un prisme rhomboïdal. L'exanthalose donne de l'eau par la chaleur, possède une saveur salée et se dissout dans l'eau ; sa dissolution ne précipite ni par le carbonate de potasse, ni par le chlorure de platine. On la trouve en efflorescence sur des laves du Vésuve, et dans les eaux de plusieurs lacs et de plusieurs sources.

Thénardite. *Sulfate de soude anhydre.* $O^3 S, O\ Na$. Substance cristallisable en octaèdres rhomboïdaux, dérivant d'un prisme rhomboïdal d'environ 125°. La thénardite ne donne point d'eau par la chaleur. Sa dissolution jouit des mêmes propriétés que celle de l'exanthalose. Trouvée dans les salines d'Espartines, près Madrid, où elle se forme journellement.

Glaubérite. *Sulfate de soude et de chaux.* $O^3 S, O\ Na + O^3 S, O\ Ca$. Substance grisâtre, cristallisant en prismes obliques de 83° 20′, dont la base est inclinée sur les faces de 104° 15′, clivable parallèlement aux bases, pesant 2,73. Moins soluble dans l'eau que les espèces précédentes, et laissant un dépôt de sulfate de chaux ; liqueur donnant des cristaux de sulfate de soude par évaporisation.

Cette substance a été trouvée disséminée dans le sel gemme (Vic, département de la Meurthe, etc.).

Polyhalyte. *Sulfate de soude, de chaux et de magnésie.* $O^3 S, O\ Na + O^3 S\ (O\ Ca, O\ Ma)$. Substance attaquable par l'eau, liqueur limpide, précipitant légèrement à froid par le bicarbonate de potasse, et précipitant beaucoup plus à chaud.

Espèce confondue avec la précédente. Trouvée à **Vic.**

Aphthalose. *Sel de Duobus, sulfate de potasse.* $O^3 S, O\ K$. Substance incolore, cristallisable en prismes rhomboïdaux de 118° 8′ ; pesant 2,4. Non efflorescente, décrépitant par la chaleur, ne donnant point d'eau, soluble ; dissolution donnant un précipité jaune par le chlorure de platine. Substance commune dans les officines des pharmaciens, et rare dans la nature. Trouvée sur des laves.

---

(1) C'est à l'état d'efflorescence que l'exanthalose ne contient que deux molécules chimiques d'eau ; à l'état limpide, elle en contient dix.

M. Brongniart donne le nom de *reussine* à un sulfate double de potasse et de soude. M. Beudant applique ce nom à un sulfate de soude et de magnésie.

Mascagnine. *Sulfate d'ammoniaque.* $O^3 S, 2 (H^3 Az + O H^2)$. Substance soluble, possédant une saveur très piquante, ne laissant point de résidu par la chaleur, donnant l'odeur d'ammoniaque par la potasse, et un précipité jaune par le chlorure de platine. Trouvée en efflorescence sur les laves (Etna, Vésuve), dans les houillères embrasées (Aveyron).

Alun. *Sulfate d'alumine et de potasse,* $4 (O^3 S) + O K + O^3 Al^2 + 24 (O H^2)$. Substance incolore, de saveur styptique, cristallisant en octaèdres réguliers, pesant 1,71, soluble dans l'eau. Solution précipitant en jaune par le chlorure de platine, et donnant un précipité gélatineux par l'ammoniaque ; donnant de l'eau par la chaleur et se tuméfiant beaucoup. L'alun, très commun dans le commerce, se trouve assez rarement dans la nature ; on le rencontre quelquefois en efflorescence sur les schistes argileux, dans les cendrières, dans les houillères embrasées, etc.

Ammonalun. *Alun à base d'ammoniaque.* Mêmes caractères que l'espèce précédente, mais donnant l'odeur de l'ammoniaque par la potasse. Trouvé dans les dépôts de lignite de Tschennig (Hongrie).

On a aussi trouvé l'alun à base de soude dans l'île de Milo de l'archipel grec.

Webstérite. *Aluminite, alumine sous-sulfatée, sulfate d'alumine tribasique non hydraté.* $O^3 S, O^3 Al^2 + 9 O H^2$. Substance blanche, compacte, happant à la langue, insoluble, donnant de l'acide sulfurique par la chaleur, et laissant de l'alumine pour résidu. La webstérite est attaquable par l'acide nitrique. Sa dissolution donne, par la potasse, un précipité gélatineux, qu'elle peut redissoudre quand on l'ajoute en excès. Substance *amorphe*, trouvée dans l'argile plastique.

Alunogène. *Sulfate d'alumine hydraté.* $O^3 S, O^3 Al^2 + 3 O H^2$. Substance soluble dans l'eau, dont la solution jouit des propriétés de l'espèce précédente. On en a trouvé de *fibreuse* et d'*écailleuse* dans les solfatares de la Guadeloupe.

Selon M. Berthier, l'alun de plume contient du protoxide de fer, indépendamment des élémens de l'espèce précédente. M. Beudant signale aussi des sulfates doubles d'alumine et de manganèse, d'alumine et de cuivre, et de plus compliqués encore.

Alunite. *Sous-sulfate d'alumine et de potasse hydraté.* (Formule incertaine.) Substance cristallisant en rhomboèdres de 92° 50', pesant 2,69, à peu près aussi dure que le verre, insoluble dans l'eau, mais pouvant être dissoute après la calcination. Sa dissolution jouit des mêmes propriétés que celle de l'alun. On en a trouvé de *fibreuse,* de *compacte* et de *terreuse.* Terrains trachytiques (Tolfa, Etats romains).

CHROMATE. Les chrômates, mêlés avec du carbonate de soude et chauffés au chalumeau, donnent une matière orangée, qui se dissout en partie dans l'eau. La dissolution, après avoir été saturée par l'acide nitrique, fait naître un précipité d'un beau rouge vif, dans les sels de protoxide de mercure ; un précipité rouge foncé, dans ceux d'argent; un précipité jaune, dans ceux de plomb.

CROCOÏSE. *Plomb rouge, plomb chromaté, chrômate de plomb.* O^3 Cr, O Pb. Substance d'un rouge vif, cristallisant en prismes à bases rhomboïdales de 93° 30′, dont une des bases est inclinée sur deux des pans, de 99° 10′. Son poids spécifique est de 6,6. Lorsqu'on essaie la crocoïse au chalumeau avec la soude, on obtient des grains de plomb au feu de réduction. Elle se dissout dans l'acide nitrique : sa dissosolution ne donne pas l'indice du cuivre sur un fil de fer décapé ; mais elle donne des lamelles de plomb sur un fil de zinc, ou un précipité blanc par l'acide sulfurique après les lavages.

La crocoïse a été trouvée en cristaux; elle est plus souvent *flabelliforme, cylindroïde et terreuse* (Berezof, en Sibérie; Brésil).

C'est en faisant l'analyse de cette substance, que Vauquelin a découvert le chrôme qui, dans différens états de combinaison, est actuellement employé en peinture, en teinture, dans la préparation des vitres colorées, etc.

La *vauquelinite* $6 (O^3 Cr^2) + 6 (O Pb) + 3 (O Cu)$, se distingue de l'espèce précédente par sa couleur verte et par sa dissolution nitrique qui donne l'indice du cuivre sur un fil de fer décapé. Elle a été trouvée dans les mêmes localités que la crocoïse.

EISENCHROME. Substance d'un gris - noirâtre, plus dure que le verre, ayant une densité de 4.5 environ. Elle est infusible au chalumeau et inattaquable par l'acide nitrique, mais elle est attaquée par le nitrate de potasse à une température rouge. Le produit de la réaction est en partie soluble dans l'eau et possède les propriétés du genre chrômate. Le résidu, traité par l'acide chlorhydrique, s'y dissout et donne un précipité bleu abondant par le cyanure double de potassium et de fer.

C'est de l'eisenchrôme que l'on extrait tous les produits du chrôme qui sont employés dans les arts. Il est en petits cristaux sous forme de sable, ou en amas plus ou moins volumineux dans des roches de serpentine (Bastide-la-Carrade, département du Var). C'est cette localité qui a fourni tout l'eisenchrôme qui a été employé en France pendant long-temps ; maintenant on le tire d'Amérique, où on le trouve dans une roche talqueuse (1).

VANADATE. Ce genre ne renferme qu'une seule espèce, qui a pour formule : $3\ O^3\ V + 8\ O\ Pb + Cl^2\ Pb$. Elle a été trouvée à Zimapan (Mexique). C'est en l'analysant que Del Rio découvrit le *vanadium*, qu'il appela alors *erythronium*.

MOLYBDATE.

Mélinose. *Plomb jaune, plomb molybdaté.* $O^3\ Mo, O\ Pb$. Substance jaunâtre, en cristaux qui dérivent d'un prisme à bases carrées, dont la hauteur est environ à l'un des côtés des bases : : 32 : 41. Son poids spécifique est de 6,7. — Chauffée au feu de réduction, elle donne des globules de plomb. L'acide nitrique l'attaque sans la dissoudre entièrement ; le résidu, qui est blanc, étant déposé sur une lame de zinc, prend lentement une couleur bleue.

La mélinose est très souvent en petits cristaux isolés ou en lamelles. On la rencontre dans les mines de plomb (Bleiberg , en Carinthie, Poullaoen, en Basse-Bretagne).

M. Boussingault a trouvé, à Pamplona, en Amérique, un autre molybdate de plomb, renfermant beaucoup de substances qui lui sont étrangères.

TUNGSTATES. Substances attaquables par l'acide nitrique, et laissant pour résidu une poudre *jaune* ou *jaunissant* par l'ébullition, qui bleuit lorsqu'on la dépose sur une lame de zinc ; ou bien attaquable par le carbonate de soude au feu du chalumeau, et donnant un produit qui laisse un résidu pulvérulent et jaune par l'ébullition.

Wolfram. *Schélin ferruginé, tungstate de fer et de manganèse.* $O^3\ W +$ $(O\ Fe, O\ Mn)$. Substance d'un noir brunâtre, brillante, cristallisant en prisme rectangulaire oblique, dont la base est inclinée sur l'axe de 117° 22'. Ce prisme est susceptible de clivage parallèlement à ses faces et ses diagonales. Le wolfram raie la fluorine ; son poids spécifique est de 7,3.

---

(1) Cette espèce minérale est essentiellement formée d'oxide de chrôme $O^3\ Cr^2$ et de sesqui-oxide de fer $O^3\ Fe^2$, qui sont isomorphes et mélangés en proportions indéterminées. Elle renferme aussi très souvent de l'alumine et de la silice , qui sont aussi isomorphes avec les espèces précédentes. On aurait pu douter de cela , parce que l'oxide de chrôme et le sesqui-oxide de fer cristallisent dans le système rhomboédrique , et que l'eisenchrôme a été rencontré en octaèdres réguliers ; mais depuis , on a vu que l'oxide de fer précité affectait cette dernière forme. La formule $X^3\ \triangle^2$ peut donc aussi quelquefois donner des cristaux de deux formes essentiellement différentes , le rhomboèdre , l'octaèdre régulier, comme cela était rendu évident par l'examen de l'acide arsénieux , $O^3\ As^2$, qui affecte cette dernière forme.

L'eisenchrôme aurait pu être placé à côté du chrôme oxidé , ou bien à côté de l'oligiste ; mais nous l'avons mis ici , parce qu'il passe encore pour un chrômite , après avoir long-temps été pris pour un chrômate.

M. G. Rose adopte cette formule pour l'eisenchrôme : $\left.\begin{array}{l} O^3\ Cr^2 \\ O^3\ Al^2 \end{array}\right\} + \left\{\begin{array}{l} O\ Fe \\ O\ Mn \end{array}\right.$, et le rapproche de l'aimant et de la franklinite.

La dissolution nitrique de wolfram donne un précipité bleu par le cyanure de potassium et de fer.

Le wolfram existe en *cristaux* ou en masses *laminaires*, à faces courbes, souvent susceptibles de clivage. Terrains cristallisés parmi les gneiss et les pegmatites (environs de Limoges en France; Ecosse, Bohême, etc.).

SCHÉELITE. *Wolfram blanc, schelin calcaire, tungstate de chaux.* O^3 W, O Ca. Substance blanche ou jaunâtre, cristallisant en octaèdres à bases carrées, se clivant parallèlement à leurs faces. Elle est moins dure que le verre et plus dure que la fluorine; son poids spé-cifique est de 6,076.

La solution nitrique de schéelite donne un précipité blanc par l'oxalate d'ammoniaque.

On la trouve dans les pegmatites (Puy-les-Vignes, Haute-Vienne); dans les dépôts stannifères, etc.

SCHÉELITINE. *Tungstate de plomb.* O^3 W, O Pb. La schéelitine est d'un blanc sale; elle cristallise en octaèdre aigu à base carrée; son poids spécifique est de 8. Au feu de réduction, elle donne des globules de plomb avec la soude. On l'a trouvée à Zinwalden, en Bohême.

TITANATES. Les titanates ne sont bien attaqués que par les alcalis caustiques ou par le carbonate de soude, à une température rouge. Le produit de la réaction est insoluble dans l'eau; mais il se dissout à froid dans l'acide chlorhydrique. Sa dissolution, étendue d'eau, donne, par l'ébullition, un précipité blanc d'acide titanique, qui est presque inso-luble dans tous les acides. Ce précipité prend une couleur bleue, si on le dépose encore humide sur une lame de zinc. Le même précipité, chauffé à la flamme interne du chalumeau avec le sel de phosphore et une parcelle d'étain, donne une perle d'un bleu violet.

NIGRINE. *Fer titané, isérine, gallizinite, titanate de fer.* O^2 Ti, O Fe ou $3(O^2$ Ti$) 4 (O$ Fe$)$? (1). Substance noire, à cassure inégale et luisante, cristallisant en octaèdres réguliers, attirable à l'aimant, à peu près aussi dure que le verre, pesant spécifiquement 4, environ. On a aussi vu de la nigrine cristallisée en prismes rectangulaires et en rhomboè-dres obtus.

La nigrine est souvent sous forme d'un sable, que l'on peut ren-contrer en assez grande quantité pour l'exploiter comme minerai de fer. Sous cet état, elle existe dans un très grand nombre de localités des deux mondes. On la trouve en nids dans des roches de granite (Gallizinite, Franconie); dans des roches de talc (Saint-Marcel, en

______

(1) La nigrine comprend à elle seule, sans doute, plusieurs espèces que l'on pourra séparer lorsqu'on la connaîtra mieux.

Piémont) ; dans des roches calcaires d'ancienne formation (île Schet-
land).

CHRICHTONITE. Substance minérale, cristallisant en rhomboèdre aigu
de 61° 20′, non attirable à l'aimant; mais jouissant, du reste, des propriétés physiques et chimiques de la nigrine. La chrichtonite est
rare; on l'a rencontrée dans des roches cristallines, à Saint-Christophe, en Oisans.

La **POLYMIGNITE** et l'achmite sont des titanates de zircone de fer, de
cérium, etc. Mais la polymignite renferme de l'yttria qui n'a point
été trouvée dans l'achmite.

La pyrochlore est un titanate qui contient de la chaux, des oxydes
de fer, de manganèse, d'urane, de cérium, etc.

SILICO-TITANATE.

SPHÈNE. *Titane silicéo-calcaire.* $2\ (O^3\ Si^2) + 3\ (O^2\ Ti) + 2\ (O\ Ca)$.
Substance transparente et translucide, pouvant offrir des couleurs
très variables; ses cristaux dérivent d'un prisme oblique, à base
rhomboïdale de 133° 30′, dont les pans sont inclinés sur la base d'environ 121° 50′. Elle est moins dure que le feldspath potassique, et plus
dure que le verre. Son poids spécifique est de 5 environ. Le sphène
est attaquable à froid par l'acide chlorhydrique. La solution donne
un précipité rouge par l'infusion de noix de galle, et un précipité
blanc par l'ammoniaque. Après cette dernière précipitation, l'acide
oxalique fait naître un nouveau précipité blanc d'oxalate de chaux.

Le sphène, quoique assez rare, se trouve dans un grand nombre de
localités ; on le rencontre dans les terrains cristallisés ou d'origine
ignée.

CARBONATES.
Substances faisant effervescence lorsqu'on les met en
contact avec l'acide nitrique. Quelques unes d'elles ont besoin d'être
réduites en poudre très fine et d'être traitées à chaud, pour donner un
résultat sensible, tel que le carbonate de fer cristallisé. Il est bon de
remarquer que les carbonates rhomboédriques, de chaux, de magnésie, de fer et de manganèse sont très souvent mélangés, à tel point qu'il
est rare de les trouver purs. Cela n'altère point leurs formes, car tous
ces composés sont isomorphes.

DIALLOGITE. *Chaux carbonatée, manganésifère; carbonate de manganèse.*
$O^2\ C, O\ Mn$. Substance presque toujours de couleur rose, cristallisant en rhomboèdres d'environ 103°. Son poids spécifique est de
3,2 à 3,6. Elle donne une fritte *verte* avec le carbonate de soude
sur la lame de platine. On en a trouvé de *cristallisée*, de *lamellaire*
et de *compacte*. Elle est assez rare et se rencontre dans les filons.
(Freyberg, en Saxe; Nagy-ag, en Transylvanie.)

SIDÉROSE. *Fer spathique, chaux carbonatée ferrifère, carbonate de fer* *rhomboédrique.* O² C, O Fe. Substance souvent colorée en brun jaunâtre, affectant souvent la forme de rhomboèdre ou de cristaux dérivant d'un rhomboèdre de 107°, que donne aussi le clivage. Son poids spécifique varie de 3 à 3,6. Cette substance raie la chaux carbonatée rhomboédrique et est rayée par l'arragonite. La dissolution nitrique, qui ne se fait bien qu'à chaud, donne un précipité bleu, abondant, par le cyanure jaune de potassium et de fer.

La sidérose existe en cristaux rhomboédriques semblables à ceux que donne le clivage, ou en rhomboèdres très obtus, presque *lenticulaires.* Il en est de *lamellaire, de granulaire, d'oolitique, de compacte, de terreuse, de phytoïde,* etc. Les variétés cristallisées appartiennent aux terrains cristallisés, et particulièrement aux filons. Les variétés compactes se rencontrent principalement dans les terrains houilliers, où on les exploite pour faire du fer et de bon acier, d'où vient le nom de *mine d'acier,* que l'on a donné à ce minerai. Dans ce dernier cas, le minerai est souvent mélangé avec de l'oxyde de fer et des matières bitumineuses.

Junkérite. *Carbonate de fer prismatique.* Substance d'un gris jaunâtre, cristallisant en octaèdres rectangulaires, à faces courbes, donnant par le clivage un prisme rhomboïdal droit de 108° 26'. Elle raie le calcaire rhomboïdal, et est rayée par l'apatite. Son poids spécifique est de 3,815.

Cette substance tapisse de petites veines quartzeuses, qui traversent la grauwacke, à Poullaouen.

Même composition et mêmes propriétés chimiques que la sidérose.

La junkérite est une substance très curieuse, en ce qu'elle donne encore un exemple, avec celui de la chaux carbonatée, d'un carbonate simple, affectant deux formes, le rhomboèdre et le prisme droit rhomboïdal.

Smithsonite. *Zinc oxydé, calamine, carbonate de zinc.* O² C, O Zn. Substance d'un gris jaunâtre, dont les cristaux donnent, par le clivage, un rhomboèdre obtus de 107° 40'. Son poids spécifique varie de 3,6 à 4,4; elle raie l'arragonite, et est rayée par l'apatite. Au chalumeau, la smithsonite donne une fumée blanche qui se dépose sur le charbon. Sa dissolution nitrique donne, par l'ammoniaque, un précipité qui se redissout dans un excès de ce réactif.

La smithsonite est rarement pure; elle est souvent mélangée avec d'autres carbonates, de la calamine ou de l'argile.

On en connaît de cristallisée en rhomboèdres aigus et en dodécaèdres scalènes, *de stalactitique, de lamellaire, de fibreuse et de compacte.* Les variétés cristallines appartiennent aux terrains anciens.

Ses variétés compactes et terreuses se trouvent dans des terrains secondaires.

La **Zinconite** est un carbonate basique de zinc hydraté. Son aspect
est terreux; elle donne de l'eau par la chaleur et jouit, du reste, des
mêmes propriétés chimiques que la smithsonite. On l'a trouvée dans
les mines de plomb de Bleiberg, en Carinthie.

Mysorine, *carbonate bi-basique de cuivre, anhydre*. Substance brune,
presque noire, compacte, dont le poids spécifique est de 2,62. Elle
ne donne point d'eau par la calcination, se dissout dans l'acide azotique et dans une liqueur qui abandonne du cuivre sur un barreau
de fer décapé.

Trouvée près des frontières de Mysore, dans l'Indostan.

Azurite. *Bleu de montagne ; cuivre azuré, cuivre carbonaté bleu ; carbonate de cuivre sesqui basique hydraté.* $2 (O^2 C) + 3 (O Cu) +$
$O H^2$. Substance bleue, cristallisant en prismes rhomboïdaux, obliques, de 98° 50', dont les pans sont inclinés sur la base de 91° 30'. Son
poids spécifique est de 3 à 3,80. Cette substance donne de l'eau par
la chaleur, se dissout dans l'acide nitrique, et jouit alors des mêmes
caractères chimiques que la mysorine.

L'azurite est connue à l'état *cristallin,* à l'état *fibreux, compacte
et terreux ;* elle existe dans les dépôts métallifères (Sibérie). Les plus
beaux échantillons ont été trouvés dans le grès rouge, à Chessy, près
de Lyon. Elle est exploitée comme minerai de cuivre.

Malachite. *Vert de montagne; cuivre carbonaté vert ; carbonate de
cuivre bi-basique , hydraté.* $O^2 C, 2 O Cu + O H^2$. Substance d'un
vert d'herbe ou vert blanchâtre, cristallisant en prismes rhomboïdaux de 103°. Son poids spécifique est de 3,5. Elle jouit des mêmes
caractères chimiques que l'azurite et se trouve dans les mêmes localités. On en connaît de *cristallisée* (rare), *d'aciculaire, de fibreuse,
de soyeuse, de mamelonnée, de stalactitique, de compacte et de terreuse.*

Souvent la malachite est veinée de vert très pâle, presque blanc, sur
un fond vert foncé ; on la taille alors comme pierre d'ornement pour
bracelets, colliers, etc.

Céruse. *Plomb blanc, plomb carbonaté, carbonate de plomb.* $O^2 C, O Pb$.
Substance souvent limpide ou blanchâtre, présentant l'éclat dia-
mantin, cristallisant en prismes rectangulaires, différemment modifiés, qui dérivent d'un prisme droit rhomboïdal de 117°. Son poids
spécifique est de 6,7. Elle donne les indices du plomb par l'action du
chalumeau. (V. genre *Plomb.*) La solution nitrique donne des lamelles de plomb sur un barreau de zinc, un précipité noir par les
sulfhydrates, et un précipité blanc par l'acide sulfurique.

La *céruse* existe *cristallisée, bacillaire, aciculaire, radiée, fibreuse, mamelonnée, compacte,* etc. On la rencontre dans les dépôts de galène, mais elle est beaucoup moins abondante que celle-ci.

La **Léadhilite** : $O^3 S$, 3 $(O^2 C)$, 4 O Pb, et la **Lanarkite** : $O^3 S$, $O^2 C$, 2 (O Pb), sont, comme les formules l'indiquent, des sulfocarbonates de plomb. La première cristallise en rhomboèdre et la seconde en prisme rhomboïdal. Elles ne sont point entièrement solubles dans l'acide nitrique. Le résidu est du sulfate de plomb. V. genre *Sulfate*, genre *Plomb* et *Céruse*.

La **Calédonite**. 3 $(O^3 S, O^2 C) + 5$ (O Pb) $+$ O Cu. Cristallise en prisme rhomboïdal de 95°. Elle n'est point entièrement soluble dans l'acide nitrique ; la liqueur, après avoir été précipitée par l'acide sulfurique, donne du cuivre sur un barreau de fer.

Ces trois dernières substances ont été trouvées à Léadhilles, dans le comté de Lanark, en Ecosse.

On a encore signalé la *carbocérine* ou carbonate de cérium, un carbonate d'argent contenant de l'oxyde [d'antimoine, et un carbonate de bismuth. Ces espèces minérales sont à peine connues.

Giobertite. *Magnésite, magnésie carbonatée, dolomie, carbonate de magnésie.* $O^2 C$, O Ma. Substance donnant des cristaux clivables en rhomboèdre de 107° 25′, dont le poids spécifique est de 2,56 à 2,88.

Cette substance est lentement soluble dans l'acide nitrique et ne donne point ou presque point, à froid, de précipité par le bicarbonate de soude, mais elle en donne par la chaleur.

La giobertite a quelquefois été confondue avec la dolomie. On en connaît de *cristallisée en rhomboèdres, de lamellaire, de compacte et de terreuse.* Elle se trouve dans les roches talqueuses ou serpentineuses.

Dolomie. *Spath perlé; chaux carbonatée magnésifère, carbonate de chaux et de magnésie.* 2 $(O^2 C)$, O Ca, O Ma. Substance blanche, nacrée, cristallisant en rhomboèdres clivables de 106° 15′. Son poids spécifique varie de 2,85 à 2,87. La dolomie se dissout lentement dans l'acide nitrique ; la solution donne, par un excès de bicarbonate de soude, un précipité de carbonate de chaux, et la liqueur filtrée donne, par la chaleur, un précipité de carbonate de magnésie.

La dolomie a été trouvée *cristallisée, mamelonnée, stalactitique, globulaire, lamellaire, saccharoïde, granulaire, compacte et pulvérulente.*

La dolomie est assez répandue dans la nature pour constituer quelquefois des *roches* à elle seule. La dolomie cristallisée appartient généralement aux terrains anciens ; la granulaire existe en bancs assez puissans dans ces mêmes terrains, dans les terrains de sé-

dimens inférieurs, et moyens jurassiques ; la dolomie compacte est
en bancs ou en amas dans les terrains jurassiques. On rencontre aussi
la dolomie dans les terrains volcaniques, où elle peut se former journellement.

Calcaire. *Spath calcaire, spath d'Islande, chaux carbonatée, carbonate de chaux rhomboédrique.* $O^2 C, O Ca$. Substance souvent incolore, limpide et cristallisée ; elle est souvent encore blanche, compacte, ou présente différentes couleurs. Elle offre une multitude
de formes appartenant au système rhomboédrique, et chacune d'elles
donne constamment, par le clivage, un rhomboèdre obtus de 105° 5′.
Ses cristaux jouissent de la double réfraction, à un seul axe répulsif,
d'une manière très remarquable. Elle s'électrise vitreusement par la
simple pression. Elle raie le gypse et est rayée par l'espèce suivante.
Son poids spécifique est de 2,72.

Sa dissolution est entièrement précipitée par l'oxalate d'ammoniaque et par un bicarbonate soluble ; elle n'est précipitée ni par le
zinc, ni par un hydrosulfate très étendu, ni par une dissolution de
sulfate de chaux.

Le calcaire offre toutes les formes qui peuvent être dérivées d'un
rhomboèdre. Il peut être *bacillaire, aciculaire, soyeux, laminaire, lamellaire, saccharoïde, compacte, terreux,* etc., etc. Il est excessivement
répandu dans la nature et se rencontre sous des aspects différens,
depuis les terrains les plus anciens jusque dans les plus modernes.
Tantôt il est cristallin, lamellaire, et constitue le marbre statuaire
de Paros ; tantôt il est saccharoïde comme le marbre statuaire de
Carrare qui se trouvent tous deux dans les terrains primordiaux.
D'autres fois, plus compacte, il constitue différens marbres qui offrent une foule de variétés de couleurs, et se rencontrent dans les
terrains anciens et à la partie la plus inférieure des terrains de sédimens. Tantôt c'est le *calcaire compacte,* dont une variété fournit
la pierre à lithographier, qui se trouve depuis la partie inférieure
des terrains de sédimens jusque dans les terrains de sédimens moyens.
Le *calcaire oolithique,* formé de grains dont le volume varie depuis
celui du millet jusqu'à celui d'un œuf, que l'on rencontre en bancs
considérables dans la formation jurassique. *C'est la craie,* ou pierre
à chaux, qui forme des couches immenses par leur épaisseur et leur
étendue, à la partie supérieure des terrains de sédimens moyens ;
puis le *calcaire grossier,* et ses nombreuses variétés, qui existent dans
les terrains de sédimens supérieurs, et forment la majeure partie
des pierres à bâtir des environs de Paris. Le *calcaire siliceux,* qui
existe en assez grande abondance dans les terrains de sédimens supérieurs. Le *calcaire concrétionné* ou *travertin,* qui se forme dans

les terrains lacustres et se forme encore tous les jours sous nos yeux. Le *calcaire marneux*, qui existe aussi dans les formations lacustres des terrains supérieurs. On connaît encore le *calcaire fétide* , ou *calcaire lucullite* des terrains primordiaux et de la partie inférieure des terrains de sédimens; et le *calcaire bitumineux*, qui se rencontre dans les terrains inférieurs et dans les terrains de sédimens moyens.

Arragonite. *Carbonate de chaux prismatique*. Même composition et mêmes propriétés chimiques que le calcaire ; mais l'arragonite cristallise en prismes rhomboïdaux de 116º 5′, non susceptibles de clivage. Elle raie facilement le calcaire et est plus dense que lui. Son poids spécifique est de 2,94.

L'arragonite et le calcaire ont fourni le premier exemple bien constaté d'un seul et même composé chimique affectant deux formes dérivant de types géométriques différens.

L'arragonite existe en prismes rhomboïdaux, qui sont souvent réunis de manière à former un prisme hexaèdre irrégulier. Il en est *d'aciculaire*, *de bacillaire*, *de fibreuse*, *de compacte et de coralloïde*. Elle est beaucoup moins abondante que le calcaire ; on la rencontre le plus souvent avec les minérais de fer (Vosges, Isère, etc.); souvent encore, sous forme de prismes hexaèdres, elle se trouve dans les argiles du gypse. (Molina, en Arragon ; Basthène, près Dax.) Elle se trouve dans les basaltes. (Verlaison, en Auvergne, etc.)

Strontianite. *Carbonate de strontiane* : O^2 C, O Sr. Substance assez rare , cristallisant en prismes rectangulaires , qui dérivent d'un prisme rhomboïdal de 117º 32′. Son poids spécifique est de 3,65. Elle raie le calcaire rhomboédrique. Sa dissolution nitrique donne un précipité par le sulfate de chaux, et n'en donne pas par le sulfate de strontiane.

Cette substance a été trouvée dans les filons de Stronthian , en Ecosse.

On a signalé une strontianite renfermant une molécule chimique de sulfate de baryte par quatre molécules de carbonate de strontiane.

Withérite. *Spath pesant aéré, barolite, carbonate de baryte*. O^2 C, O Ba. Substance cristallisant en prismes rectangulaires, qui dérivent d'un prisme rhomboïdal droit de 118º 57′. Son poids spécifique est de 4,29; elle raie le calcaire. Sa dissolution nitrique précipite par une dissolution de sulfate de strontiane, ne noircit point les sulfhydrates dissous, ou ne donne point de lamelles de plomb sur un fil de zinc.

La withérite est rarement cristallisée. On en connaît *d'aciculaire, de fibreuse;* la variété compacte est la plus commune ; on la trouve

dans les filons, surtout dans ceux qui sont plombifères. C'est en An
gleterre qu'elle est la plus commune.

BARYTOCALCITE. *Carbonate de baryte et de chaux.* $2 (O^2 C) + O Ba, O Ca$.
Substance rare, cristallisant en prismes obliques, à bases rhombes
de 106° 54', dont les pans sont inclinés sur les bases de 102° 54'. Son
poids spécifique est de 3,66. Sa dissolution nitrique, étendue, donne
immédiatement un précipité d'oxalate de chaux par un excès d'acide
oxalique; la liqueur filtrée donne, par l'ammoniaque, un précipité
d'oxalate de baryte.

Trouvée à Alstone Moor, dans le comté de Durham.

La **STROMNITE** paraît être un composé qui renferme les élémens du
carbonate de strontiane et du sulfate de baryte : $4 (O^2 C, O Sr) +$
$O^3 S, O Ba$. Elle est incomplètement soluble dans l'acide nitrique.
La liqueur est la même que celle qui provient du traitement de
la strontianite par l'acide nitrique, et le résidu est du sulfate de
baryte.

NATRON. *Carbonate de soude hydraté.* $O^2 C, O Na + O H^2$. Substance
terreuse, blanchâtre, d'une saveur ammoniacale, soluble dans l'eau,
ne précipitant point par le carbonate de potasse. La solution évaporée donne des cristaux en octaèdres rhomboïdaux tronqués aux
deux bases.

Le natron se trouve dans les environs de certains lacs qui le tien
nent en dissolution. (Egypte, Arabie, Inde.)

URAO. *Sesqui-carbonate de soude hydraté.* $3 (O^2 C) + 2 (O Na) + 4 O H^2$.
Substance cristallisable en prismes rectangulaires, et jouissant, d'ailleurs, des mêmes propriétés chimiques que le natron.

L'urao existe en assez grande quantité en Colombie, dans les environs de Lagunilla.

GAY-LUSSITE. *Carbonate de soude et de chaux.* $2 (O^2 C) + O Na + O Ca$.
Substance cristallisant en prismes rhomboïdaux obliques de 109° 30'
à peu près. Son poids spécifique est de 1,92 à 1,95. Elle raie le
gypse et est rayée par le calcaire.

La gay-lussite est insoluble dans l'eau; sa dissolution nitrique
précipite par l'oxalate d'ammoniaque. Après la calcination, le gay-
lussite abandonne à l'eau du carbonate de soude, qui, après que l'on
a soufflé au travers avec un tube, pour précipiter toute la chaux, est
encore très alcalin, et peut cristalliser par concentration et refroidissement.

La gay-lussite a été trouvée dans les mêmes localités que l'urao.

OXALATE. Ce genre ne renferme qu'une seule espèce qui est la suivante :

HUMBOLDTINE. *Oxalite, oxalate de fer.* $O^3 C^2, O Fe$. Substance jaunâtre,

insoluble dans l'eau, soluble dans l'acide nitrique ; solution précipitant par le chlorure de calcium, et donnant l'indice de fer par le
cyanoferrure jaune de potassium.

L'humboldtite est en masses cristallines ou terreuses. Elle est
rare et a été trouvée dans des lignites. (Kolovserux, en Bohême ;
Postchapel, près Dresde ; Gross Almerode, en Hesse.)

MELLITATE. Ce genre ne renferme qu'une seule espèce, comme le
précédent.

Mᴇʟʟɪᴛᴇ. *Honigstein ; pierre de miel ; mellitate d'alumine, hydraté.* 3
$(O^3 C^4) + O^3 Al^2 + 17 O H^2$. Substance jaune, ordinairement limpide, cristallisant en octaèdres à bases carrées, dont les faces sont
inclinées entre elles de chaque côté, de bases de 93°. Son poids est
de 1,51. Elle est fragile et moins dure que l'acier.

La mellite donne de l'eau quand on la chauffe dans un tube. Calcinée au contact de l'air, elle laisse un résidu d'alumine, qui bleuit
au chalumeau par l'addition du nitrate de cobalt.

Cette substance est rare ; on l'a rencontrée dans un dépôt de lignite, à Artern, en Thuringe.

Si le genre **URATE** méritait d'être conservé parmi les *espèces*
minérales, il aurait dû être placé ici ; mais le guano, seule espèce
qu'on lui attribue, a une composition très compliquée et une origine qui ne permettent réellement point d'en faire une espèce minérale. Cette substance existe en couches de 50 à 60 pieds d'épaisseur, qui paraissent provenir de l'accumulation des excrémens des
oiseaux de rivages qui habitent des îles voisines du Pérou.

COLUMBATES. Les columbates, attaqués à la chaleur rouge par la
potasse caustique, donnent un produit soluble dans l'eau, qui abandonne un précipité blanc d'acide colombique par l'addition de l'acide
chlorhydrique. Ce précipité est insoluble dans un excès d'acide, et
donne un verre incolore avec le sel de phosphore, lorsqu'on les chauffe
ensemble au chalumeau.

Ce genre ne renferme que trois espèces qui sont fort rares :

La Cᴏʟᴏᴍʙɪᴛᴇ, ou tantalite de Suède. $(O^3 Ta^2 \begin{Bmatrix} O \ Fe \\ O \ Mn \end{Bmatrix}$, dont les cristaux paraissent dériver d'un prisme oblique ; la Bᴀɪᴇ́ʀɪɴᴇ, ou tan-
talite de Bavière $(2 O^3 Ta^2 + 3 \begin{Bmatrix} O \ Fe \\ O \ Mn \end{Bmatrix}$, cristallise en prisme rectangulaire droit : l'Yᴛᴛʀᴏᴛᴀɴᴛᴀʟᴇ, dont la formule n'est pas bien éta-
blie, contient tout à la fois de l'acide tantalique et de l'yttria, comme
son nom l'indique ; mais elle renferme, en outre, des oxydes d'urane,
de fer, et même des acides tungstique et stannique. Ses cristaux,
très rares, dérivent d'un prisme rectangulaire.

ALUMINATES. Les aluminates, réduits en poudre très ténue et chauffée fortement avec de la potasse, donnent un produit soluble dans l'eau. Quand il est dissous, et qu'on y ajoute de l'acide sulfurique, que l'on filtre, s'il le faut, et que l'on évapore à siccité, si l'on reprend ce dernier produit par une petite quantité d'eau acidulée, *tout* ou *presque tout* se dissout. La nouvelle liqueur donne, par l'ammoniaque ajoutée en excès, un précipité gélatineux, qui, après avoir été desséché, prend une belle couleur bleue, lorsqu'on le chauffe sur un charbon avec une goutte de dissolution de nitrate de cobalt. Les aluminates jouissent même de cette dernière propriété, lorsqu'ils ont été pulvérisés et calcinés. Dans la plupart des analyses anciennes des aluminates, l'alumine est mal dosée, elle est en trop grande quantité. La composition ne devient normale, dans la plupart des cas, qu'en admettant que la silice est isomorphe avec l'alumine.

On ne connaît que trois aluminates anhydres qui affectent tous la forme d'un octaèdre régulier et peuvent être représentés par la formule générale $2\,(O^3\,X^2)\,O\,D$. Ils sont tous très durs et ne peuvent être rayés que par le corindon et le diamant ; ils sont infusibles au chalumeau.

SPINELLE. *Rubis balais, ceylanite, pléonaste, aluminate de magnésie.*
$2\left\{\begin{matrix}O^3\ Al^2\\O^3\ Si^2\end{matrix}\right\} + \left\{\begin{matrix}O\ Ma\\O\ Fe\end{matrix}\right\}$ —. Vauquelin a trouvé de l'acide chromique dans le rubis spinelle ; mais cet acide ne pourrait y exister pour 0,06, comme il l'a indiqué, sans modifier la forme et la formule de ce minéral ; c'était sans doute de l'oxyde de chrome $O^3\,C^{2\prime}$, auquel on a reconnu la propriété de colorer en rouge dans certaines circonstances.

Le rubis spinelle est rouge et se taille comme pierre précieuse, quand il est d'une belle teinte. Sa valeur est assez considérable. Son poids spécifique varie de 3,64 à 3,76. Attaqué par la potasse, repris par un acide et précipité à froid par le bicarbonate de soude, le spinelle donne un précipité blanc du carbonate de magnésie par l'ébullition.

Le spinelle existe dans les terrains cristallisés, dans les roches micacées, les dolomies, etc. On le trouve aussi dans des sables d'alluvion. (Ceylan, Pégu.)

PLÉONASTE. *Candite, spinelle noir.* $\left\{\begin{matrix}O^3\ Al^2\\O^3\ Fe^2\end{matrix}\right\} + \left\{\begin{matrix}O\ Ma\\O\ Fe\end{matrix}\right\}$. Cette espèce ne semble différer de la précédente que par la quantité de fer qui est plus considérable. Sa couleur est noire, et son poids spécifique varie de 3,6 à 3,7. Ses caractères chimiques sont les mêmes que ceux du spinelle.

C'est au pléonaste amorphe que le nom de candite appartient exclusivement.

Le pléonaste a été trouvé dans des débris de basaltes et de trachytes. Le plus commun se rencontre dans les roches chloriteuses de la Somma, au Vésuve. Il accompagne aussi le spinelle dans les terrains meubles.

GAHNITE. *Spinelle zincifère, automalite, aluminate de zinc.* $O^3 Al^2$, $O Zn$, ou plutôt : $\begin{Bmatrix} O^3 Al^2 \\ O^3 Si^2 \\ O^3 Fe^2 \end{Bmatrix} + \begin{Bmatrix} O Zn \\ O Fe \end{Bmatrix}$. La couleur de la gahnite varie du verdâtre au grisâtre ; sa densité est de 4,23 à 4,7. Réduite en poudre fine et calcinée avec la soude, elle laisse sur le charbon un cercle blanc d'oxyde de zinc.

La gahnite est rare. On la rencontre dans des schistes talqueux ou chloriteux. (Ericmann, près de Fahlun ; Franklin, dans le New - Jersey).

PLONGOMME. *Plomb gomme, aluminate de plomb hydraté.* $O^3 Al^2$, $O Pb +$ $6 O H^2$. Substance amorphe, ressemblant à des morceaux de gomme par la forme et la couleur. Lorsqu'on la chauffe dans un tube de verre, elle donne de l'eau. Sa poudre, chauffée sur un charbon avec du carbonate de soude, donne un globule de plomb ou un anneau jaune, suivant qu'on la chauffe au feu de réduction ou au feu d'oxydation.

Le plongomme se trouve à Huelgoat, dans le département du Finistère.

BORATE. Ce genre ne renferme que deux espèces ; il est établi sur la présence de l'acide borique.

BORAX. *Tinkal, chrysocolle, borate de soude hydraté.* $2 (O^3 B')$, $O Na +$ $10 O H^2$. Substance incolore, limpide ou blanche, quand elle est effleurie ou gris jaunâtre, cristallisant en prismes obliques rectangulaires, inclinés sur les bases de 106o 30'. Son poids spécifique est de 1,74. Le borax est soluble dans l'eau ; sa dissolution, concentrée, donne un précipité nacré, incolore, *d'acide borique*, par l'acide nitrique, et ne précipite point par le carbonate de potasse. Chauffé au chalumeau, le borax se boursoufle considérablement et finit par donner une perle vitreuse, transparente.

Le borax existe en dissolution dans des lacs de l'Inde, de la Perse, de la Chine, etc. On le trouve aussi à l'état solide, en cristaux isolés et entourés d'une matière grasse d'apparence savonneuse.

Le borax est employé pour souder les métaux : en fondant, il les recouvre d'un enduit vitreux, qui en empêche l'oxydation et favorise l'écoulement et la soudure devenue liquide par l'action de la chaleur.

Boracite. *Magnésie boratée, borate de magnésie.* 4 (O^3 B^2), 3 O Ma. Substance blanche ou limpide, cristallisant en cubes à modifications irrégulières, ou en rhomboèdres très voisins du cube. Elle est pyro-électrique, et cela permet d'admettre qu'elle appartient au système cubique, quoiqu'elle présente des modifications irrégulières ; mais, selon M. Brewster, elle jouit de la double réfraction qui ne s'observe pas ordinairement dans les cristaux cubiques. De nouvelles observations sont indispensables pour lever les doutes qui existent à cet égard ; car il n'est peut-être pas impossible que des cristaux cubiques, formés de molécules rendues asymétriques par la nature des atomes qui les constituent, quoique leur groupement soit régulier, présentent la double réfraction.

La boracite a un poids spécifique de 2,56, et est assez dure pour rayer le verre.

Cette espèce minérale, qui mérite le plus grand intérêt de la part du physicien, est malheureusement assez rare. Elle a été trouvée dans une espèce de gypse, dans le Brunswick et le Holstein.

M. Beudant cite un borate de chaux et un borate de fer qui sont très peu connus.

BOROSILICATE. Genre très difficile à caractériser. Le petit nombre d'espèces qui le composent étant réduites en poudre, calcinées avec la soude et dissoutes dans l'acide nitrique, donnent, après l'évaporation jusqu'à siccité, un résidu de silice insoluble dans l'eau acidulée. Les eaux des lavages, après avoir été précipitées par le carbonate de soude, décantées ou filtrées, et concentrées, donnent, par l'acide nitrique, un précipité d'acide borique incolore et nacré, qui communique à l'alcool la propriété de brûler avec une flamme verte.

Nous ferons observer ici que la silice paraît être isomorphe avec l'acide borique, et qu'ils peuvent se remplacer mutuellement. Cela permet de comprendre plusieurs analyses et de simplifier quelques formules.

Datholite. *Borosilicate de chaux hydraté.* Substance hyaloïde ou blanchâtre, cristallisant en prismes rhomboïdaux de 103o 42'. Son poids spécifique est de 2,98. Par la chaleur, elle donne de l'eau, se boursoufle et fond en donnant une perle vitreuse. Elle se dissout incomplètement dans l'acide nitrique. La liqueur donne un précipité blanc par l'oxalate d'ammoniaque. La composition de la datholite n'est pas très bien établie, elle paraît avoir pour formule : 4 (O^3 Si^2) + 3 (O^3 B^2 + 2 O Co + O H^2). Trouvée dans les minerais de fer magnétique de Nodebro, près d'Arendal, en Norwége.

La **Botryolite** est un autre borosilicate de chaux hydraté, qui paraît avoir pour formule : $2 (O^3 Si^2) + O^3 B^2 + 4 (O Ca) + 2 O H^2$. Ses caractères chimiques et son gisement sont les mêmes que ceux de la datholite.

TOURMALINE. *Schorl électrique, indicolite, rubellite, sibérite.*

La formule de la tourmaline peut être établie ainsi qu'il suit :

$$4 \begin{cases} O^3\ Si^2 \\ O^3\ B^2 \\ O^3\ Al^2 \\ O^3\ Fe^2 \\ O^3\ Mn^2\ ? \end{cases} + \begin{cases} O\ K \\ O\ Na \\ O\ Li \\ O\ Ma \\ O\ Ca \\ O\ Fe \\ O\ Mn \end{cases},$$ ou d'une manière plus simple et plus

générale : $4 (O^3 X^2) + O D$. Cette substance est très connue à cause de la propriété pyro-électrique dont elle jouit au plus haut degré; il en a été parlé page 45. Les variétés de cristallisation que présente la tourmaline peuvent dériver d'un rhomboèdre obtus de 134° environ; mais sa forme dominante est le prisme triangulaire équilatéral. Elle se présente encore souvent sous forme de prismes cylindroïdes, à cause du grand nombre de faces qui les entourent. Lorsqu'elle possède des sommets cristallisés, ce qui est fort rare, ils présentent des défauts de symétrie, comme on en voit un exemple dans la fig. 11 de la planche VIII.

La tourmaline n'est pas moins remarquable par ses propriétés optiques que par sa propriété pyro-électrique. Des plaques de tourmaline, taillées parallélement à l'axe d'un prisme naturel, laissent passer la lumière, si on les pose l'une sur l'autre, en conservent le parallélisme des axes ; mais elles l'interceptent aussitôt qu'on vient à les croiser. Le passage de la lumière peut être rétabli, en plaçant entre elles des lames minces de différentes substances, telles que le gypse, etc.

La tourmaline, exposée au feu du chalumeau, fond difficilement et se boursoufle un peu.

Elle offre des variétés de couleurs qui correspondent à quelques différences de composition dues au remplacement plus ou moins complet de bases isomorphes les unes par les autres. C'est sur cela que M. Brongniart a établi les trois variétés suivantes : le *schorl* en prismes vitreux, transparens ou opaques, présentant la couleur brune (Castille), la couleur noire (Groenland, France, Brésil, etc.), qui contient beaucoup de fer et peu d'oxyde de manganèse; la *Brésilienne* verte, ou bleuâtre (Etats-Unis d'Amérique, Saint-Gothard), qui renferme plus de potasse, de soude ou de lithine que la précédente, et moins d'oxyde de fer; la *Rubellite*, de couleur rose, rouge ou violette (Moravie, Inde, Pégu, Ceylan, Etats-Unis d'Amérique), qui contient plus d'oxyde de manganèse et de la lithine.

Les tourmalines se trouvent dans les terrains primitifs ; elles y sont presque constamment disséminées et très rarement implantées. Les roches dans lesquelles on les rencontre le plus souvent sont le granit, le feldspath, les micaschistes, la dolomie, les roches talqueuses.

Axinites. *Schorl violet ; yanalite.* La formule de l'axinite est douteuse. En réunissant la silice, l'acide borique et l'alumine, et en admettant que celle-ci a été dosée un peu trop haut, à cause de la difficulté que l'on éprouve pour la laver dans les analyses, on trouve qu'elle peut être :

$$\left\{\begin{array}{l} O^3\ Si^2 \\ O^3\ B^2 \\ O^3\ Al^2 \end{array}\right\} + \left\{\begin{array}{l} O\ Ca \\ O\ Fe \\ O\ Mn \\ O\ Ma \end{array}\right\}.$$

Cette substance est transparente et colorée en violet, ou en brun, ou en vert de bouteille peu foncé. Ses cristaux sont très aplatis et présentent des faces inclinées qui les rendent tranchans. Ils dérivent d'un prisme oblique à base de parallélogramme obliquangle de 135° 10′, incliné de 134° 40′ et de 115° 17′. Ils raient le feldspath, et leur poids spécifique est de 3,21.

L'axinite fond au chalumeau en se boursouflant, et donne un produit vitreux de couleur foncée.

C'est dans les terrains de cristallisation que l'on trouve l'axinite : elle accompagne tantôt des protogynes (Dauphiné, Baréges, etc.); tantôt des roches qui contiennent de l'amphibole (Schneeberg, en Saxe).

FLUOSILICATES. Les fluosilicates pourraient bien ne point contenir d'oxygène, et n'être que des fluosiliciures. Cela devient excessivement probable, si l'on considère que, malgré l'habileté des chimistes qui les ont analysés, l'alumine et l'acide hydrofluorique ont dû être évalués à une dose trop basse. Dans cette dernière hypothèse, le genre fluosiliciure aurait dû être supprimé : la topaze et la picnite auraient été rangées dans le genre aluminium, et la condrodite l'aurait été dans le genre magnésium. Quoi qu'il en soit, les fluosilicates sont infusibles, ou à peine fusibles au chalumeau ; ils sont inattaquables par les acides et se reconnaissent à ce que, après avoir été pulvérisés et chauffés assez longtemps avec le carbonate de soude en grand excès, ils donnent, par l'acide sulfurique concentré, des vapeurs qui corrodent une lame de verre que l'on y expose. Cela est rendu très sensible quand la lame de verre a été enduite d'un peu de cire, et que l'on y a tracé des caractères avec une *épingle*. Ces caractères deviennent visibles après que l'on a enlevé la cire. Le résidu sur lequel l'acide sulfurique a opéré son action, après avoir été desséché, puis traité par l'eau, laisse de la silice. V. les caractères génériques des Silicates.

Topaze. *Pyrophysalite, rubis du Brésil, fluosilicate d'alumine, ou fluosiliciure d'aluminium.* Composée en centièmes, de silice, 34,3 ; d'acide fluorique 7,7, d'alumine, 58,0. En transformant par le calcul toute la silice et toute l'alumine en silicium et en aluminium, et, en admettant que ce qui manque pour compléter les 100 parties est du fluore, on arrive assez exactement à cette formule, qui est très simple : $Fl^3 Si, Al$.

La topaze est ordinairement limpide, incolore, ou jaune, ou bleuâtre ; sa dureté ne le cède qu'au corindon. Sa densité est de 3,5 environ. Elle jouit de la propriété de s'électriser par le frottement, par la pression et par la chaleur. Sa forme dominante est un prisme droit rhomboïdal de 124° 30′, qui présente un clivage très net perpendiculairement à son axe principal.

La topaze est infusible au chalumeau ; le liquide provenant du lavage du résidu du traitement de la topaze par la soude et l'acide sulfurique, étant évaporé à siccité, se colore en beau bleu par le nitrate de cobalt au feu du chalumeau.

La topaze existe parmi les terrains cristallisés, dans des roches variables, telles que le granite, la pegmatite, le gneiss, le micaschiste, où elle se trouve implantée ou disséminée. Tantôt elle est même comme partie constituante dans une roche, que l'on a nommée topazozème ; tantôt elle est roulée et arrondie sur tous ses angles ; dans ce cas, elle présente toujours un clivage net qui permet de la distinguer du quartz.

Les principales localités qui fournissent les topazes sont la Sibérie, le Brésil, la Saxe. Ces dernières ne s'électrisent par la chaleur qu'autant qu'elles sont isolées, et, lorsqu'on les chauffe, elles ne se colorent point en rouge, comme celles des premières localités, qui portent le nom de *faux rubis balais.* Chacun sait que les topazes se taillent pour la bijouterie. Il faut les distinguer de la *topaze orientale*, qui est un *corindon. V.* p. 88. Le quartz jaune taillé porte aussi le nom de topaze ; mais il est moins dur qu'elle et n'a pas la même valeur.

Picnite. *Schorl blanc, prismatique, leucolite d'Altenberg, topaze bacillaire ou cylindroïde.* Comme Haüy et M. Brongniart, je pense que la picnite n'est qu'une variété de la topaze, et qu'elle doit être représentée par la même formule. M. Beudant pense, au contraire, que la composition de la picnite diffère de celle de la topaze : elle est en morceaux cylindroïdes striés longitudinalement. Du reste, ses principales propriétés sont les mêmes que celles de la topaze, si ce n'est qu'elle s'électrise beaucoup plus difficilement. Cette petite différence tient sans doute à ce qu'elle est moins homogène. On la rencontre principalement à Altenberg, en Saxe, parmi des minerais d'étain. Elle est souvent disséminée dans une roche formée de mica, de talc et d'une petite quantité de feldspath.

Condrodite. *Maclurite, brucite, fluosilicate de magnésie, ou plutôt fluosiliciure de magnésium.* Fl³ Si, Ma². La condrodite cristallise dans le système du prisme oblique à bases rectangulaires ; elle raie le feldspath, mais elle est rayée par le quartz. Le feu du chalumeau suffit à peine pour la fondre. Après qu'on l'a calcinée avec la soude, qu'elle a subi l'action de l'acide sulfurique, si l'on dessèche le résidu, et si on le reprend par un acide dilué, il dissout la magnésie, qui n'est point précipitée à froid par le bicarbonate de soude, mais qui l'est à chaud.

La condrodite est assez rare ; on l'a trouvée à Sparta, dans le New-Jersey ; en Finlande, dans les roches de calcaire grenu.

SILICATES. Les silicates sont très nombreux ; ils forment à eux seuls les deux cinquièmes des espèces minérales connues. On les distingue en isolant l'acide silicique qu'ils renferment. Pour cela, il faut les réduire en poudre très fine, les mêler, à cinq fois leur poids, de carbonate de soude, et les chauffer fortement. Le produit de la réaction doit être entièrement soluble dans l'acide nitrique étendu d'eau. Par l'évaporation, il se prend en gelée, se dessèche entièrement, et laisse une matière que les acides ne peuvent redissoudre *qu'en partie :* le résidu est l'acide silicique, blanc et pulvérulent, qui doit être infusible et irréductible au chalumeau, mais qui doit donner une perle vitreuse, transparente, avec le sel de soude, et une perle opaque avec le sel phosphoré.

L'essai précédent est souvent inutile. Quand on a l'habitude de voir des minéraux, on distingue facilement les silicates, qui jouissent, dans la plupart des cas, d'une assez grande dureté, et sont souvent doués de transparence. Le doute ne portant que sur un petit nombre d'espèces, on les distingue par quelques caractères, tels que l'infusibilité, la fusibilité, la présence ou l'absence de l'eau par la chaleur ; l'action des acides, qui est nulle ou qui les transforme en gelée, etc.

Si nous n'avions rapporté ici tous les silicates que M. Brongniart a placés parmi les autopsides, il aurait été impossible d'établir ce groupe sur des caractères exclusifs et tranchés.

La multiplicité des silicates exige que l'on établisse quelques coupes parmi eux. Elles sont fondées sur le nombre des bases ou sur leur nature, et sur la présence ou l'absence de l'eau, ainsi que cela est indiqué par le tableau suivant :

SILICATES.

* anhydres ou hydratés, ne renfermant qu'une seule sorte de bases isomorphes.

alumineux.	†
d'yttria.	††
calcaires.	†††
magnésiens.	††††
manganésiens.	†††††
ferreux.	††††††
cériques.	†††††††
zinciques.	††††††††
cupriques.	†††††††††

** d'alumine ou de ses isomorphes, et silicate de chaux ou de ses isomorphes.

anhydres.	†
hydratés.	††

*** d'alumine et de glucyne.

**** de zircone.

***** de thorine.

* *Silicates anhydres ou hydratés, ne renfermant qu'une seule base ou qu'une seule sorte de bases isomorphes.*

† *Silicates alumineux.*

Liqueur provenant du traitement du silicate par la soude, l'eau acidulée, etc., donnant par l'ammoniaque un précipité gélatineux, abondant, incolore ou coloré par des matières étrangères. La poudre de ces silicates devient bleue au feu d'oxydation par l'addition d'un peu de nitrate de cobalt.

DISTHÈNE. *Cyanite, sappare, schorl bleu* (O^3 Si^2, $2\,O^3$ Al^2). Substance en cristaux prismatiques dérivant d'un prisme oblique à bases de parallélogramme obliquangle de 106° 15′, incliné de 100° 50′ et de 93° 15′ ?

Le disthène peut être incolore ou blanc, mais il est le plus ordinairement bleu ; on en rencontre de jaune, de rougeâtre, de noir, etc. Sa densité est de 3,3 ; il est moins dur que l'acier.

Le disthène est tout à fait infusible au feu du chalumeau ordinaire.

Le disthène se trouve, dans un grand nombre de localités, dans le micaschiste, la pegmatite, etc., avec du grenat, de la staurotide, etc.

M. Beudant rapporte la picnite de Saxe au disthène ; mais la grande quantité de fer qu'elle contient, et dont il n'a pas tenu compte, paraît l'en éloigner.

Elle est en prismes indéterminables, feuilletés, d'une couleur foncée. (Schnéeberg, Saxe.)

Sillimanite. Cette substance a pour formule $O^3 Si^{\,\prime}, O^3 Al^2$. Elle cristallise en prismes rhomboïdaux obliques de 106° 30′, dont l'axe es incliné sur la base de 113°, qui peuvent se cliver parallèlement à sa grande diagonale. Sa densité est de 3, 41; sa couleur est brune. Elle raye le quarz et ne fond point au chalumeau. Elle a été trouvée, à Saybroock, dans le Connecticut, dans une veine de quartz traversant le gneiss.

La *Bucholzite* et la *Léelithe* viennent après cette substance, par leur composition.

Staurotide. *Granatite, pierre de croix.* Cette substance a pour formule $O^3 Si^2 \begin{Bmatrix} O^3 \ Al^2 \\ O^3 \ Fe^2 \end{Bmatrix}$. Sa forme cristalline est un prisme rhomboïdal de 129° 20′. La hauteur de ce prisme est au côté de la base comme 4 est à 3. La densité varie de 3,2 à 3,9. La staurotide est ordinairement de couleur brune noirâtre et opaque, quelquefois rouge et translucide. Elle raye le quarz, mais est moins dure que la topaze. Elle fond très difficilement au chalumeau, en scorie noire. La solution pure de la silice donne un abondant précipité de bleu de Prusse, par le cyanure jaune.

Ce minéral, toujours accompagné de grenat, se trouve principalement en Bretagne, dans les États-Unis, au Saint-Gothard, etc.

Triclasite. La triclasite a pour formule $2(O^3 Si^2), O^3 Al^2, 3 O H^2$. Elle cristallise en prismes rhomboïdaux de 109° 30′, dont la base est inclinée sur l'axe, de 101° 30′. Elle a une densité de 2,62; sa couleur tire sur le jaune ou le brun. Elle est rayée par une pointe d'acier, perd de l'eau par la chaleur, et ne fond point au chalumeau. Trouvée à Fahlun, en Suède, dans du talc.

Les espèces *cymolite* et *sévérite* se rapprochent de la précédente, par une composition analogue.

Nontronite. Cette substance a une formule semblable à la précédente, mais l'alumine se trouve remplacée par le sesqui-oxide de fer $2(O^3 Si^2), O^3 Fe^2, 3 O H^2$. Sa couleur est jaunâtre; elle se laisse entamer par l'ongle, et est attaquée par l'acide chlorhydrique en donnant une gelée siliceuse. Sa dissolution contient du fer qui précipite en bleu par le cyano-ferrure de potassium. Elle est en rognons dans une masse de peroxide de manganèse à Saint-Pardoux.

Collyrite. Substance n'ayant aucun aspect cristallin, ressemblant à une gelée presque solide, tendre, et tombant en poussière par son exposition à l'air. La quantité d'eau qu'elle renferme paraît variable ; cela peut tenir à ce qu'elle n'est qu'en partie combinée. $O^3 Si^2$, $3 O^3 Al^2$. (Hongrie, Pyrénées.)

La collyrite peut former un genre qui renfermerait la *pholerite* et la *lenzinite*.

Allophane. Substance amorphe, translucide, opaline, à cassure conchoïdale, pesant spéc. 1, 88 à 1, 9 : rayée par le spath fluor et rayant le gypse. Abandonnant de l'eau quand on la chauffe et ne fondant point. Sa composition peut être représentée par $2 (O^3 Si^2)$, $3 (O^3 Al^2)$ $18 OH^2$ (Schnéeberg, en Saxe.)

Halloysite. $4 (O^3 Si^2)$, $3 (O^3 Al^2)$, $6 OH^2$. Substance blanche translucide ou brune et opaque, se taillant avec un couteau et présentant une coupure lisse. La chaleur en chasse de l'eau, et les acides la dissolvent en formant une gelée siliceuse. L'halloysite a été trouvée dans les environs de Liége et de Namur. M. Viot l'a aussi rencontrée dans le calcaire grossier des environs de Mantes.

Silicate d'yttria ††.

Gadolinite. *Yttrite.* Sa formule est $O^3 Si^2$, $O^3 Y^2$. Les cristaux très rares de cette substance sont des prismes obliques rhomboïdaux d'environ 115°. Sa densité est de 4, 23. Elle a une couleur noire brunâtre ou jaunâtre, une structure granulaire; quelquefois elle est vitreuse. Rayant facilement le verre; fond au chalumeau, en verre opaque. Les acides l'attaquent en donnant une liqueur précipitable par les alcalis, qui ne peuvent redissoudre le précipité formé. Ce précipité est, en partie, soluble dans le carbonate d'ammoniaque. La liqueur précipite aussi par l'acide oxalique et le cyano-ferrure jaune de potassium.

Cette substance a été rencontrée peu souvent dans quelques localités de la Suède, parmi les dépôts de pegmatites.

Silicates de chaux †††.

Wollastonite. *Spath en table.* $2 (O^3 Si^2)$, $3 Ca O$. La wollastonite paraît dériver d'un prisme rhomboïdal de 95o 20'. Elle est blanche, nacrée ; sa dureté est un peu plus grande que celle du verre. Sa densité est de 2,86. Elle fond difficilement et donne un émail blanc. La liqueur provenant du traitement par les alcalis et un acide, etc., donne un précipité blanc abondant d'oxalate de chaux par l'oxalate d'ammoniaque.

La wollastonite se trouve dans les dolérites et un calcaire lamellaire (Castle-Hill, Écosse; Massachussets, en Pensylvanie).

L'*Édelforse* est un trisilicate de chaux qui doit être placé auprès de la *wollastonite*.

Silicates magnésiens ††††.

La liqueur provenant du traitement du silicate, après en avoir séparé la silice, ne donne que peu ou point de précipité par l'acide sulfurique, et en donne un abondant de carbonate de magnésie par le bicarbonate de soude ou le sesqui-carbonate d'ammoniaque, *à l'aide de l'ébullition*.

Talc. *Craie de Briançon.* O³ Si², O Ma, O H². Substance douce au toucher, rayée par l'ongle, blanche ou verdâtre, possédant quelquefois l'éclat nacré, donnant de l'eau par la chaleur, et laissant un résidu infusible au chalumeau.

L'espèce nommée pyrallolite paraît se rapporter au talc, selon M. Beudant ; elle cristallise en prismes rhomboïdaux de 140° 49′, et se trouve dans la paroisse de Pargas, en Finlande.

Stéatite. *Craie d'Espagne.* 2 (O³ Si², O Ma), O H². La stéatite paraît moins douce au toucher que le talc ; elle est généralement compacte et possède une faible dureté. Sa densité varie de 2,6 à 2,8. Elle possède les caractères chimiques du talc.

Marmolite. O³ Si², 3 (O Ma, OH²)? Cette substance est difficile à distinguer par ses caractères extérieurs de plusieurs variétés de talc et de serpentine. Elle est laminaire et possède un éclat nacré ; la disposition des joints des lames paraît indiquer un prisme à quatre pans. Sa densité est de 2,47.

Serpentine. 4 (O³ Si²) $\left\{ \begin{array}{l} \text{O Ca} \\ \text{O Ma} \\ \text{O Fe} \end{array} \right\}$ 6 H² O. La serpentine est plus compacte et plus dure que les espèces précédentes. Elle présente diverses couleurs, qui sont principalement le vert, le jaune, le brun et le gris ; souvent les couleurs sont mélangées. Elle peut se tailler facilement et se polir. Sa densité est de 2,64. Ses caractères chimiques sont les mêmes que ceux des espèces précédentes.

La serpentine se tourne pour faire des mortiers et autres vases, etc.

Le talc, la stéatite et la serpentine se trouvent tous dans les terrains intermédiaires, à la base des schistes.

Magnésite. *Écume de mer.* O¹ Si², O Ma, 2 O H². Substance blanche, rude au toucher, facilement entamée par l'acier, dont le poids spécifique est de 2,6 à 3,4. Elle donne de l'eau par la chaleur et possède les caractères chimiques des espèces précédentes.

La magnésite ne forme point de couches à elle seule, elle est en veines ou en rognons dans les gîtes des espèces précédentes. On en trouve aussi dans des calcaires inférieurs au gypse, à Montmartre et à Saint-Ouen, près Paris.

La magnésite du levant est taillée pour faire des pipes.

La *quincyte* est une variété de magnésite dans laquelle la magnésie se trouve, en partie, remplacée par le protoxide de fer. Le gisement de cette substance est le même que celui de la maguésite. (Quincy, département du Cher.)

La *picrosmine* est aussi un silicate de magnésie hydraté qui affecte la forme du prisme rectangulaire. On l'a trouvée à Presniz, en Bohême.

DIALLAGE. Sous le nom de diallage on réunit plusieurs substances verdâtres ou brunâtres, à cassure donnant des indices de cristallisation qui conduisent à un prisme rectangulaire incliné de 109°. Le diallage est rayé par une pointe d'acier, donne de l'eau par calcination, fond au chalumeau en verre blanc et se dissout peu dans les acides. Sa formule est douteuse. Par l'analyse on en retire de la silice, de la magnésie et de l'eau. Cette substance se rencontre principalement dans les dépôts serpentineux.

Le *diallage métalloïde* et la *chatoyante* forment des sous espèces dont la composition n'est pas mieux déterminée.

La *Condrodite* et plusieurs silicates doubles sont annexes de ce groupe.

PYROXÈNES. Sous ce nom l'on réunit plusieurs espèces dont la composition chimique, considérée sous le point de vue de la nature des éléments qui la constituent, est très variable, mais qui sont surtout caractérisées par leur formule générale de composition et par leur forme, qui sont invariables. Les élémens chimiques qui varient sont tous isomorphes, et peuvent se substituer les uns aux autres sans apporter de grands changemens dans les propriétés physiques de ces corps. La formule générale est $+\ 2\ O^3\ Si^2,\ 3 \begin{Bmatrix} O\ Ca \\ O\ Ma \\ O\ Fe \\ O\ Mn \end{Bmatrix}$ (1). La forme est un prisme rectangulaire oblique, dont l'inclinaison varie fort peu dans les espèces connues.

---

(1) Peut-être existe-t-il des sesqui-oxides dans les pyroxènes. Dans ce cas, ils seraient en remplacement de la silice.

DIOPSIDE. *Pyroxène blanc, Sahlite , Fassaïte , Malakolite*[1], *Maclurite*[2] $(O^3 Si^2)$, $3 \begin{Bmatrix} O\ Ca \\ O\ Ma \end{Bmatrix}$. Cette substance est incolore, enfumée, verdâtre, transparente ou translucide. Elle se clive parallèlement aux pans d'un prisme rectangulaire oblique ou d'un prisme rhomboïdal de 92° 55'. La base est inclinée à l'axe de 106° 25'. Son poids spécifique varie de 3,25 à 3,34. Elle peut rayer le verre et est entamée par le quarz. Elle fond au chalumeau en un verre incolore , n'est pas altérée par les acides, et présente les réactions de la chaux et de la magnésie lorsqu'elle est dissoute.

Cette matière est recherchée par les physiciens à cause des propriétés particulières dont elle jouit sous le rapport de l'optique.

HEDENBERGITE. *Pyroxène noir, Augite , Jeffersonite*. Ce minéral, qui a la même composition que l'espèce précédente , à cela près que le protoxide de fer remplace la magnésie, est de couleur verte tirant sur le noir ou bien entièrement noir. Il peut rayer le verre, et a une densité de 3,10 à 3,15. L'hedenbergite est facilement clivable parallèlement aux pans d'un prisme rhomboïdal dont l'axe serait incliné sur la base de 106° 12'. Cette forme a été donnée, pl. 8, fig. 10. Par l'action du chalumeau, on peut le fondre en verre noir. On reconnaît facilement la présence de la chaux et du protoxide de fer dans cette substance qui a pour formule $(O^3 Si^2), 3 \begin{Bmatrix} O\ Ca \\ O\ Fe \end{Bmatrix}$.

HYPERSTÈNE. *Paulite* $(O^3 Si^2)$, $3 \begin{Bmatrix} O\ Fe \\ O\ Ma \end{Bmatrix}$. Cette substance cristallise en prismes rhomboïdaux de 98° ; elle est noir bronzé, d'une densité de 3,38 et raye à peine le verre. Les acides n'agissent pas sur elle ; le chalumeau la réduit en verre noir. Elle a été trouvée au Labrador, à l'île Saint-Paul et dans quelques autres localités.

L'hyperstène se taille pour pierre d'ornement.

Rothbraunsteinerz. Ce minéral est un véritable pyroxène dont la base est du protoxide de manganèse. Est-ce le rhodonite de M. Beudant?

AMPHIBOLE. Ce genre renferme plusieurs espèces réunies, à cause de leur même formule, qui est un bisilicate d'une des bases isomorphes avec la chaux. $2\ (O^3 Si^2)$, $3 \begin{Bmatrix} O\ Ca \\ O Ma \\ O\ Fe \\ O\ Mn \end{Bmatrix}$. Ces substances cristallisent en prismes rectangulaires obliques qui se clivent parallèlement aux pans d'un prisme rhomboïdal de 124° 31', ayant la base inclinée à l'axe de 106°. V. pl. 8, fig. 9.

Les amphiboles se trouvent dans les terrains de cristallisation, au milieu des gneiss. Elles sont plus généralement disséminées dans la dolomie, les roches talqueuses, le quarz, etc.

TRÉMOLITE. Grammatite, amiante. La trémolite est à bases de chaux et de magnésie. Elle cristallise en prismes obliques rhomboïdaux de 126° à 127°. Elle est blanche ou verdâtre, et ordinairement peu colorée. Sa densité est de 2,9 à 3,15. Elle raye très difficilement le verre, n'abandonne pas d'eau par calcination; fond au chalumeau, en verre blanc translucide ou opaque. L'oxalate d'ammoniaque, et ensuite le carbonate de soude, produisent des précipités abondans d'oxalate de chaux et de carbonate de magnésie dans la solution de cette substance.

La trémolite se trouve, tantôt blanche et translucide, à Gullsjo; tantôt jaunâtre, à Fahlun; quelquefois d'un gris brunâtre, ce qui indique qu'elle est impure.

L'espèce nommée *humboldtilite* se trouve placée ici après la trémolite, à cause de sa composition, qui la rapproche beaucoup de cette dernière. Elle cristallise en prismes droits à base carrée, raye le verre, a une densité de 3,104, et donne de la silice en gelée par les acides. Elle se trouve aux environs du Vésuve.

ACTINOTE. Schorl vert, amphibolite, asbeste. Cette substance, d'une couleur vert noirâtre, plus ou moins intense, est à bases de chaux et de protoxide de fer. Elle cristallise en prismes obliques rhomboïdaux de 124° 30'. Elle raye le verre; son poids spécifique varie de 3 à 3,55. L'actinote est difficilement attaquée par les acides; fusible au chalumeau, en verre noirâtre. Le cyano-ferrure jaune de potassium donne naissance à un précipité bleu dans la solution de cette substance. On y reconnaît la présence de la chaux par l'oxalate d'ammoniaque.

On donne le nom d'amiante à diverses substances minérales, en prismes très déliés imitant quelquefois des fils de matières organiques, et pouvant même être filés et tissés en les mêlant avec du coton que l'on brûle quand l'opération est terminée. L'amiante résiste au feu et le tissu conserve ses propriétés. Ces substances appartiennent, dans la plupart des cas, à l'amphibole; mais on en trouve aussi dans les pyroxènes, etc.

Silicates manganésiens †††††.

Ces silicates, fondus avec de la potasse, donnent une coloration verte très apparente. Chauffés au chalumeau avec du borax, ils le colorent en violet au feu d'oxidation. Enfin la liqueur qui provient du traitement du silicate par la soude, etc., donne, avec le sulfhydrate d'ammoniaque, un précipité rose de sulfure de manganèse.

Rhodonite. *Hydropite, manganèse rose*. Ce silicate est représenté par $2 O^3 Si^2$, $3 O Mn$. (**V.** pyroxène, *Rothbraunsteinerz*). Il est toujours de couleur rose violacé, à structure compacte et granulaire, très rarement cristallisé en prismes rhomboïdaux inclinés de 87° 5′. Sa densité est de 3,6 à 3,9.

Cette substance raye fortement le verre et est assez dure pour faire feu sous le briquet. Elle fond, au feu de réduction, en émail rose, et donne, par la potasse, la couleur verte qui caractérise le manganèse.

Le rhodonite, qui se présente cristallisé, lamellaire, granulaire ou compacte, se trouve, en Suède, au milieu de l'oxide de fer magnétique, ou avec du plomb argentifère (Kapnik, Nagy-ag, en Transylvanie). Les belles variétés compactes de cette substance sont employées pour faire des boîtes et d'autres objets.

La *torrélite* est une substance qui paraît se rapprocher beaucoup du rhodonite. Elle en diffère cependant en ce qu'elle est infusible au chalumeau, qu'elle contient de la chaux, de l'oxide de manganèse et peut-être du cérium.

Elle a été rencontrée dans le New-Jersey, parmi des minerais de fer.

Marceline. *Manganèse de Piémont*. La marceline est un silicate de sesqui-oxide de manganèse; elle a pour formule $O^3 Si^2$, $O^3 Mn^2$. De couleur noirâtre, elle a un faible éclat métalloïdique; elle cristallise en octaèdre à base carrée. Sa densité égale 3, 8. Elle peut fondre au chalumeau sans changer de couleur, et donne du chlore gazeux par l'acide chlorhydrique.

Cette substance n'a encore été trouvée qu'à Saint-Marcel, en Piémont, où elle est en assez grande quantité parmi les micaschistes.

Opsimose. Cette substance est amorphe, noire, et donne une poudre brun jaunâtre; la chaleur en dégage de l'eau, la rend d'une couleur gris clair, et peut ensuite la fondre en verre vert ou noir, suivant qu'on cherche à la réduire ou à l'oxider. Elle est attaquée par les acides, et la solution précipite en rose par les sulfures alcalins.

L'opsimose est composée de $O^3 Si^2$, $3 (O Mn)$, $+ 3 O H^2$. On ne l'a encore rencontrée qu'à Klaperude, en Dalécarlie.

Photizite. Le photizite est de couleur rose, jaunâtre, grise, etc.; compacte et panaché. Il raye le rhodonite; sa densité est 2,8. Il donne de l'eau par la chaleur et ne fond que très difficilement. Sa composition n'est point parfaitement déterminée; on sait seulement que c'est un silicate de manganèse, contenant souvent du carbonate qui s'y trouve mélangé.

L'*allagite* est encore un silicate de manganèse mélangé de carbonate du même oxide. Cette substance, qui est verte ou brune rougeâtre, est compacte et quelquefois fibreuse. Elle ne donne pas d'eau par calcination.

Bustamite. Cette espèce est un silicate où une partie du protoxide de manganèse est remplacée par de la chaux.

$2 O^3 Si^2, 3 \begin{Bmatrix} O\ Mn \\ O\ Ca \end{Bmatrix}$. Elle se trouve en globules, dont l'intérieur présente une structure radiée; les globules sont opaques et de couleur gris pâle, tirant sur le rose ou le vert. Cette matière raye le feldspath. Sa densité est 3,12 à 3,23.

La Bustamite a été trouvée dans l'intendance de Puebla, au Mexique. Jusqu'ici on ignore son gisement.

Pyrodmalite. Cette substance est un silicate de fer et de manganèse, où se trouve de plus une certaine quantité de chlorure de fer, $2 O^3 Si^2, 3 \begin{Bmatrix} O\ Mn \\ O\ Fe \end{Bmatrix}$, plus le chlorure. Elle est de couleur brun verdâtre cristallisant en prismes obliques à six pans, et pouvant se cliver facilement. Sa pesanteur spécifique est 3,08. Elle est entamée très fortement par le verre; quand on le chauffe, elle donne d'abord un peu d'eau, puis une matière jaune odorante, qui est le chlorure de fer; si on la fond au chalumeau, on obtient un globule noir, qui, avec la soude, fournit la réaction de l'oxide de manganèse.

Cette espèce se trouve dans des masses de fer magnétiques, à Bjelke, en Vermeland.

La *knébélite* $O^3 Si^2, 3 \begin{Bmatrix} O\ Mn \\ O\ Fe \end{Bmatrix}$ vient se placer ici naturellement. Elle est compacte, d'un gris verdâtre, et fusible au chalumeau.

Silicates ferreux ††††††.

Ces substances, en partie solubles dans l'acide chlorhydrique, donnent une liqueur qui précipite abondamment en bleu par le cyanure jaune de potassium et de fer.

Cronstedtite. *Chloromélane.* Silicate de fer hydraté $O^3 Si^2, O\ Fe +$ Aq, cristallisant en petits prismes à six pans, noirs, solubles en gelée dans l'acide chlorhydrique. Densité $= 3,348$. Ce silicate se trouve aux environs de Pzibram, en Bohême, et dans le Cornwall.

La *chloropale* a une composition qui peut être représentée par $O^3 Si^2, O\ Fe + 3$ Aq. Elle est compacte, de belle couleur verte; fond, au chalumeau, en verre noir, et se trouve à Unghar.

La *thraulite* est un silicate de peroxide et de protoxide de fer, soluble dans l'acide chlorhydrique. On la rencontre, mêlée de sulfure de fer, à Bodennais, en Bavière.

ILVAITE. *Yénite, liévrite.* $O^3 Si^2, 3 \begin{Bmatrix} O\ Fe \\ O\ Ca \end{Bmatrix}$. Cette substance, de couleur noire, cristallise en prismes rhomboïdaux de $111^\circ 30'$. Elle est rayée par le quarz, raye le verre; a une densité de 3,82 à 4,06; fond, au chalumeau, en masse noire. Cette matière, attaquée par les acides, donne une solution où il se forme un abondant précipité d'oxalate de chaux par l'oxalate d'ammoniaque, et un précipité de bleu de Prusse par le cyanure jaune.

L'ilvaïte se présente en cristaux, ou fibreuse, bacillaire, compacte, etc. Sa principale localité est à l'île d'Elbe; elle est au milieu de roches micacées et talqueuses.

PÉRIDOT. *Chrysolite, olivine, hyalo-sidérite.* Même composition que l'ilvaïte, à cela près que la magnésie remplace la chaux. $O^3 Si^2,$ $3 \begin{Bmatrix} O\ Ma \\ O\ Fe \end{Bmatrix}$. Cette substance se trouve en cristaux vitreux, d'un vert foncé, dont la forme est un prisme à base triangulaire; elle est presque aussi dure que le quarz. Sa densité est 3,3 à 3,4. Aucun acide ne peut la dissoudre et elle résiste au feu du chalumeau.

Le péridot se trouve dans les laves du Vésuve, et surtout parmi les basaltes (Auvergne, bords du Rhin, Saxe, Irlande, etc.) On le rencontre encore dans les géodes de fer météorique de Sibérie.

La *bronzite de Styrie* est encore un silicate de magnésie et de fer.

Silicates cériques ††††††.

CÉRÉRITE. *Cérite, ochroïte.* Cette espèce est un silicate de cérium, hydraté. $O^3 Si^2, 3\ (O\ Ce) + 3\ O\ H^2$. Elle est de couleur rose, violâtre, brunâtre; d'une densité de 4,93, donnant de l'eau par calcination, infusible, rayant à peine le verre, et soluble dans les acides. Sa solution donne, par l'oxalate d'ammoniaque, un précipité qui devient rouge brique par calcination. Le cérérite se trouve avec la cérine dans les mines de Saint-Gorans, en Suède.

CÉRINE. *Cérérine.* Ce minéral compacte, noir brunâtre, opaque, d'une densité de 3,77 à 3,8, raye le verre, ne donne pas d'eau par la chaleur, est infusible; soluble en partie dans les acides. La solution présente les mêmes caractères que celle de la cérérite. La cérine est composée de silice, d'alumine, d'oxides de cérium, de fer et de calcium.

Elle se trouve, accompagnant la cérérite, au milieu des amphiboles et des micas, dans les mines de cuivre de Saint-Gorans, à Riddarhytta.

L'allanite est une substance qui se rapproche de la cérine par sa composition, mais elle ne contient point de chaux. Sa forme cristalline paraît se rapporter à un prisme à base carrée. Elle est vitreuse, noire, rayant le verre, peu fusible au chalumeau, attaquable par les acides. La solution jouit des caractères propres aux sels de cérium. V. *Cérérite*, p. 137.

Cette substance se trouve au Groenland, au milieu de roches micacées.

L'orthite et la *pyrorthite* sont encore des substances contenant de l'oxide de cérium, de fer, de chaux, etc. De plus, on y trouve de l'yttria.

Ces espèces donnent de l'eau par calcination, et sont attaquables par les acides. Les solutions donnent la réaction du cérium. Elles se trouvent, à côté de la gadolinite et des mines de cérium, à Fimbo, Korarf, etc.

Silicates zinciques ††††††††.

Ces silicates donnent, quand on les traite par un acide, une liqueur qui précipite en blanc par l'hydrosulfate d'ammoniaque. L'ammoniaque y fait aussi naître un précipité qu'elle peut redissoudre.

Willelmine. Ce silicate a pour formule $O^3 Si^2$, $3 O Zn$. Il cristallise en prisme régulier à bases hexagonales terminé par des rhomboèdres. Sa densité égale 4,18. On la trouve avec la calamine de la vieille montagne dans le Limbourg.

Calamine, *hopéite.* Cette substance est de couleur blanche ou gris rose. Les cristaux qu'elle forme dérivent d'un prisme rhomboïdal de 102° 3o', dont la hauteur et les diagonales présentent le rapport des nombres 7, 14 et 12. Sa densité est 3, 42. Elle est assez dure pour rayer le spath-fluor ; une pointe d'acier l'entame difficilement ; chauffée, elle donne de l'eau, mais ne fond pas même à un feu très fort. Les acides peuvent la dissoudre en laissant un résidu siliceux. La solution précipite en blanc par l'hydrosulfate d'ammoniaque, et aussi en blanc par l'ammoniaque qui redissout bientôt le précipité formé.

La composition de la calamine est $O^3 Si^2$, $3 OZn + OH^2 \infty$.

On rencontre plusieurs variétés de calamine, telles que cristallisée, stalactitique, globuliforme, fibreuse, lamellaire, terreuse, etc.

On la trouve ordinairement dans des dépôts métallifères, particulièrement dans ceux de plomb et de cuivre. (Ecosse ; Gazimour, en Sibérie ; Rutland, au Derbyshire, etc.)

La calamine sert, dans les arts, à la préparation du zinc et du laiton.

(On a aussi donné le nom de calamine au carbonate de zinc.)

Silicates cupriques ††††††††.

La solution qui reste après le traitement de la silice donne une belle couleur bleue par l'ammoniaque, et un précipité marron par le cyanure jaune de potassium et de fer.

Chrysocolle, *cuivre hydraté siliceux, hydrophane cuivreuse.* La chrysocolle est d'une couleur verte tirant sur le bleu ; elle est compacte, se casse irrégulièrement et possède un éclat semi-vitreux. Elle est très fragile, est rayée par une pointe d'acier. Sa densité est de 2,031 à 2,159.

Si on la chauffe, elle noircit en abandonnant de l'eau. Attaquée par les acides, elle laisse une gelée siliceuse, et la solution jouit des propriétés énumérées plus haut. Sa formule est $2\,(O^3\,Si^2)$, $3\,(O\,Cu)$ $+\,6\,OH^2$.

Cette substance, souvent mêlée d'azurite, se trouve en petites masses avec les différentes mines de cuivre. Elle se rencontre principalement en Sibérie, Thuringe, Saxe, Sommerville, dans le New-Jersey, etc.

Dioptase, *achirite* $2\,(O^3\,Si^2)$, $3\,(O\,Cu)$ $+\,3\,OH^2$. Substance cristallisant en rhomboèdres de 125° 58', matière verte, vitreuse, d'une densité de 3, 3, donnant de l'eau par calcination, infusible ; difficilement attaquable par les acides qui laissent une solution où l'on reconnaît le cuivre. Se trouve dans le pays des Kirguis. Très rare.

* *Silicates d'alumine ou de ses isomorphes, et silicate de chaux ou de ses isomorphes.*

Ces substances, traitées à chaud par le carbonate de soude sec, puis par un acide, et ensuite desséchées, laissent un résidu de silice, quand on reprend la matière par l'eau acidulée. La liqueur qui en résulte précipite en blanc ou en rouge brique par l'ammoniaque. Le précipité blanc est de l'alumine, et le rouge du sesqui-oxide de fer.

La liqueur donne ensuite les réactions de la chaux ou de ses isomorphes.

SILICATES ANHYDRES.

Ne donnant pas d'eau par calcination.

Micas. On a réuni sous ce nom une foule de substances dont l'aspect ressemble à un type primitif du même nom ; mais peut-être sont-elles toutes différentes entre elles ?

On leur donne pour caractère d'être foliacées, d'avoir une surface brillante et miroitante, de pouvoir se diviser en feuillets minces et de cristalliser de certaines manières, ce qui est indiqué par leurs propriétés optiques qui servent aussi à les grouper tant bien que mal. C'est ainsi que l'on distingue des micas à un ou deux axes de double réfraction.

Mica à un axe de double réfraction.

Ils font voir une croix noire entourée d'anneaux circulaires colorés, quand on les place entre deux tourmalines croisées.

Ils sembleraient cristalliser dans le système rhomboédrique.

1° *Axe attractif.*

Micas en prismes hexagones, d'un éclat onctueux, de couleur verdâtre. (Vallée d'Ala, en Piémont.)

2° *Axe répulsif.*

Micas en feuilles vertes, noirâtres (de Sibérie); jaunâtres, nacrées (Moscovie); en lames rouges, vert sombre.

Mica à deux axes de double réfraction.

Quand un feuillet de ce mica est placé entre des tourmalines croisées, on aperçoit plusieurs lignes noires qui traversent deux systèmes différens de bandes colorées et elliptiques. Dans ce cas, les axes sont toujours répulsifs. Le système cristallin de ces substances semble être un prisme rhomboïdal droit ou oblique.

Ces micas se présentent blancs, nacrés, en paillettes entassées les unes sur les autres (Zillerthal); vitreux, dont l'écart des axes de double réfraction est de 64° (Moscovie); de Zuiwald, dont l'écart est de 50°; violâtre, des États-Unis, l'écart est de 76°.

Il y en a encore d'autres qui sont appelés *Lépidolites.* Ces lépidolites sont de couleurs diverses, jaune, verdâtre, rose, violâtre, en masses écailleuses; ces petites écailles fondent au chalumeau en émail blanc et avec boursouflement. Elles contiennent de la lithine.

Enfin on rencontre des micas cristallisés en prismes rhomboïdaux, du mica globulaire, lamellaire, écailleux, fibreux et de presque toutes les couleurs.

M. Rose a fait voir par des analyses exactes que tous les micas contiennent de l'acide fluorhydrique. De toutes ces analyses, on n'a encore pu tirer qu'une formule très incertaine qui serait :

$$(O^1 Si^3), \begin{Bmatrix} O^3 Al^2 \\ O^3 Fe^2 \end{Bmatrix}_3 \begin{Bmatrix} O\ K \\ O\ Li \\ O\ Ma \\ O\ Mn \end{Bmatrix} \quad \text{On en a rencontré qui contenaient une certaine quantité d'eau.}$$

Les micas se rencontrent dans tous les terrains de cristallisation, et particulièrement dans les terrains primitifs et intermédiaires. Ils se trouvent encore en petites paillettes dans les sables, les matières arénacées.

Il font la base de certaines roches, telles que les granites, les gneiss, les micaschistes, etc.

Ils ont des usages particuliers.

Nacrite. Substance blanchâtre, d'un éclat nacré, en masses granuleuses qui se divisent en écailles. Sa formule est $2 (O^3 Si^2), O^3 Al^2, OK$.

Sordawalite. Substance de couleur noire qui passe au gris et au vert, opaque, à cassure irrégulière ; d'une densité de 2, 58. Elle ne raye pas le verre et est rayée par le feldspath. Elle fond au chalumeau en boule noire, qui prend un aspect métallique au feu de réduction. Ses élémens constitutifs sont la silice, l'alumine, la magnésie et le protoxide de fer.

Cette matière a été trouvée dans des roches argileuses de Sordawala (Finlande).

Achmite. L'achmite a pour formule $3 (O^3 Si^2), O^3 Fe^2, O Na$. C'est une substance d'un vert foncé, pouvant cristalliser en prismes rhomboïdaux. Les cristaux se clivent parallèlement à leurs faces. Son poids spécifique égale 3,24.

Elle raye le verre, fond au chalumeau en boule noire, et n'est pas attaquée par les acides.

La solution qui provient du traitement de la silice, etc., précipite en rouge brique par l'ammoniaque, et la liqueur restante contient de la soude.

Elle se trouve au milieu du quarz, à Kongsberg, en Norwége

Giéseckite $3 (O^3 Si^2), 2 (O^3 Al^2), OK$. Les cristaux de ce minéral sont des prismes rhomboïdaux ou à six pans. Il est gris verdâtre, tendre, d'une densité de 2,78 à 2,82, est entamé par une pointe d'acier ; ne donne pas d'eau par la calcination.

Après le traitement pour isoler la silice, on a une liqueur dont l'albumine est précipitée en blanc par l'ammoniaque ; la liqueur restante donne un précipité cristallin de bitartrate de potasse par un excés d'acide tartrique après avoir été concentrée.

Cette substance se trouve enclavée dans le porphyre, en Groenland.

Chlorite. Cette substance est verte ; sa masse est composée de petites lames brillantes dont on n'a pu déterminer la forme. Cette matière est opaque, plus ou moins résistante au choc, suivant qu'elle est plus ou moins compacte. Elle ne donne pas d'eau par calcination. Sa composition, au reste, n'est pas encore bien déterminée. Elle contient de la silice, de l'alumine, de la potasse, de la chaux, de la magnésie et de l'oxide de fer.

La *couzeranite* a une composition analogue à l'espèce précédente ; elle cristallise en prismes rhomboïdaux de 84° ; elle raye facilement le verre, fond au chalumeau en verre blanc opaque. Sa densité est 2,69. Se trouve dans les Pyrénées.

Smaragdite, *diallage vert*. Cette matière est d'un beau vert, d'une texture feuilletée d'un éclat nacré. Sa densité est 3. Elle est presque aussi dure que le verre, fond au chalumeau en verre verdâtre et contient de la silice et de l'alumine, des protoxides de manganèse et de fer et de la chaux.

On l'a rencontrée dans les Alpes.

Cordiérite. *Dichroïte, iolite péliom, sidérite*. La cordiérite cristallise en prisme hexaèdre régulier ; quelquefois elle est en masse translucide violâtre ou bleuâtre ; sa densité est de 2,56. Elle est rayée par la topaze, raye le verre ; chauffée, elle ne donne pas d'eau, fond difficilement ; les acides ne l'attaquent pas. Sa formule est $(O^3 Si^2)^3$, $O^3 Al^2$, $(O Ma)^3$.

Cette substance se trouve parmi les granites (Bodennais, en Bavière) dans le cuivre pyriteux (Fahlun, en Suède).

La cordiérite présente le dichroïsme à un très haut degré ; de là son surnom de dichroïte. Elle est employée comme pierre d'ornement.

Wernérite. *Parenthine, scapolite, rapidolite, micarelle*. $2 (O^3 Si^2)$, $O^3 Al^2$, $O Ca$. Elle se trouve en cristaux, dérivant d'un prisme à base carrée. Elle est vitreuse, de couleur blanche, grise, verdâtre ou rougeâtre, d'un poids spécifique de 2,5 à 2,7. Elle raye le verre, fond au chalumeau, est très difficilement attaquée par les acides. Après le traitement de la silice et de l'alumine, il reste une liqueur qui précipite en blanc par l'oxalate d'ammoniaque.

La wernérite se trouve cristallisée ou bacillaire, compacte, etc. Elle se rencontre principalement dans les masses de minerais de fer qui traversent le gneiss (Arendal, Norwége ; Sjosa), dans le cuivre pyriteux de Garpenberg, en Dalécarlie, etc.

L'*arktizite* est un silicate d'alumine et de chaux ferrifère qui paraît se rapporter à la wernérite.

Meionite. *Hyacinthe blanche de la Somma*. $4 O^3 Si^2$, $2 O^3 Al^2$, $3 O Ca$. Cristaux dérivant d'un prisme droit à base carrée. Couleur blanche. Densité égale à 2,612. Rayant le verre ; fusible au chalumeau avec bouillonnement. Se dissolvant dans les acides en laissant une gelée siliceuse ; liqueur donnant un précipité blanc par l'oxalate d'ammoniaque.

Elle se trouve dans la dolomie, au Vésuve, et à Sterzing dans le Tyrol.

Dypire. Cette substance cristallise en très petits prismes à base d'octogone régulier. C'est un silicate alumino-calcaire. Sa densité est 2,63. Elle raye le verre, blanchit au feu, fond en verre blanc rempli de bulles. Les acides l'attaquent en donnant une solution qui précipite par l'oxalate d'ammoniaque.

Épidote. L'épidote forme un groupe dans lequel se trouve la *zoïsite* et la *thallite*. La formule générale de ces substances est 3 O^3 Si ^{2}, 2 O^3 X^2, 3 $O\triangle$.

ZOISITE. Épidote blanc à base d'alumine et de chaux. Cette substance est blanche grisâtre, cristallisée en prisme oblique, dont la base est inclinée à l'axe de 116° 40'. Se clivant facilement par deux plans parallèles. Sa densité est de 3,26 à 3,33. Elle raye le verre, est rayée par le quarz ; au chalumeau, elle se boursoufle et fond légèrement ; elle n'est pas attaquée par les acides.

La zoïsite se trouve dans le Vallais, la Carinthie, etc.

THALLITE. Épidote, pistacite, delphinite, arendalite, stralite, schorl vert. Épidote à base d'alumine et d'oxide de fer. Ce minéral est d'un beau vert, en cristaux, dérivant d'un prisme rectangulaire oblique, dont la base est inclinée à l'axe de 115° 30'. Il est moins dur que le quarz, mais plus dur que le verre. Son poids spécifique est 3,42. Par l'action du feu il se boursoufle et fond sur les bords sans donner d'eau. Les acides ne l'attaquent pas. Sa solution donne un précipité de bleu de Prusse par le cyanure jaune.

La thallite se rencontre le plus ordinairement sous forme bacillaire et de couleur verte. Elle appartient aux terrains de cristallisation, et se trouve en grande quantité dans le Dauphiné, à Arendal, en Norwége, etc.

Idocrase. *Vésuvienne, sommervilite, cyprine, chrysolite, égérane,* *loboïte* 3 (O^3 Si ^{2}), O^3 Al^2, 6 $\left\{ \begin{array}{l} O\ Ca \\ O\ Ma \\ O\ Mn \\ O\ Fe \end{array} \right\}$. L'idocrase cristallise dans le système prismatique à base carrée. Sa densité varie de 3 à 3,45. Elle raye à peine le quarz. Elle fond au chalumeau ; elle est soluble en partie dans les acides, dont la liqueur précipite par l'oxalate d'ammoniaque. L'idocrase se montre cristallisée, cylindroïde, bacillaire, compacte, lithoïde ; de couleur verte, brune, noire, etc.

Elle se trouve en petits filons dans le gneiss, le micaschiste, les serpentines (Alpes et Pyrénées), dans la dolomie, les laves du Vésuve.

Les minéraux nommés *vésuvienne, loboïte, cyprine* sont probablement des sous-espèces de l'idocrase, et particulièrement la cyprine, qui est bleue, à cause de l'oxide de cuivre qu'elle contient.

Les idocrases sont quelquefois taillées pour la bijouterie.

GEHLENITE. *Stylobate.* Cette substance est composée de silicate d'alumine, de sesqui-oxide de fer et de chaux. Elle cristallise en prisme droit à base carrée ; elle est grise, verdâtre, d'une densité de 2,98 à 3,02. Le feu du chalumeau ne peut la fondre. Elle est soluble par digestion dans les acides. La solution donne la réaction de la chaux.

La gehlenite se trouve au milieu de calcaire laminaire dans la vallée de Fassa, en Tyrol, qui est sa seule localité.

ANDALOUSITE. *Feldspath apyre, stanzaïte, micaphyllite, macle, jamesontie.*

$$4\ O^3\ Si\ ^2.\ 6\ O^3\ Al^2 \begin{Bmatrix} O\ K \\ O\ Ca \end{Bmatrix}.$$ L'andalousite cristallise en prisme droit à base carrée. Sa couleur est le gris, le vert, le rougeâtre, le rouge. Elle raye le quarz. Sa pesanteur spécifique est de 3,10 à 3,16. Elle est infusible au feu du chalumeau et inattaquable par les acides.

L'andalousite appartient aux terrains de cristallisation anciens. Elle se trouve dans le granit près Montbrison, dans le gneiss (Écosse), dans le micaschiste (Landeck, en Sibérie ; Cordoso et Tolède, Castille).

ANTOPHYLLITE. Substance cristallisant en prismes rhomboïdaux d'environ 116°. Elle est brunâtre, d'un éclat métalloïde, d'une densité de 2,3. Elle est rayée par le quarz, raye difficilement le verre ; est infusible au chalumeau. Elle est formée de silice, d'alumine, de magnésie et de protoxide de fer.

Elle a été rencontrée parmi le micaschiste, à Kiernerudwasser, près de Kongsberg, en Norwége.

GRENATS. Le genre grenat a la formule $$\begin{matrix} O^3\ Si\ ^2 \\ O^3\ Al^2 \\ O^3\ Fe^? \\ O^3\ Mn^2 \\ O^3\ Cr^2 \end{matrix} \begin{Bmatrix} O\ Mn. \\ O\ Ma. \\ O\ Fe. \\ O\ Ca. \end{Bmatrix}$$

Il devrait, à cause de cela, rentrer dans les silicates simples, les sesqui-oxides remplaçant la silice.

Ces substances sont vitreuses, cristallisent dans le système cubique, et affectent principalement la forme du dodécaèdre rhomboïdal et du trapézoèdre. Leur densité varie de 3,35 à 4,24. Elles sont toutes fusibles au chalumeau.

GROSSULAIRE. *Aplome, colophonite, essonite, topazolite, erlane.* Cette substance est de différentes couleurs ; tantôt elle est verdâtre, tantôt jaunâtre, quelquefois rouge orange. Sa densité est 3,35 à 3,73. Elle raye le quarz; au chalumeau elle fond en boule; quand elle est réduite en poussière elle se dissout en partie dans l'acide chlorhydrique, d'où l'oxalate d'ammoniaque en précipite la chaux. Ce grenat, outre la silice, renferme de l'alumine et de la chaux. Sa formule est 2 O³ Si², O³ Al², 3 O Ca.

ILMANDINE. Pyrope, grenat syrien. Cette substance est d'un rouge violet, quelquefois brune ou noire. Ici le protoxide de fer remplace la chaux qui se trouvait dans l'espèce précédente. L'almandine cristallise en dodécaèdre rhomboïdal. Elle raye le quarz. Sa densité est de 3,90 à 4,23.

Soumise au feu du chalumeau, elle fond en globule noir métalloïde, presque toujours magnétique. Les acides ne l'attaquent pas. La liqueur provenant du traitement de la silice, précipite en bleu par le cyano-ferrure jaune de potassium.

MÉLANITE. Allochroïte, pyrénéite? rothoffite. Dans cette espèce, l'alumine de l'espèce grossulaire est remplacée par le sesqui-oxide de fer. La base est la chaux. La mélanite est de couleur jaunâtre, brunâtre ou noirâtre; elle est à peu près aussi dure que le quarz. Sa pesanteur spécifique varie de 3,55 à 3,96. Au chalumeau elle fond en globule vitreux, noir et magnétique.

L'acide chlorhydrique peut la dissoudre en partie, et la solution donne les réactions du fer et de la chaux.

PESSARTINE. La spessartine est un silicate d'alumine et de protoxide de manganèse. Cette substance raye le quarz; elle est rouge brunâtre. Sa densité est de 3,6 à 4,10.

Chauffée au chalumeau avec de la soude, elle donne la couleur verte qui caractérise l'oxide de manganèse.

VARIÉTÉS. Les grenats se trouvent en dodécaèdres rhomboïdaux ou en trapézoèdres. Quelquefois ils sont sphéroïdes ou granulaires; souvent ils ont un éclat résineux qui indique une grande fragilité (Beudant).

Les grenats sont généralement disséminés dans tous les dépôts de cristallisation, mais principalement dans les mica-chistes. Le grenat se trouve partout où sont ces roches. On en trouve aussi dans les pégmatites (Haddam, Connecticut), dans les serpentines (Bohème; Piémont). Ils se rencontrent encore dans les basaltes (Bellos, environs de Lisbonne), dans les roches basaltiques (Vésuve). On en remarque quelquefois dans des filons métalliques (Fahlun, Suède; Arendal, Norwége).

Le grenat est employé en bijouterie. L'almandine et l'essonite ont une assez grande valeur quand elles sont sans défauts. Les petits cristaux sont souvent réunis pour former des colliers.

FELDSPATH. Le feldspath forme un genre caractérisé par le système cristallin, qui est un prisme rhomboïdal oblique, et par la formule $4 \, O^3$

$$\text{Si }^2, \, O^3 \, Al^3, \, \begin{cases} O \, K. \\ O \, Na. \\ O \, Li. \\ O \, Ca. \end{cases}$$

ORTHOSE. Feldspath, petunzé, adulaire. Feldspath à base de potasse. Cette substance cristallise en prisme oblique rhomboïdal de 120°, incliné de 112°. Les cristaux subissent deux clivages. Sa densité égale 2,39 à 2,58.

L'orthose raye le verre. Il ne donne pas d'eau par la calcination, fond au feu du chalumeau, en émail blanc. Les acides ne l'attaquent pas.

Il y a beaucoup de variétés de cette espèce :

L'*orthose cristallisé* en prismes obliques rhomboïdaux, souvent modifiés sur les angles et les arêtes, et par l'élargissement de certaines faces. L'orthose, hémitrope, etc.

Puis il y a l'orthose globulaire, laminaire, lamellaire, schisteux; granulaire, compacte. Les couleurs et l'éclat varient aussi beaucoup.

L'orthose se trouve dans les terrains de cristallisation. Il entre comme partie constituante dans certaines roches composées, telles que du gneiss, du granit, protogyne, pegmatite, etc.

Les lieux où on le trouve en beaux cristaux sont le Saint-Gothard, les monts Adula et Stella, Baveno ; où l'on rencontre les cristaux isolés, opaques et couleur de chair, etc.

L'orthose a un assez grand nombre d'usages, à l'état de roche.

ALBITE. Schorl blanc, cléavelandite, tetartine, périkline, saccidine, feldspath à base de soude.

Cette espèce cristallise dans le système prismatique oblique, à base de parallélogramme obliquangle, et présente trois clivages différens. Sa densité est 2,61. Elle raye le verre ; elle fond en émail blanc et n'est pas attaquée par les acides. L'albite est presque toujours blanche, quelquefois jaunâtre, verdâtre, rougeâtre. Elle présente une grande variété de formes.

Elle appartient aux terrains de cristallisation, où elle se trouve au milieu des fissures de la protogyne (Bourg-d'Oisans, en Dauphiné; Baréges, Pyrénées). Elle existe aussi dans la pegmatite (Kenuto, Finlande; Candie, Ceylan), dans les trachytes (Auvergne, Hongrie, Mexique).

Elle fait partie constituante de quelques roches.

PÉTALITE. Berzelite, arfwedsonite, feldspath à base de lithine. Le pétalite est ordinairement blanc, demi-transparent, d'un éclat vitreux et nacré; il peut se cliver parallèlement aux pans d'un prisme rhomboïdal de 137°. Il raye difficilement le verre. Sa densité est égale à 2, 44.

Si on le chauffe, il ne donne pas d'eau et fond en émail blanc par un feu assez fort. Les acides ne l'attaquent pas.

Cette espèce n'a été trouvée que dans un seul endroit, dans l'île d'Uto, en Sudermanie.

Elle se rencontre avec la lépidolite et le triphane, dans des roches de pegmatites.

Feldspath du carnate, feldspath à base de chaux. Cette matière est verdâtre, tanslucide, d'un éclat gras, et possède des caractères analogues à ceux du feldspath.

Ponce. Substance légère, blanc grisâtre, poreuse, d'une structure fibreuse, présentant un éclat soyeux en quelques endroits. Cette matière est probablement le résultat de la fusion du feldspath.

Kaolin, argile à porcelaine. Il est démontré bien évidemment que cette terre provient de la décomposition du feldspath. Dans cette décomposition, la potasse et une partie de la silice seraient enlevées de manière à ce qu'il ne restât qu'un silicate d'alumine hydraté, qui serait $O^3 Si^2 + O^3 Al^2 + Aq$. Ce silicate a un aspect terreux, il est très tendre, presque toujours blanc, et se réduit en poussière par une faible pression. Sa densité est de 2,21. On ne peut le fondre au chalumeau. Le kaolin est employé dans la fabrication de la porcelaine.

Labradorite, feldspath opalin. Substance à reflets irisés, susceptible de clivage. Elle raye le verre. Sa densité égale 2,70.

Chauffée au chalumeau, elle fond en verre bulleux. L'acide chlorhydrique la dissout en partie, et la solution neutralisée précipite en blanc par l'oxalate d'ammoniaque. Outre la silice et l'alumine, ce silicate contient de la chaux et de la soude.

Le labradorite se rencontre dans les granits en masses roulées. On l'observe principalement sur la côte du Labrador; il se trouve aussi sur le rivage de la Néva (Finlande).

ANORTHITE. Cette substance présente des cristaux dérivant d'un prisme oblique, à base de parallélogramme obliquangle et donnant deux clivages. Sa densité est de 2,763. L'anorthite peut rayer le verre, ne donne pas d'eau par calcination et fond au chalumeau en émail blanc. L'acide chlorhydrique l'attaque en donnant une solution qui présente les caractères des sels de chaux et de magnésie.

Elle se trouve dans la dolomie de la Somma.

Obsidienne et *marekanite*. Ces substances sont vitreuses, souvent colorées en noir, quelquefois vertes, fusibles avec boursouflement, en émail blanc.

Elles se trouvent dans les produits des volcans.

Le *pétro-silex* est compacte, d'un éclat gras. Il est composé de silice, d'alumine et des protoxides de sodium, de calcium et de fer.

La *rétinite* est vitreuse, lithoïde, fond au chalumeau en émail blanc; elle appartient au grès houiller, et se trouve en Saxe, à Grantola, sur le lac Majeur, dans l'île d'Aran. Elle contient les mêmes substances que le pétro-silex.

Le *jade néphrétique* est blanc verdâtre, compacte, d'un poids spécifique de 2,95, rayant le verre et fusible au chalumeau. C'est un silicate d'alumine et de magnésie.

TRIPHANE. *Spodumène, zéolithe de Suède*. Ce minéral est blanc verdâtre ou grisâtre, présente un aspect onctueux, peut se cliver parallèlement aux pans d'un prisme rhomboïdal d'environ 100°. Sa pesanteur spécifique est 3,10. Il est entamé par une pointe d'acier, fond au chalumeau en se boursouflant et laissant ensuite un verre incolore. Quand il est traité par le carbonate de soude sur une feuille de platine, il produit sur ce métal une teinte brune qui indique la présence de la lithine. Sa formule est 3 O³ Si ², O³ Al³, O Li.

Le triphane se trouve en petits amas dans les roches granitiques, quelquefois en couches légères (Uto en Sudermanie; Killing, près de Dublin; Sterling, dans le Massachussets).

NÉPHÉLINE. *Sommite, pinguite, eléolite. Pseudo-néphéline*, 4 O³ Si², 3 O³ Al³, 3 O Na. Cette substance est blanche; elle peut cristalliser en prisme à base d'hexagone régulier. Sa densité est 2,50 à 2,76. Elle raye le verre, et fond au chalumeau en un verre rempli de bulles. Les acides l'attaquent en laissant un résidu siliceux.

La néphéline se rencontre exclusivement dans les terrains volcaniques. Elle se trouve dans la dolomie de la Somma.

La structure variée de la néphéline lui fait prendre des noms différens. Quand elle a une forme *aciculaire* ou *capillaire*, elle est appelée *pseudo-néphéline* (Capo-di-Bove, près de Rome). Si elle est compacte, d'un aspect gras et de couleur rouge ou verdâtre, elle constitue *l'éléolithe*, qui se trouve en Norwége.

Amphigène. *Leucite, grenatite, grenat blanc, leucolite.* $8\,O^3\,Si$, $3\,O^3\,Al^2$, $3\,OK$. Cette substance cristallise en dodécaèdres rhomboïdaux ou en trapézoèdres : les cristaux bien formés sont de couleur grise. Ils ont une densité de 2,37 à 2,48, et rayent difficilement le verre.

Chauffés, ils ne donnent pas d'eau et ne fondent pas. Ils sont attaqués par les acides ; il en résulte une liqueur qui, évaporée et reprise par l'eau, donne par le chlorure de platine un précipité jaune de chlorure double de potassium et de platine.

Cette substance se trouve en beaux cristaux isolés dans les laves récentes ou anciennes du Vésuve et dans la plupart des roches volcaniques (Tivoli, Albano, dolomie de la Somma).

Sodalite. Cette espèce se trouve cristallisée en dodécaèdre rhomboïdal. Elle raye le verre, a une densité de 2,37, fond difficilement et se dissout en partie dans l'acide nitrique. La solution précipite par le nitrate d'argent, car la sodalite contient de l'acide chlorhydrique. Sa composition, à cela près, est $6\,O^3\,Si^2$, $2\,O^3\,Al^2$, $3\,O\,Na$.

Elle se trouve dans la dolomie des environs du Vésuve, et dans le Groenland où elle se rencontre en couche de plusieurs pieds d'épaisseur.

Hauyne. *Lazulite, saphirine.* Cette substance est d'un beau bleu, vitreuse, et elle cristallise en dodécaèdre rhomboïdal ; elle raye le verre, a une densité de 2,47 à 3,33.

Elle fond au chalumeau en verre blanc. Par les acides, elle perd sa couleur en se dissolvant. La composition de l'hauyne n'est pas encore bien déterminée ; toutes les analyses que l'on en a faites ne présentent pas de rapport fixe entre les substances qui la constituent.

Elle se trouve disséminée dans les laves (Albano, Capo di Bove), dans les basaltes (Mont-Dore), etc.

Spinellane. *Nosine.* Elle est de couleur brune, grisâtre ou noirâtre. Sa forme cristalline paraît être un dodécaèdre rhomboïdal. Sa densité égale 2,28 ; elle raye le verre. Soumise à la calcination, elle donne de l'eau acidulée ; au chalumeau, elle fond en verre blanc.

Cette substance contient à peu près les mêmes principes que l'hauyne.

Elle se trouve à Laach, sur les bords du Rhin, dans une roche feld-spathique.

Adinole. *Pétro-silex agatoïde*. Cette substance est rouge, compacte, à cassure esquilleuse.

Elle raye le verre et fond difficilement au chalumeau en émail blanc.

Cette matière est un silicate alumino-sodique; elle se trouve à Sahlberg, en Suède.

Glaukolite. Elle est compacte, vitreuse, de couleur bleu violet. Sa densité est 2,7 à 2,9. Elle raye à peine le verre et fond au chalumeau en verre blanc bulleux. Sa formule est à peu près la même que celle de l'espèce précédente.

Se trouve dans des masses de granits, sur les bords du Sliudianka.

Ekebergite, sodaïte. Elle a une structure fibreuse, est compacte, de couleur verdâtre, grise, brune; son éclat est nacré. Son poids spécifique est de 2,746. Elle fond au chalumeau en verre bulleux. Sa composition est très compliquée.

La *mésole* est une substance blanche et fibreuse qui donne de l'eau par calcination. Sa composition se rapproche de celle de l'ékébergite. Elle contient de la silice, de l'alumine, de la chaux, de la soude et de l'eau.

Elle se rencontre dans les roches amygdaloïdes d'Islande, et à Pargas, en Finlande; Fassa, dans le Tyrol.

Hydrolite. *Gmelinite, sarcolite*. Substance cristallisant en prismes hexagones réguliers terminés par des pyramides à six faces. Elle a une pesanteur spécifique de 2, 03. Elle est composée de silice, d'alumine, de chaux, de soude et d'eau.

Quand on la chauffe, elle abandonne son eau de composition et fond au chalumeau en se boursouflant. Les acides l'attaquent et donnent une liqueur où l'acide oxalique fait naître un précipité blanc d'oxalate de chaux, après qu'on l'a neutralisée par l'ammoniaque.

Le *sphérolite* et la *perlite* sont deux substances analogues aux précédentes.

La *gabronite* est jaunâtre, d'un aspect gras, fond au chalumeau en donnant un verre opaque. L'acide chlorhydrique l'attaque facilement. Cette substance contient de la silice, de l'alumine, de la soude, de la magnésie et du protoxide de fer.

Atrobite, diploïte. Cette substance se présente en prismes rhomboïdaux de 93° 30'. Elle est tendre, blanchit au feu et ne fond que très difficilement.

Elle se trouve sur la côte du Labrador, mêlée avec le feldspath et le mica.

La substance nommée *weissite* n'est remarquable qu'en ce qu'elle contient de la zircone.

Suivant M. Beudant, l'*indianite* se rapprocherait beaucoup de la néphéline par sa composition et ses principaux caractères. Elle fond seulement plus facilement; elle est d'une couleur blanche rosée, se trouve au Carnate. Ses bases sont l'alumine et la chaux.

La *bombite* est une substance compacte, très finement granuleuse, noire ou bleue, d'une densité de 3,21, rayant le quarz et fusible au chalumeau en verre jaunâtre (environs de Bombay).

Thulite. Elle est formée d'un silicate d'alumine et de chaux. Sa forme cristalline est un prisme rhomboïdal de 93o 3o. Elle est de couleur rose et rougeâtre, raye le verre, et, quand on lui a fait subir le traitement par la potasse et les acides, pour avoir la silice, elle laisse une liqueur qui donne un précipité d'oxalate de chaux par l'oxalate d'ammoniaque.

Cette substance est assez rare. Elle a été trouvée avec le quarz et l'idocrase, à Suhland, dans le Tellemark, en Norwége.

Scolexerose. *Scolézite anhydre, wernérite blanche.* Ce minéral est vitreux, translucide ou opaque; il est de couleur blanchâtre ou verdâtre et possède un éclat gras. Le verre est rayé par lui. Il fond par l'action du chalumeau, se dissout dans les acides; la solution présente les caractères de sels de chaux. Sa formule paraît être semblable à celle du grenat. 2 O^3 Si ^{2}, O^3 Al^2, O Ca.

La scolexerose n'a encore été vue qu'à Pargas, en Finlande.

L'Isopyre est une matière vitreuse et grisâtre, quelquefois opaque et alors d'un beau noir velouté. Sa densité est 2,9. Elle agit facilement sur l'aiguille aimantée. Il entre dans sa composition de la silice, alumine, sesqui-oxide de fer et chaux.

Trouvée au milieu des granits, dans le Cornwall.

Les six espèces qui suivent sont considérées comme des silico-aluminates par les minéralogistes, c'est à dire qu'ils pensent que l'alumine y joue le même rôle que la silice. Comme ce rôle est réellement hypothétique dans tous les cas, j'ai cru ne pas devoir admettre cette division, tout en l'indiquant.

Berthiérine. Sa couleur est bleue, grisâtre et verdâtre; elle est magnétique à cause de la grande quantité de fer qu'elle contient. L'acier la raye facilement; les acides l'attaquent en laissant de la silice, et donnant une liqueur où le cyanure jaune fait naître un précipité de bleu de Prusse. La berthiérine se trouve mêlée avec les minerais de fer en grains (Champagne, Bourgogne, Hayange, Moselle).

La berthiérine serait un silico-aluminate de protoxide de fer hydraté.

Saphirine. Cette substance se trouve en masses cristallisées, lamellaires ; elle est d'un bleu de saphir qui varie du vert grisâtre au vert pur ; sa densité est de 3, 42 ; elle est assez dure pour rayer le quarz, mais elle est rayée par la topaze. Soumise au feu du chalumeau, elle n'est pas altérée.

L'analyse de cette substance conduit à la formule

$$O^3 Si^2, 4 O^3 Al^2, \begin{cases} O \ Ma. \\ O \ Ca. \\ O \ Fe. \end{cases}$$

Elle se montre dans le micaschiste, à Fiskenaes, dans le Groenland.

Zéolite de Borkhult. Cette espèce est un silico-aluminate de chaux hydraté.

Elle a une texture lamelleuse, est violette, d'une pesanteur spécifique de 2,28 ; rayant le verre. Par l'action du chalumeau, elle fond en verre translucide.

Elle est accompagnée de sphène, dans du calcaire de Borkhult, en Ostgœthland.

Margarite. *Silicio-aluminate calcaire.*

La margarite cristallise en petits prismes à huit pans, qui ont un éclat nacré ; ils sont rougeâtres ou grisâtres. Sa densité est 3,03. Elle a été rencontrée à Sterzing, dans le Tyrol.

Chamoisite. La chamoisite est compacte, grise-verdâtre, magnétique et rayée par l'acier ; sa densité est de 3 à 3, 4.

Chauffée, elle donne de l'eau en devenant noire ; elle est attaquée par les acides. La solution précipite en bleu par le cyano-ferrure jaune de potassium.

Cette substance se trouve en un grand nombre de petites couches dans le calcaire de Chamoison (Valais). On l'exploite comme mine de fer.

La chamoisite serait encore un silico-aluminate de fer hydraté.

Pagodite. *Agalmatolite, Lardite, Koréite.*

Elle est compacte, douce au toucher, présente un aspect onctueux, est de couleur rougeâtre, rose, grise, verdâtre : sa densité est 2,6. Une pointe d'acier la raye facilement. Elle donne de l'eau par calcination, et ne fond pas au chalumeau. Cette espèce serait un silico-aluminate de potasse hydraté dont la composition n'est pas encore bien établie.

La pagodite vient de la Chine. On en trouve à Nagy-ag dans des roches trachytiques.

Silicates doubles hydratés.

Chabasie. Ce minéral présente des cristaux dérivant d'un rhomboèdre obtus de 94° 46'. Sa formule est $3\,O^3\,Si\,^2,\,O^3\,Al^3,\,OCa,\,6\,OH^2$. Il est blanc, d'un poids spécifique de 2, 7, est rayé par l'acier. La chaleur en chasse d'abord de l'eau, puis le fond ensuite, avec bouillonnement, en verre bulleux. Mis en digestion dans les acides, il est attaqué et donne une liqueur qui précipite par l'oxalate d'ammoniaque.

La chabasie se rencontre dans les terrains basaltiques, dans des cavités, isolée d'autres substances (Fassa, Tyrol; Oberstein, dans le Palatinat; îles Faro, Skye, Mull, dans les Hébrides), et parmi des mines métalliques.

La *levyne* est une chabasie à base de soude; elle s'en distingue par ses cristaux, qui sont des rhomboèdres 10° 31'. Elle se trouve en Écosse et dans les îles Féroé.

L'*ittnérite*, appelée encore *scapolite de Kaisersthull*, contient de la silice, de l'alumine, de la magnésie, de la chaux, de la potasse et de l'eau. Elle cristallise en prisme hexagone régulier, raye le verre, a une densité de 2,3, et donne de l'eau par calcination. Chauffée fortement, elle fond en verre transparent. Les acides l'attaquent. Elle se trouve dans le Brisgau, à Kaisersthull.

Killinite. *Silicate alumino-potassique.* Par le clivage de cette substance, on obtient un prisme quadrilatère d'environ 135°. Elle est d'un vert pâle, quelquefois jaune ou brun, à structure lamelleuse; elle ne raye aucunement le verre : sa densité égale 2,70. Elle fond au chalumeau en un verre opaque blanc.

Elle se trouve en Irlande, à Killiney, d'où lui vient son nom.

Laumonite. *Zéolite efflorescente.* Cette substance est blanche; elle cristallise en prismes rhomboidaux d'environ 92° 30', dont la base est inclinée à l'axe de 125°; elle subit un clivage dans une direction parallèle aux pans du prisme : sa densité est égale à 2, 2.

Elle est d'une grande fragilité et s'effleurit par son exposition à l'air. Chauffée, elle commence par donner de l'eau, et fond ensuite en verre rempli de bulles : elle est soluble en partie dans les acides. La liqueur obtenue précipite par l'oxalate d'ammoniaque.

Elle paraît être un silicate alumineux, calcaire et hydraté.

La laumonite est toujours accompagnée d'un peu de carbonate de chaux dans les mines de plomb de Huelgoat, en Bretagne, où elle a été trouvée.

ANALCIME. *Cubicite, sarkolite.* Cette substance cristallise dans le système cubique et se trouve formée de 8 O^3 Si^2, 3 O^3 Al^2, 3 O Na, 6 OH^2. Son poids spécifique est de 2,53. Elle ne raye pas le verre, donne de l'eau par calcination, fond en verre transparent par le feu du chalumeau, et est dissoute par les acides.

L'analcime est tantôt cristallisée en beaux cubes modifiés, ou bien en trapézoèdres ; d'autres fois, elle est fibreuse, capillaire, globulaire. Elle se trouve parmi les basaltes dans un grand nombre de localités (îles de Skye, de Mull, de Staffa, Cyclope; Dumbarton en Ecosse).

MÉSOTYPE. *OEdalite, zéolite radiée, natrolite, hogaüite, crocalite.* 2 O^3 Si^2, O^3 Al^2, O Na, 2 OH^2. Elle cristallise en prismes rhomboïdaux de 91° 40'. Ses cristaux sont ordinairement blancs ou rosés ; sa pesanteur spécifique est de 2,24 à 2,256. Elle n'entame pas le verre.

Par la chaleur, elle perd de l'eau et finit par fondre en verre bulleux. Elle est soluble par digestion, dans les acides, en laissant un dépôt siliceux.

La mésotype se trouve en beaux cristaux, ordinairement réunis en faisceaux de manière à présenter une forme aciculaire; quelquefois elle présente un aspect fibreux (Islande; île Faro; Fassa, en Tyrol).

SCOLÉZITE. *Mésolite.* Cette espèce a pour formule 2 O^3 Si^2, O^3 Al^2, O Ca, 6 O H^2. Sa forme cristalline est un prisme droit à base carrée. Elle est blanche, ne raye pas le verre, a une densité de 2,21, donne de l'eau par calcination, fond difficilement au chalumeau, et est attaquée par les acides.

Cette substance se trouve en prismes terminés par des pyramides quadrangulaires; elle se trouve aussi en cristaux aciculaires et capillaires.

La scolézite se rencontre dans les terrains d'origine ignée, dans les roches amygdaloïdes et basaltiques des îles Faro, des Hébrides, de l'île Bourbon, ou dans du feldspath, comme à Aussig, en Bohême ; à Fassa, dans le Tyrol.

APOPHYLLITE. *Albine, tessélite.* Cette matière est blanche, possédant l'éclat nacré; ses cristaux dérivent d'un prisme à base carrée. Elle est composée de 10 O^3 Si^2, 8 OCa, OK, 16 O H^2? Sa densité varie de 2,335 à 2,46. Elle ne raye le verre que très difficilement. Si on la chauffe, elle donne de l'eau, puis fond ensuite au verre incolore rempli de bulles, à cause du boursouflement qui est produit.

Elle se trouve cristallisée en prismes à bases carrées et en prismes

octogones ordinairement terminés par des pyramides. Quelquefois
l'apophyllite a une structure lamellaire ou fibreuse.

Elle se trouve dans les mines de fer magnétique d'Uto, d'Hellerts,
en Suède; dans des minerais de plomb (Harz) et dans des calcaires
du Bannat.

Stilbite. *Zéolite nacrée.* 4 O³ Si², O³ Al², OCa, 6 O H². Cette espèce
est d'un blanc brillant, quelquefois rosé et allant jusqu'au rouge.
Elle cristallise en prisme rectangulaire droit, qui peut se cliver parallélement à ses faces. Sa densité égale 2,16. Elle ne raye pas le
verre, donne de l'eau par calcination, devient opaque et fond en
produisant un bouillonnement. Les acides l'attaquent en donnant
une liqueur qui précipite par l'oxalate d'ammoniaque.

La stilbite se trouve principalement dans les roches basaltiques, et
aussi dans le granite des Alpes. Ses principales localités sont les îles
Faro, Vago, les Hébrides. On le rencontre aussi au Saint-Gothard.

Epistilbite. Cette substance cristallise en prismes rhomboïdaux de
135° 20'. Elle est blanche, d'un éclat nacré, se clive facilement, a une
densité de 2,25. Chauffée, elle se boursoufle en devenant opaque, et
se fond assez difficilement. Les acides la réduisent en gelée. Sa formule est la même que celle de la stilbite, *moins une molécule d'eau.*

L'épistilbite existe dans les lieux où se trouvent la stilbite et la
heulandite, auxquelles elle est presque toujours mélangée.

Hippostilbite. Elle est blanche, globuleuse, d'un faible éclat, ne raye
pas le verre, fond difficilement, est en partie soluble dans les acides,
et est composée comme la stilbite ; mais elle contient dix-huit molécules d'eau. (Mêmes localités que l'espèce précédente.)

Sphérostilbite. La sphérostilbite est en globules blancs, d'un éclat gras,
dont l'intérieur est radié. Elle est très-tendre, est entamée par
l'ongle ; elle fond au chalumeau en se boursouflant. Les acides l'attaquent en donnant une solution, où l'oxalate d'ammoniaque fait
naître un précipité blanc.

Elle contient proportionnellement plus de chaux que l'espèce précédente.

Brewstérite. Ce minéral cristallise en prisme rectangulaire oblique,
dont la base est inclinée à l'axe de 94°. Ces cristaux, qui sont blancs
ou transparents, se clivent parallélement aux faces. Ils rayent le
verre, ont une densité de 2,4, donnant de l'eau par calcination, et
fondent difficilement au chalumeau en se boursouflant. Ils sont
attaqués par les acides, et sont composés de silice, d'alumine, de
chaux, de soude et d'eau.

La brewstérite se trouve dans des calcaires, à Stronthian, en Ecosse.

Heulandite. Cette espèce peut être considérée comme un appendice de la brewstérite, dont elle a la forme et la composition, excepté qu'elle ne contient pas de soude. Elle est blanche, clivable, fragile, ne raye pas le verre ; sa densité est de 2,51, devient opaque au feu en perdant de l'eau, et se dissout dans les acides.

La heulandite se rencontre presque partout où est la stilbite, sans cependant être mêlée avec elle.

Prehnite. *Chrysolite du Cap, koupholite.* Cette substance se trouve rarement en cristaux, qui dérivent d'un prisme droit rhomboïdal d'environ 120° 3o'. Elle est de couleur blanche, verdâtre ou jaunâtre. Elle raye le verre ; a une densité de 2,69 à 3,14 ; donne de l'eau par la chaleur, qui peut la fondre en verre bulleux. Les acides l'attaquent en laissant une gelée siliceuse. Sa formule est 2 O³ Si², O³ Al², 2 OCa, O H.

La prehnite a un grand nombre de structures différentes ; elle est tantôt cristallisée, tantôt laminiforme ; ou conchoïdale ou fibreuse, ou mamelonnée. Elle se trouve parmi les protogynes (Bourg-d'Oisans, Dauphiné ; Saint-Laurent, Luz, Pyrénées ; Fahlun, en Suède) : mamelonnée, elle se trouve à Java, au Tyrol ; aux îles de Skye. de Mull, à Dumbarton, en Ecosse.

Gismondine. *Zéagonite.* Elle cristallise en prisme droit rectangulaire. Elle contient de la silice, de l'alumine, de la chaux, de la soude et de l'eau. Elle raye le verre, est blanche ; la chaleur en chasse de l'eau et la fond en verre avec boursouflement. Elle est dissoute, en partie, par les acides.

Elle se trouve dans les roches amygdaloïdes et basaltiques de Hesse-Darmstadt, de Klipatrik, en Ecosse, et dans les anciennes laves du Vésuve.

Harmotome. *Andréolite, andréasbergolite, ercinite.* L'harmotome cristallise en prisme droit rectangulaire. Elle est composée de 8 O³ Si², 4 O³ Al², 3 O Ba, 18 O H². Sa couleur est blanche, elle ne raye que difficilement le verre ; son poids spécifique est de 2,35 à 2,40.

Le feu du chalumeau la réduit en verre limpide. Les acides la dissolvent. La liqueur donne un précipité blanc de sulfate de baryte par l'acide sulfurique.

L'harmotome se trouve à Oberstein, dans le Palatinat, et dans quelques gîtes métallifères, comme à Andréasberg, au Harz, Kongsberg, en Norwége, etc.

Carpholite. *Pierre de paille.* Cette substance est un silicate d'alumine et de manganèse hydraté. Elle est ordinairement fibreuse, brillante, d'un beau jaune paille; d'une densité de 2,93. Donnant de l'eau par calcination.

Le chalumeau la fond en verre brun. Chauffée avec le carbonate de soude, elle produit une coloration verte qui indique la présence du manganèse.

Cette espèce se trouve dans le granite, à Schlackenwalde, en Bohême.

Dans le groupe des silicates doubles hydratés, viennent se placer plusieurs silicates moins importants que les précédents, à cause du peu de connaissance que nous en avons. Tels sont :

La *pectolite*, qui est grise, nacrée, globuliforme, et raye la fluorine. C'est un silicate de potasse, de soude et de chaux hydraté.

La *pimélite*, substance vert pomme, très tendre, douce au toucher, attaquable par les acides; composée de 4 O³ Si², O³ Al', 2 O Ni, 15 O H².

La *markisonite*, silicate d'alumine et de potasse, cristallisant en prismes rectangulaires obliques, d'un blanc rougeâtre.

La *thomsonite*, qui cristallise en prisme droit, à bases carrées, dont la densité est 2,37. Elle ne raye pas le verre, est blanche, donne de l'eau par calcination, et fond difficilement au chalumeau. Sa composition est 4 O³ Si², 3 O³ Al², 3 O Ca, 6 O H². Se trouvant dans les basaltes de Klipatrick, près Dumbarton, Feroé, etc.

La *davyne*, qui cristallise en prismes hexagonaux blancs, d'une densité de 2,3, est encore un silicate alumino-calcaire hydraté. On la trouve dans les laves du Vésuve.

L'*édingtonite*, substance blanche ou grise, d'un poids spécifique de 2,71; rayant le carbonate de chaux, cristallisant en prismes rectangulaires; donnant de l'eau par calcination, et fondant en verre transparent. L'édingtonite est encore un silicate d'alumine et de chaux, contenant de l'eau, qui se trouve avec la thomsonite dans les mêmes endroits que cette dernière.

La *mésoline* est aussi un silicate alumino-calcaire hydraté, que M. Beudant rapproche de la chabasie.

La *pierre de savon*, qui est de couleur gris-bleuâtre, d'un aspect tout à fait onctueux et se coupant comme du savon. Elle est composée de silicate d'alumine et de magnésie hydraté, et se trouve dans la serpentine, au cap Lizard, dans le Cornwall.

La *sidéroschisolite* noire, en prismes à six pans, brillants ; fondant au chalumeau, en verre noir magnétique ; elle est composée de silice, d'alumine, d'oxyde de fer et d'eau.

Le *minéral de Finlande*, qui est vert noirâtre opaque, à éclat gras, d'une densité de 2,70, et possède une composition qui le rapproche de l'espèce précédente.

L'*hisingérite*, matière noire en masse, verte en poussière, tendre, d'une structure lamelleuse, fondant au chalumeau, en verre écumeux noir ; se trouvant dans la paroisse de Swarta, en Sudermanie.

Silicates d'alumine et de glucyne ††††††††††††.

Emeraude. *Béril, aigue-marine, agustite.* Ce minéral cristallise en prisme régulier à six pans. Il est quelquefois limpide et sans couleur, mais ordinairement d'un vert clair caractéristique. Sa densité est égale à 2,7. Il est rayé par la topaze et raye difficilement le quarz. Il fond difficilement au chalumeau, en verre rempli de bulles. Sa solution forme un précipité par l'ammoniaque. Ce précipité est, en partie, soluble dans le carbonate d'ammoniaque, qui prend la glucyne

et laisse l'alumine. Sa composition est $3 \ (O^3 Si^2), \begin{cases} O^3 Al^2. \\ O^3 Be^3. \end{cases}$

L'émeraude se trouve ordinairement bien cristallisée en prisme hexagonal ; d'autres fois, elle est cylindroïde, fibreuse ou compacte. Elle affecte aussi plusieurs couleurs, qui sont le bleu, le vert, le vert jaunâtre et le vert pur.

Elle se trouve disséminée dans les pegmatites (Chanteloube, près Limoges, Nantes, Autun, France ; Chattam, Haddam, dans le Connecticut), dans les schistes argileux (vallée de Tunca, au Mexique).

L'émeraude est employée comme pierre d'ornement. La plus renommée est celle du Pérou.

Euclase. Les cristaux de cette substance dérivent d'un prisme oblique rectangulaire, dont la base est inclinée à l'axe de 131° 49′. Elle raye le quarz. Sa densité est 3,06. Elle fond au chalumeau, en émail blanc. Sa solution donne les mêmes réactions que celle de l'émeraude.

Elle est composée de $O^3 Si^2, \begin{cases} O^3 Al^2. \\ O^3 Be^3. \end{cases}$

Cette substance est facilement électrique. (Minas-Geraes, au Brésil).

Cymophane. *Chrysobéril, chrysopale.* Cette substance cristallise dans le système prismatique rectangulaire, et a pour formule $O^3 Si^2$, 12 O^3 Al^2, 2 $O^3 Be^2$.

Elle est transparente, d'un vert jaunâtre, d'une densité de 3,59 à 3,75. Elle raye le verre, est infusible au feu du chalumeau, insoluble dans les acides. Elle présente les mêmes réactions que le béril.

Elle se trouve dans les pegmatites de Haddam, Connecticut; de Saratoga, New-York. Quelquefois elle est en cristaux roulés dans le sable des rivières (Ceylan, Pégu, Brésil).

La cymophane, d'une belle transparence, est taillée pour la bijouterie, où elle porte le nom de *chrysolite orientale*.

Silicates de zircone ††††††††††††.

ZIRCON. *Hyacinthe, ceylanite.* Cette espèce est de couleurs variées : elle possède particulièrement une teinte jaunâtre ou rouge. Elle est transparente, cristallise dans le système prismatique droit, à base carrée. Elle raye le quarz, se laisse entamer par la topaze. Son poids spécifique est de 4,4. Le feu du chalumeau ne peut la fondre, et elle est inattaquable par les acides. Sa solution précipite par le cyanure jaune, et, quand elle est bouillante, elle donne, par le sulfate de potasse, un précipité presque insoluble. Sa formule est $O^3 Si^2$, $O^3 Zr^2$.

Les zircons sont quelquefois cristallisés en octaèdres surbaissés, et possèdent différentes couleurs, comme le brun, le verdâtre, le jaune, le bleu, etc. Il y en a d'incolores.

Les zircons se rencontrent principalement dans les sables, où ils sont roulés par les eaux (Ceylan, Pégu). Ils se trouvent aussi dans les gneiss (Ceylan, New-Jersey), dans les trachytes (Puy-de-Dôme), dans les roches basaltiques (Expailly, bords du Rhin), etc.

On les emploie quelquefois en bijouterie.

EUDIALITE. Cette substance cristallise en rhomboèdres de 73° 40′. Elle a une structure lamelleuse, une couleur violacée, une densité de 2,89. Par l'action du chalumeau, elle fond en verre. Les acides l'attaquent, et la solution donne les caractères de la zircone. Elle est formée de silice, de zircone, de chaux, de soude et de protoxide de fer.

Elle se trouve au Groenland.

Silicate de thorine †††††††††††††.

THORITE. La thorite est amorphe, vitreuse, d'un aspect brillant et de couleur noire. Sa densité est de 4,8. Elle raye le verre, dégage de l'eau par la chaleur en passant au jaune.

Elle est formée de silice, de thorine, de chaux, de protoxide de fer, de manganèse, etc., et d'eau.

La thorite est une substance très rare, qui se trouve dans l'île de Lœven, près de Brevig (Norwége). C'est dans cette substance que M. Berzélius a découvert le thorinium.

FIN DE LA PARTIE MINÉRALOGIQUE.

TRAITÉ ÉLÉMENTAIRE

D'HISTOIRE NATURELLE.

PARTIE ANORGANIQUE.

GÉOLOGIE.

Notions générales.

La géologie, dans son acception la plus étendue, comprend l'ensemble des connaissances relatives au globe que nous habitons : la minéralogie, qui est la science des minéraux qui le constituent, la paléontologie, qui fait connaître les êtres qui ont vécu à sa surface, qui sont maintenant enfouis dans son sein et en sont devenus des parties intégrantes, appartiennent à la géologie; au moins ce sont des sciences si étroitement liées avec elle, qu'elles ne peuvent en être entièrement séparées sans devenir, pour ainsi dire, nulles. Le globe, considéré à l'extérieur, dans sa conformation, dans les accidens qui couvrent sa surface, dans les eaux qui l'entourent, donne naissance à la *Géographie physique*. Si l'on pénètre dans son intérieur, si l'on examine la manière dont les différentes parties qui le constituent sont disposées les unes à l'égard des autres, la *Géognosie* prend naissance. On sent enfin que l'homme ne peut rester simple spectateur de tant d'objets et de faits divers, sans rechercher leur formation, leur âge relatif, leur origine : c'est alors qu'il crée la *Géogénie* (1).

Les minéraux ont été examinés dans la partie minéralogique. Les végétaux et les animaux fossiles ne pouvant et ne devant pas l'être ici, par des raisons qu'il est facile d'apprécier, ne seront que cités lorsqu'il y aura lieu ; dans la partie géogénique ils seront examinés dans leurs rapports avec les révolutions du globe.

Voici donc l'ordre que je crois devoir adopter : 1° géographie physique ; 2° géognosie ; 3 géogénie.

GÉOGRAPHIE PHYSIQUE.

Notions générales.

Le soleil qui nous éclaire n'est, sans doute, rien autre chose qu'une étoile fixe comparable à toutes celles que nous voyons ; mais il nous paraît plus grand que celles-ci, parce que nous sommes beaucoup plus près de lui. Auprès de cet astre il en est plusieurs autres qui se meuvent autour de lui et en reçoivent la lumière. Ces divers astres, qui se nomment des *planètes*, forment ensemble un système planétaire. La Terre est parmi les planètes, et se trouve située entre Vénus et Mars : elle fait le tour du soleil en un an ; mais elle tourne aussi sur elle-même et

---

(1) En rédigeant la première partie de cet ouvrage, j'avais attribué au mot géologie une valeur qui me paraît insuffisante. Aujourd'hui mes idées sont bien arrêtées, et je pense qu'il doit être pris dans une acception aussi étendue que celle que je lui donne ici.

fait, dans le même temps, 365 révolutions 2,422,338 (1), et se trouve ainsi successivement 365 fois éclairée et 365 fois dans l'ombre, d'où il résulte l'alternative du jour et de la nuit. La terre possède donc deux mouvemens bien distincts : un mouvement de translation, qui dure un an, ou plutôt, qui détermine la durée de l'année ; un mouvement de rotation qui s'exécute en un jour de vingt-quatre heures. Le mouvement de translation se fait dans un plan que l'on nomme *orbite* terrestre ; le mouvement de rotation a toujours lieu dans le même sens, et l'on suppose une ligne autour de laquelle il se fait ; cette ligne est l'*axe* de la terre. Dans le mouvement de translation de la terre, cet axe est toujours parallèle avec lui-même, si on le compare dans des instans différens, de telle manière qu'il décrit un cylindre ou plutôt un cylindroïde elliptique qui est coupé obliquement par l'orbite terrestre, qui porte aussi le nom d'*écliptique*. L'axe de la terre ou celui du cylindroïde de révolution forme un angle de 36° 32' avec son orbite. Les points par lesquels passe l'axe de la terre se nomment les *pôles*. Si l'on suppose la terre coupée en deux parties égales par un plan perpendiculaire à son axe, on aura une idée de l'*équateur*, qui n'est rien autre chose que ce même plan. L'équateur forme un angle de 23° 28' avec l'écliptique. Les méridiens sont des plans qui passent par l'axe de la terre. Ces plans n'ayant aucune épaisseur, on peut réellement en supposer une infinité autour de la terre. Il y a un pôle nord et un pôle sud. L'équateur partage la terre en deux parties que l'on nomme *hémisphères :* ces hémisphères portent les noms des pôles correspondans. L'Europe se trouve entièrement dans l'hémisphère nord. C'est à l'inclinaison de l'axe de la terre sur son orbite que sont dues les saisons. A l'instant où le pôle nord est le plus possible incliné vers le soleil, c'est à dire, lorsque le pôle nord se trouvant tourné vers le soleil, un méridien est perpendiculaire à l'orbite terrestre, et passe par le centre de cet astre, nous entrons dans

---

(1) Ce nombre correspond à 365 j. 5 h. 48' 49".

l'été ; dans la position diamétralement opposée, nous sommes en hiver ; dans les positions exactement intermédiaires, nous sommes aux équinoxes de printemps ou d'automne.

A l'aide de cercles parallèles à l'équateur et de méridiens qui les coupent à angles droits en des points déterminés, on fixe rigoureusement la position d'un lieu à la surface du globe. La distance, mesurée par un arc de cercle, qui sépare un de ces cercles parallèles à l'équateur de l'équateur lui-même, se nomme *latitude*. La distance mesurée de la même manière, qui sépare, en comptant vers l'orient, un méridien quelconque d'un méridien déterminé, se nomme *longitude*. La longitude et la latitude d'un lieu indiquent donc la position qu'il occupe sur le globe. On distingue les latitudes en septentrionales et en méridionales, selon qu'elles appartiennent à tel ou tel hémisphère. Paris est à 48° 50' 10'' de latitude septentrionale, et à 0° longitude, parce que le méridien qui passe par l'observatoire de cette ville est celui dont on part pour mesurer les longitudes.

La terre n'est pas toujours à la même distance du soleil ; elle décrit autour de lui une ellipse dont il occupe un des foyers ; sa distance moyenne à cet astre est d'environ 34,000,000 de lieues. Il est remarquable que nous sommes plus près du soleil en hiver qu'en été. Les deux distances sont entre elles : : 29 : 30.

La forme de la terre n'est point celle d'une sphère parfaite ; elle est aplatie vers ses pôles, de telle sorte qu'une ligne ou un diamètre qui, partant d'un des points de l'équateur à la surface de la terre, passe par son centre pour aller rejoindre le point opposé, est plus longue que la partie de l'axe qui est comprise entre ses deux pôles. Le grand diamètre de la terre ou l'axe équatorial est de 12,754,863 mètres. Le diamètre polaire est de 12,712,251 mètres ; l'aplatissement total est égal à la différence de ces deux grandeurs, ou à 42,612 mètres, ce qui donne 21,306 mètres pour l'aplatissement d'un des pôles. La circonférence de la terre à l'équateur est de 40,070,587 mètres ; celle que l'on obtiendrait en parcourant un méridien serait de 40,000,000 de mètres. C'est cette dimension qui a servi pour établir le mètre, qui est la dix-millionième partie du quart du méridien terrestre (1).

La surface du globe est de 5,098,857 myriam. carrés; son volume est 1,082,634,000 myriam. cubes; cependant il n'est que la 1,300,000ème partie du volume du soleil. On a cherché à déterminer la densité de la terre et l'on y est parvenu par plusieurs procédés différens; mais les nombres que l'on a obtenus offrent peu d'accord (2). Si l'on admet que cette densité $= 5$, on trouve que la terre doit peser cinq fois plus qu'une même masse d'eau pure : un litre ou un décimètre cube d'eau pure pesant 1 kilogramme, il en résulte que la terre a un poids absolu représenté par autant de fois 100 milliards de myriagrammes que son volume comprend de myriamètres cubes, ou 108,263,400,000,000,000,000 myriagrammes.

Si l'on compare le diamètre de la terre à ceux des différens astres de notre système planétaire, on trouve les rapports suivans : la terre étant 1, le soleil est représenté par 109,93; Jupiter, par 11,56; Saturne, par 9,61; Uranus, par 4,26; Vénus, par 0,97; Mars, par 0,52; la lune, qui est le satellite de la terre, par 0,27.

Après ces notions, qu'il était nécessaire d'exposer, afin de fixer la position relative de la terre dans l'espace et de déterminer sa forme générale; après avoir indiqué son volume, sa densité et son poids, il resterait à s'occuper de sa température; mais cette masse immense étant composée de parties hétérogènes qui ne peuvent permettre d'arriver à des données générales, il est indispensable de procéder à l'examen spécial de ces parties. Le globe

---

(1) Ceci n'est point parfaitement exact, parce qu'il a été commis une erreur dans les calculs des astronomes qui ont mesuré un arc du méridien terrestre.

(2) Cavendish, en comparant l'action de la terre à celle que deux globes de plomb exercent sur une longue aiguille horizontale, a trouvé 5,48; Maskeline observa, en 1772, la déviation du pendule sur les monts Shéhalliens, en Écosse, d'où il déduisit 4,56 pour la densité de la terre. Carlini, en 1824, considérant l'accroissement de la pesanteur dû à la masse du mont Cenis, en a déduit 4,39.

que nous habitons est entouré d'une atmosphère gazeuse d'une
nature toute particulière, dans laquelle se passent une foule de
phénomènes de la plus haute importance; mais sa masse principale est formée de parties solides qui présentent des cavités ou
bassins de toutes les dimensions, dans lesquelles sont contenues
les eaux liquides. Il peut donc paraître convenable d'étudier
successivement l'atmosphère, les eaux et les parties solides du
globe.

De l'atmosphère terrestre.

L'atmosphère dans laquelle nous vivons est un fluide émi-
nemment élastique, c'est à dire qu'il peut considérablement
diminuer de volume par la pression sans changer d'état, et,
chose plus remarquable encore, c'est que, contenu dans un vase
dont la capacité peut être augmentée à volonté, il se dilate tellement qu'il le remplit toujours, quelque faible que soit sa quantité : phénomène qui se démontre facilement à l'aide de la ma-
chine pneumatique. Comme tous les gaz permanens ou dans les
limites de leur permanence, le volume d'une partie quelconque
d'air atmosphérique est en raison inverse de la pression qu'il
supporte ; de telle sorte que, renfermé dans un tube et retenu
par un piston, son volume diminuerait proportionnellement à
la charge que l'on placerait sur le piston. Soumis à l'action
d'une température variable, l'air se dilate ou se contracte, suivant qu'il est échauffé ou refroidi, de telle sorte que, si son volume était invariable, son élasticité, ou, si l'on veut, la pression
qu'il exercerait contre les parois des vases qui le renfermeraient,
croîtrait à mesure qu'on l'échaufferait. Pour chaque degré du
thermomètre centigrade, l'air, supposé à $0°$, augmente de la
267e partie de son volume. L'air est pesant, et son poids peut
être déterminé exactement en le pesant dans un ballon dont la
capacité est connue, où l'on a fait le vide préalablement. Parfaitement desséché, un litre d'air, à la pression barométrique
$0^m,76$ et à $0°$ température, pèse 1 gramme 2,991.

L'air étant élastique et pesant, il en résulte qu'il se comprime
par son propre poids, et que les couches inférieures de l'atmos-

phère sont beaucoup plus denses que les couches supérieures ; aussi, en gravissant des montagnes élevées, on voit que la colonne barométrique de mercure qui fait équilibre à la pression atmosphérique décroît très rapidement, et en suivant toutefois une progression telle, que, pour des hauteurs doubles, l'abaissement de la colonne barométrique est moins que double, de telle sorte que, à la surface de la mer, la température de l'air et celle du baromètre étant de 0°, la hauteur du baromètre est :

763^{mm} au niveau de la mer, ou 0^m. .   Différences.

763^{mm} au niveau de la mer, ou 0^m. .			
670 . . . . . . à . . . . 1,000^m. .	$-\ 93^m$
591 . . . . . . à . . . . 2,000 . .	$-\ 79$
521 . . . . . . à . . . . 3,000 . .	$-\ 70$
466 . . . . . . à . . . . 4,000 . .	$-\ 61$
406 . . . . . . à 5,000	$-\ 54$
370 . . . . . . à 5,732	

On profite de cette circonstance pour mesurer la hauteur des montagnes. On a calculé des tables qui permettent de le faire avec une exactitude assez grande ; elles se trouvent publiées dans l'*Annuaire du bureau des longitudes.*

L'air atmosphérique paraît ne changer de température que par le contact, le rayonnement solaire n'ayant point d'influence sur lui ; aussi, dans une plaine longtemps exposée au soleil, aperçoit-on des ondulations à une certaine hauteur, parce que l'air vient à s'échauffer à la surface du sol et tend à s'élever par le changement de densité qu'il a éprouvé. Les régions inférieures de l'air qui couvre le globe ont des températures variables qui dépendent de la latitude, des saisons, des courans ou des vents, et d'une foule d'autres circonstances ; mais quelle que soit cette température, elle décroît assez rapidement pour qu'à une hauteur de quelques milliers de mètres elle soit seulement de 0° ou inférieure à 0, quelle que soit la température à la surface du globe. Quelle que soit la cause de ce fait, il est évident que l'air le plus dense ne doit point se rencontrer à la surface du globe, mais bien à une certaine distance de cette surface. En un mot, l'élasticité de l'air est la plus grande possible à la partie inférieure, et elle va en décroissant, selon une progression géométrique très rapide, tandis que son maximum de densité n'existe point au même niveau, mais bien dans une région plus élevée.

L'air étant pesant, cela fait qu'il exerce une pression considérable sur la surface du globe ; cette pression est telle que, si l'on fait le vide dans un tube dont la partie inférieure plonge dans le mercure, il pourra comprimer assez ce métal pour le forcer à s'élever dans le tube vide, et, à la surface de la mer, cette hauteur est environ de $0^m,76$; ainsi donc l'atmosphère tenant en équilibre une colonne de mercure de $0^m,76$, il en résulte qu'elle exerce sur la surface du globe une pression qui est égale à celle qu'opérerait une couche générale de mercure de $0^m,76$. Or, connaissant la densité du mercure, on trouve facilement qu'une pareille masse exerce une pression de 1 kil. 0,32 par c^m carré, ou une pression de 526,202,042,400,000,000 myr. sur toute la surface du globe, pression qui représente à peu près le poids total de l'atmosphère. Ce poids est à la masse totale du globe, l'atmosphère comprise, : : 1 : 207 (1).

---

(1) Le poids de l'atmosphère ne correspond point exactement à la pression qu'elle exerce à la surface du globe, parce que la pression est simplement en raison de la section horizontale de la surface comprimée et de la hauteur de la colonne du fluide représentant la pression, en le supposant d'une densité égale dans toutes ses parties ; mais ces colonnes sont des cônes renversés qui vont en s'élargissant, à mesure qu'ils s'éloignent de la surface du globe, tandis que le calcul suppose que ce sont des colonnes cylindriques ; mais comme la densité de l'air décroît rapidement, comme la base du cône est moins dense que le sommet renversé, et qu'on a compté à la surface de la mer, il s'établit une compensation en raison du fluide déplacé par la partie solide du globe.

On s'est demandé si l'atmosphère avait une limite et à quelle distance de la surface du globe cette limite pouvait exister, et l'on a, à diverses époques, répondu à cette question de plusieurs manières différentes. On a d'abord pensé que, si l'atmosphère de la terre n'était point limitée, elle devrait se condenser autour des autres astres par l'effet de la gravitation, et que, cela étant, les phénomènes de réfraction qui auraient lieu sur les bords de ces astres, lorsqu'ils passent entre la terre et une étoile fixe, devraient la faire reconnaître; mais, quelques recherches que l'on ait faites, on n'a pu découvrir d'atmosphère autour de la lune, ce qui porterait à penser que l'atmosphère terrestre est limitée.

On a pris aussi en considération la force centrifuge qui se développe par le mouvement de rotation de la terre, force qui doit, à une certaine distance du globe, faire équilibre à l'action de la pesanteur, et déterminer ainsi la limite à l'atmosphère. Dans ce cas, l'atmosphère n'aurait point la même forme que les parties solides du globe, parce que la force centrifuge est très grande vers l'équateur, et presque nulle vers les pôles ; mais l'élasticité du gaz atmosphérique suffit bien certainement pour faire admettre que l'atmosphère est limitée à la distance du globe où cette élasticité fait équilibre à la pesanteur ; car on ne peut considérer comme faisant partie de l'atmosphère de la terre l'air qui n'est point retenu autour d'elle par la pesanteur, le reste devant être répandu également dans l'espace. La limite de l'atmosphère dépend tout à la fois de la force centrifuge développée par le mouvement de rotation de la terre, de la pesanteur inhérente à cette planète, et de l'élasticité du gaz. La limite calculée d'après ces données est entre treize et quinze lieues, à partir de la surface de la mer.

Dans l'hypothèse précédente, l'espace n'est point vide : il contient de l'air très raréfié, et, selon mon opinion, c'est ce fluide qui fait que la lumière met un certain temps pour nous parvenir des astres ; car, si le vide existait dans l'espace, elle devrait nous arriver instantanément. Le prétendu fluide éthéré des physiciens de notre époque n'existe point, et la lumière est une action réciproque des corps qui n'a pas besoin de lui pour être transmise.

L'atmosphère est facilement traversée par la lumière, et nous trouvons qu'elle est bleue lorsqu'elle est pure et sans nuages. La lumière, ne se mouvant en ligne droite que dans les fluides homogènes, décrit une courbe dans l'atmosphère toutes les fois qu'elle la traverse obliquement; cela est dû à ce que l'atmosphère est formée de couches dont la densité varie de proche en proche. L'œil apercevant toujours les objets dans la direction du rayon visuel, c'est à dire du rayon qui lui parvient immédiatement, il en résulte que l'on voit les objets où ils ne sont point, que les astres nous apparaissent avant leur lever, et qu'ils sont encore visibles après leur coucher, réels.

Les connaissances physiques que nous avons sur l'atmosphère sont toutes modernes; les anciens Grecs, dont nous tenons l'origine de la plupart des sciences que nous connaissons aujourd'hui, n'avaient fait que des suppositions à cet égard. C'est Galilée qui a démontré que l'air était pesant, en le comprimant assez dans des vessies pour rendre apparent l'accroissement de son poids. Torricelli inventa le baromètre, et Pascal l'appliqua à la mesure des montagnes. Les découvertes relatives à la constitution chimique de l'atmosphère sont plus récentes encore : ce n'est que depuis que Priestley nous eut appris que les gaz étaient des corps que l'on pouvait renfermer dans des vases, les transvaser et faire sur eux une foule d'expériences, que l'air put être analysé. Lavoisier démontra qu'il était principalement formé d'oxygène et d'azote : on sait, aujourd'hui, mesurer d'une manière exacte le rapport de ces deux gaz, et l'on trouve que 100 parties d'air en volume en contiennent 79 d'azote et 21 d'oxygène. Ce rapport n'a pas varié depuis que l'on sait analyser l'air, et on le trouve toujours le même, quelle que soit la région de l'atmosphère dans laquelle on l'ait puisé; mais l'air contient aussi quelques millièmes d'acide carbonique et de la vapeur d'eau dans les circonstances les plus ordinaires. M. Thénard a fait connaître un procédé qui permet de mesurer la quantité d'acide carbonique contenue dans l'air. Ce procédé a été perfectionné par de Saussure. En masse, il consiste à combiner l'acide carbonique d'un volume d'air déterminé avec de la baryte. Du poids de carbonate de baryte on déduit celui de l'acide carbonique ou son volume, en le calculant d'après sa densité. De Saussure a trouvé que la quantité d'acide carbonique de l'air variait de 3,15 à 5,74 dix millièmes. Elle est moindre dans les plaines que dans les grandes villes ; plus abondante la nuit dans les forêts que dans le jour, et diminue constamment dans toutes les localités après les grandes pluies. On se rend assez facilement compte de ces faits en considérant que les hommes et les animaux domestiques, assemblés dans une grande cité, produisent beaucoup d'acide carbonique dans l'acte de la respiration, et qu'il en est aussi de même de la combustion qui s'opère dans les foyers. Les parties vertes des plantes herbacées ou ligneuses qui se trouvent assemblées en grande quantité dans les forêts, jouissant de la propriété d'émettre de l'acide carbonique pendant la nuit, permettent d'expliquer le deuxième fait, et la solubilité de l'acide carbonique dans l'eau, qui l'extrait de l'atmosphère, ne laisse point de doute sur la manière dont les pluies agissent.

Dans les environs des volcans en activité, l'air contient de l'acide sulfureux et de l'acide chlorhydrique ; dans les mines de houille il se trouve souvent mêlé avec de l'hydrogène proto-carboné, que les mineurs nomment *grisou*. Ce gaz est inflammable et le rend explosible ; aussi, pour éviter de graves accidens, est-on obligé de faire usage de la *lampe de Davy*, lampe dont la flamme est entourée d'une toile métallique qui ne permet point la communication de l'inflammation dans les circonstances les plus ordinaires. Les eaux stagnantes, dont la vase contient des matières organiques, laissent aussi dégager un mélange gazeux, inflammable, dans lequel l'hydrogène proto-carboné domine. Quelquefois ce même gaz s'échappe du sol par des fissures, et, s'il s'est allumé, il donne lieu à une flamme qui est employée, dans certaines contrées, pour cuire des alimens. En Perse on connaît l'*atech gah* ou feu éternel, qui n'est, sans doute, rien autre chose qu'une source de ce gaz en combustion.

Aux matériaux que l'atmosphère contient et qui viennent d'être énumérés, il faut en ajouter que l'on n'a point encore pu isoler, et dont l'existence ne saurait être mise en doute, tels que ceux qui déterminent des maladies endémiques dans certaines localités, et ceux-mêmes qui peuvent être la cause de certaines maladies épidémiques.

L'eau existe dans l'atmosphère sous deux états bien différens : tantôt elle est en vapeur absolument invisible et sous forme d'un véritable fluide élastique ; tantôt elle est visible et sous forme de petites vésicules sphériques ; telle est celle qui constitue les nuages et les brouillards ordinaires. De Saussure est parvenu à mesurer ces vésicules aqueuses ; il a trouvé que leur diamètre variait de $\frac{1}{4500}$ à $\frac{1}{2750}$ de pouce. On ne connaît point encore d'une manière bien précise la cause de la formation de la vapeur vésiculeuse ; cependant elle paraît due à la condensation de la vapeur élastique ou du gaz aqueux. On conçoit effectivement que de la vapeur d'eau très divisée, venant à se condenser par un abaissement de température, se rassemble en très petites parties qui restent isolées et prennent la forme sphérique ; mais, dans ce cas, on est conduit à admettre que cette vapeur n'est point vésiculeuse, c'est à dire formée d'une enveloppe qui entoure un espace vide, mais bien formée de gouttelettes pleines. La vapeur élastique, s'échappant du sol, s'élèverait vers des régions où elle se condenserait pour produire des nuages. Souvent cette dernière se forme à la surface du sol même, lorsqu'il est plus froid que l'atmosphère : il condense la vapeur qu'elle contient par le contact ; c'est ainsi que se produisent certains brouillards et la rosée, si les particules d'eau peuvent se rapprocher assez pour former des gouttes à la surface des plantes.

On ne connaît pas la cause qui maintient les nuages dans les hautes régions de l'atmosphère : les uns pensent que leur intérieur a une température plus élevée que l'air qui les entoure ; d'autres ont avancé que l'intérieur de chaque vésicule aqueuse avait une température plus élevée que les parties ambiantes. La première opinion aurait pu être vérifiée, puisque sur les montagnes suffisamment élevées on peut se trouver facilement au milieu des nuages. La deuxième opinion pourrait être probable, si l'on avait bien démontré que la vapeur visible est réellement vésiculeuse ; on peut encore ajouter que la vapeur vésiculeuse des nuages peut s'échauffer par le rayonnement terrestre, tandis que l'air ne s'échauffe que par le contact, et qu'il en résulte réellement la dilatation des vésicules et la diminution de leur densité dans une circonstance où celle de l'air ne peut varier. Si les vésicules sont remplies de vapeur élastique d'eau et non d'air, cela peut aussi les placer dans les conditions d'un petit aérostat, et faire qu'elles se maintiennent facilement dans des régions élevées.

De toutes les parties du globe, c'est l'atmosphère qui offre à l'observateur les phénomènes les plus nombreux et les plus variés : c'est là que l'eau, divisée en gouttelettes imperceptibles, forme les brouillards et les nuages ; c'est elle qui diminue la transparence de l'atmosphère ; c'est elle qui, en se rassemblant, donne naissance à la pluie et à la grêle, quand elle est solidifiée par un refroidissement suffisant ; c'est au sein des nuages que se développe l'imposant phénomène électrique qui produit la foudre ; c'est encore à un phénomène électrique qu'est due cette lumière instantanée et si vive que l'on nomme éclair ; c'est dans l'atmosphère qu'apparaît cette lumière polaire que l'on nomme *aurore boréale* ; c'est dans les régions élevées que l'on aperçoit l'iris lorsque les rayons solaires réfractés et réfléchis par la pluie sont renvoyés à nos yeux. Vient-elle à s'agiter, elle produit les *vents*, les *ouragans*, les *tempêtes*.

Quoique les vents paraissent très variables, ils présentent pourtant quelque régularité dans certaines circonstances ; c'est ainsi que l'on a distingué les vents *alizés,* qui existent entre les tropiques, et dont l'existence paraît due au mouvement de rotation de la terre ; les *moussons*, que l'on observe principalement dans la mer des Indes , qui soufflent pendant six mois dans une direction déterminée , et pendant six autres mois dans une direction contraire ; les *brises*, que l'on observe le matin et le soir sur le bord de la mer.

Des eaux qui couvrent le globe.

L'eau existe constamment sous plusieurs états à la surface du globe : tantôt elle y est à l'état de fluide élastique et de vapeur vésiculeuse, comme il a déjà été dit; tantôt elle y est à l'état liquide et donne naissance aux sources, aux ruisseaux, aux fleuves, aux torrens, aux lacs, aux mers, etc.; tantôt elle y est à l'état solide et y forme de véritables roches, comme dans les régions polaires , ou bien elle est accumulée sous forme de neiges, soit dans les temps froids , soit sur les hautes montagnes , dans toutes les saisons.

Les *sources* sont produites par des eaux souterraines qui arrivent à la surface du sol sous des aspects très variés : tantôt elles sont jaillissantes ; tantôt, sortant du fond d'un bassin, elles ne font que déterminer un léger bouillonnement au milieu des eaux qu'elles produisent , comme les sources du Loiret, qui naît près d'Orléans, et va bientôt se jeter dans la Loire ; tantôt elles sourdent au travers des couches terrestres et viennent paisiblement s'assembler dans un bassin, comme les sources de l'Escaut, qui sont situées près du Catelet, dans le département de l'Aisne. Ces deux espèces de sources se rencontrent à une très petite distance l'une de l'autre, sur les bords de la Charente , à un quart de liéue de Saintes , sur la rive droite en allant vers la mer. Tantôt enfin les eaux des sources coulent sous formes de fontaines qui peuvent donner naissance à des *ruisseaux* ou à des *cascades*. Quelquefois l'écoulement des eaux des sources n'est pas continu et donne lieu à des *fontaines intermittentes*, comme cela se voit à l'une des portes de Clermont-Ferrand. La température de l'eau des sources est loin d'être toujours la même que celle des dernières couches terrestres qu'elle traverse ; il arrive souvent que cette température est beaucoup plus élevée, et cela donne naissance aux eaux thermales. Les eaux de ce genre les plus remarquables de France sont, sans contredit, celles de Chaudes-Aigues, dans le département du Cantal ; il s'y trouve une source qui donne en abondance de l'eau dont la température est de 80° 25 cent. ; mais rien ne saurait être comparé aux geysers de l'Islande : on nomme ainsi des sources jaillissantes et intermittentes, dont l'eau s'élève, par instans, en colonnes d'une hauteur considérable. L'apparition de ces eaux, dont la température est très élevée, est annoncée par une suite de détonations qui font frémir le sol et qui semblent avertir le voyageur étonné de se recueillir pour admirer le magnifique spectacle qui va se dévoiler à ses yeux.

Il est remarquable que les eaux thermales se trouvent presque toujours dans des lieux volcaniques ; leur présence n'annonce-t-elle pas qu'il existe encore, là où elles se trouvent, un reste de ces foyers qui ont produit tant de volcans qui se sont éteints avant que l'histoire ait pu nous en transmettre la notion? Les géologues ne doutent plus aujourd'hui que les eaux thermales ne soient des eaux qui sont parvenues dans des lieux où la température est très haute, soit dans le voisinage de volcans anciens ou modernes, soit en allant plus profondément vers la partie centrale du globe, que l'on pense être incandescente. De là elles s'élèvent, sans doute par la pression que leur propre vapeur exerce sur elles, dans les cavités où elles se trouvent contenues. La température des volcans éteints et celle du globe même ayant été nécessairement en diminuant, il est évident que la température des eaux thermales devra baisser peu à peu, si la théorie qui vient d'être exposée est vraie, et jusqu'à présent rien ne la met en doute. Aussi est-il important de noter la température de chacune des sources de cette nature avec la plus grande attention, pour acquérir quelques notions sur le temps que la terre a pu employer à se refroidir, et sur celui qu'elle emploiera dans l'avenir pour passer d'une température à une autre.

Les eaux des sources varient encore beaucoup, selon la nature des terrains qu'elles traversent ; elles leur empruntent des matériaux divers qu'elles dissolvent, et deviennent ainsi des *eaux minérales*. Quelquefois elles contiennent une grande quantité de gaz carbonique en dissolution, gaz qu'elles abandonnent avec bouillonnement lorsqu'elles arrivent à la surface du sol, si elles en contiennent plus que leur volume. Les eaux de Seltz et de Vichy contiennent du gaz carbonique en quantité considérable. Les eaux de cette nature paraissent toujours appartenir à des terrains volcaniques, et il en sera de nouveau question en parlant des volcans. Les eaux minérales sont réputées *salines* lorsqu'elles tiennent en quantité notable des sels en dissolution. Les sels les plus remarquables de ce genre sont le sel commun et le sulfate de magnésie. Les eaux de Sedlitz, en Bohême, et celles d'Epsom, en Angleterre, contiennent beaucoup de ce dernier sel. Quelquefois les eaux sont sulfureuses, c'est à dire qu'elles contiennent des produits sulfurés qui sont variables : tantôt c'est le sulfure de sodium, comme dans les eaux de Baréges ; tantôt c'est le sulfure de calcium, comme dans les eaux d'Enghien, près Paris ; tantôt c'est un produit mal déterminé, mais qui paraît différent des précédens, comme à Saint-Amand-les-Eaux, dans le département du Nord. Les eaux sulfureuses, telles que celles de Néris et de Baréges, contiennent encore une matière particulière, mucilagineuse, visqueuse, insoluble dans l'eau, formée de globules très petits, rapprochés les uns des autres, substance incolore d'abord et devenant verte sous l'influence de la lumière et sans doute de l'oxygène. Cette matière, nommée *barégine* ou *glairine*, paraît communiquer aux eaux minérales des propriétés médicales particulières qui les font rechercher. Dans tous les cas, il est possible que le sulfure de sodium des eaux de cette nature soit dû à la réaction de cette substance, qui contient les élémens de matières organiques, sur le sulfate de soude qui se rencontre habituellement dans ces eaux.

Il est bien démontré aujourd'hui que la présence du sulfure de calcium dans les eaux d'Enghien est due à la décomposition du sulfate de chaux par des matières organiques ; quant aux eaux de la même nature que celles de Saint-Amand, la présence du soufre qu'elles contiennent paraît due à une décomposition des pyrites qui existent en quantité notable dans les terrains qu'elles traversent.

Il est des sources dont les eaux contiennent une quantité assez considérable de bicarbonate de chaux en dissolution. Arrivées au contact de l'air, ces eaux abandonnent une partie de l'acide carbonique qu'elles contiennent, et laissent déposer une quantité proportionnelle de calcaire compacte qui donne lieu à une masse cohérente qui s'accroît continuellement et que l'on nomme *travertin*. A Tivoli, près de Rome, on observe des eaux de cette nature qui donnent naissance à une roche de travertin dont l'étendue toujours croissante est fort remarquable. A Clermont-Ferrand on observe la fontaine Saint-Alyre, dont les eaux ont formé une espèce d'aqueduc dans lequel elles coulent. Ces eaux sont employées pour donner naissance à des incrustations que l'on produit à volonté, en les faisant tomber goutte à goutte sur divers objets qui se recouvrent rapidement d'une couche de calcaire. Les cascades de *Terni*, dans les Apennins, épanchent leurs eaux dans la *Nera*, qui coule au fond d'un précipice : le dépôt qu'y forment leurs eaux menace d'interrompre le cours de cette rivière.

On connaît aussi des sources qui donnent naissance à des dépôts siliceux : les plus remarquables sont celles de Saint-Michel, une des Açores, et de *Washita*, dans les monts rocheux, aux États-Unis.

Les ruisseaux, les rivières, les fleuves doivent leur origine à des sources ou à des glaciers qui les alimentent constamment. Leurs eaux viennent toujours d'un lieu plus élevé, d'où elles se répandent en creusant leur propre lit ; chemin faisant, elles s'accroissent par la jonction d'autres ruisseaux ou d'autres rivières, par l'eau des pluies qui descend des montagnes dans les vallées, par l'eau provenant de la fonte des neiges. C'est cette dernière eau surtout qui produit l'accroissement si rapide des rivières et les fait quitter leur lit lorsque vient la fin de l'hiver dans nos climats. Le Saint-Gothard, qui est un lieu des plus élevés de la Suisse, donne naissance, à lui seul, au Rhin, au Rhône et au Tecino, qui va se jeter dans le Pô. L'eau des pluies venant à s'assembler dans des montagnes ou dans des vallées où il n'existe ni fleuves ni rivières, donne naissance aux *torrens*, dont l'existence est éphémère. Dans les pays de montagnes, le voyageur est souvent étonné de trouver un fleuve à traverser dans un endroit où, quelques heures auparavant, il passait à pied sec. Les eaux des torrens viennent souvent de lieux très élevés, et annoncent leur arrivée par un bruit semblable à celui de milliers de cailloux qui s'entre-choqueraient.

Il arrive que les cours d'eau rencontrent des cavités qu'ils ne peuvent traverser qu'après les avoir remplies et donné naissance à des lacs; c'est ainsi que le Rhin traverse le lac de Constance, que le Rhône traverse le lac Léman, et que la rivière de Tecino traverse le lac Majeur.

Les lacs ne sont pas toujours traversés par des fleuves; il arrive qu'ils ne s'alimentent que par les eaux des glaciers ou des pluies, ou par des ruisseaux qui viennent y aboutir; quelquefois ils donnent naissance eux-mêmes à des rivières ou à des fleuves.

Lorsque les lacs prennent une grande étendue, ils forment les mers circonscrites auxquelles les géologues donnent le nom de *caspiennes*, par analogie avec la mer qui porte ce nom.

Les trois quarts de la surface du globe sont recouverts par la mer, et la surface des terres qui fait saillie au travers de ses eaux est un peu moindre que celle de l'océan Pacifique. Il suffit de jeter les yeux sur une mappemonde pour se faire une idée de la distribution des mers parmi les continens: tantôt elles les enveloppent, comme la mer Pacifique, la mer du Sud, l'océan Méridional et la mer du Nord qui entourent les deux Amériques; tantôt, au contraire, elles sont enveloppées par eux et forment ainsi des *méditerranées*. Toutes les méditerranées communiquent entre elles ou avec le grand Océan; car, sans cela, elles seraient des lacs.

La profondeur moyenne de l'Océan n'est pas bien connue ; on estime qu'elle peut être entre 3,200 et 4,800^m.

Les eaux de la mer sont chargées de différens sels ; celui qui y domine est le sel dont nous faisons usage pour assaisonner nos aliments. Suivant l'analyse du docteur Murray, 1,000 parties d'eau de mer contiendraient

26p,600 de chlorure de sodium,
  4 ,660 de sulfate de soude,
  1 ,990 de chlorure de calcium,
  9 ,910 de chlorure de magnésium ;

en tout 43,160 parties solides sur 1,000. Il faut ajouter à ces corps du brôme et de l'iode probablement combinés au magnésium.

La densité de l'eau de la mer, à température égale, dépend de la quantité de sel qu'elle tient en dissolution. Vers l'équateur elle est de 1,02777. L'eau de l'Océan est généralement plus dense que celle des mers intérieures, à cause de l'immense quantité d'eau douce qu'elles reçoivent par les fleuves qui y aboutissent. Cependant la Méditerranée fait une exception que l'on attribue à ce que la quantité d'eau douce qu'elle reçoit des fleuves qui viennent y aboutir est moindre que celle qui s'échappe par l'évaporation.

Vers les pôles, l'eau de l'Océan est en partie congelée par le froid ; comme elle abandonne le sel qu'elle contient en se solidifiant, il arrive que l'eau liquide qui avoisine les glaces est plus chargée de sels que l'eau située sous l'équateur. Sa densité étant plus considérable que celle de l'eau de mer ordinaire, elle tend à descendre vers la partie inférieure d'où elle s'écoule vers l'équateur, et se trouve remplacée par d'autres eaux. Ce mouvement donne naissance à des courans marins.

La densité de l'eau de la mer doit être plus considérable dans le fond qu'à la surface ; car on a démontré que l'eau était compressible de 0,000045, par une pression égale à celle de l'atmosphère terrestre. Si l'on admet que la pression d'une colonne d'eau salée de 10^m équivaut à peu près à celle d'une colonne d'air de toute la hauteur de l'atmosphère, on trouve qu'à 4,800^m de profondeur l'eau est soumise à une pression de 480 atmosphères : pression à laquelle ne résisterait aucune de nos machines. Si le volume de l'eau continuait à diminuer dans le rapport indiqué pour chaque atmosphère, il se réduirait d'un peu plus de deux centièmes.

Sous la pression à laquelle sont soumises les eaux dans la profondeur de la mer, on conçoit que les phénomènes chimiques doivent être grandement modifiés, et qu'il s'y forme des corps qui ne sauraient prendre naissance dans les lieux accessibles à notre observation directe. Or, comme on le verra par la suite, la mer ayant recouvert la surface des continens que l'homme habite aujourd'hui, il ne faut point être étonné d'y rencontrer des substances minérales qui ne se reproduisent plus et qu'on ne sait point imiter dans les laboratoires de chimie.

Les eaux qui couvrent le globe s'évaporent continuellement et donnent naissance à la vapeur élastique que contient l'atmosphère et à la vapeur vésiculeuse qui forme les nuages. Celle-ci se condense sous forme de pluie, de grêle ou de neige, et retombe à la surface du sol, sur lequel elle s'écoule pour retourner à son origine. Une partie de l'eau est cependant absorbée par les couches poreuses de la terre, et venant à rencontrer des couches imperméables, comme les argiles, elle se fraie un chemin jusqu'à ce qu'elle arrive au jour pour donner naissance aux sources. Les différentes couches qui recouvrent une partie du globe étant fort souvent inclinées, il s'ensuit que l'eau qui se trouve entre deux couches imperméables, ou sous une seule de ces couches, chemine à une grande profondeur et peut aller rejoindre les feux souterrains pour donner naissance aux sources thermales ou revenir à la surface du sol en jaillissant comme la source du Loiret, si l'ouverture de cette source est plus basse que le lieu dont l'eau provient. Lorsque, à l'aide d'une sonde, on perce une couche imperméable au dessous de laquelle se trouve une nappe d'eau provenant d'une hauteur, cette eau s'élève dans le trou de sonde, pour prendre son niveau et donner naissance à un puits artésien. L'eau des couches perméables peut provenir des rivières ou des étangs ; car des puits artésiens ont rejeté des poissons parmi leurs eaux jaillissantes. Il arrive souvent que les eaux souterraines se creusent un lit, ou bien filtrent à travers les fissures ou les anfractuosités des roches, et donnent ainsi naissance à des fleuves souterrains que l'on nomme torrens. A Paris, près la barrière de Fontainebleau, des ouvriers ont découvert un de ces torrens en sondant la terre au fond d'un puits. Leur sonde, arrivée dans la cavité où se trouvaient renfermées les eaux, tomba d'une certaine hauteur, et fut violemment agitée par le courant. Bientôt l'eau, s'élevant par le trou qu'ils venaient de faire, les força d'abandonner leurs outils et de remonter au plus vite.

Des parties solides du globe terrestre.

La croûte solide du globe que nous habitons est, de toutes parts, enfermée dans les eaux de la mer, et se trouve inégalement distribuée dans les deux hémisphères. L'hémisphère septentrional contient toute l'Europe, toute l'Asie, l'Amérique septentrionale et une partie de l'Afrique. Les parties les plus élevées du globe sont inhabitables ; celles que nous habitons ne sont qu'à quelques mètres au dessus du niveau de la mer ; par exemple, la Seine, au pont de la Tournelle, à Paris, n'est qu'à 30 mètres au dessus de l'Océan. Cette hauteur est tellement minime, si on la compare au rayon de la terre dont elle n'est pas la deux-cent-millième partie, que l'on peut craindre avec raison que le moindre dérangement dans l'ordre actuel ne nous engloutisse sous les eaux de l'Océan ; et, pour ajouter à ces craintes, la géologie nous enseigne que cette catastrophe a déjà eu lieu plusieurs fois.

Il est, sans doute, inutile d'indiquer ici ce qu'on entend par continent, par île, par péninsule ou presqu'île, par cap, etc., cela se trouvant dans toutes les géographies, même les plus

élémentaires; mais je crois devoir attirer l'attention sur la con-
figuration du sol.

La surface de la terre est toute couverte d'inégalités, dont
plusieurs nous paraissent fort considérables ; mais, en réalité ,
elles sont fort peu de chose, si on les compare au volume total
de cette planète.

Les unes paraissent déchirées à leur sommet, qui s'élève dans
les nues, comme bien des montagnes de la Suisse; les autres
sont moins élevées, beaucoup plus régulières, et forment des
collines d'une étendue immense, comme plusieurs de celles qui
avoisinent Paris; quelquefois les collines sont plus rares, plus
rapides et moins étendues que ces dernières, qu'elles recouvrent, comme cela se voit encore dans les environs de Paris;
dans d'autres circonstances, les montagnes ressemblent à des
mamelons empilés les uns sur les autres, comme celles de
l'Auvergne. Quelques-uns de ces mamelons sont creusés à leur
sommet en forme de coupe et offrent le cratère d'un volcan.

Les premières montagnes qui viennent d'être signalées se
rencontrent sur une étendue immense. Quand on les examine
sur une carte géographique bien faite, elles semblent présenter un corps principal d'où partent une foule de ramifications :
tels sont les Andes, dans l'Amérique méridionale; l'Atlas,
en Afrique ; les Apennins, les Alpes, en Europe. Ces sortes
de montagnes sont celles qui sont le plus élevées au dessus
du niveau de l'Océan. Elles paraissent avoir été produites par
le brisement et le soulèvement de la croûte solide du globe;
elles ont pu l'être aussi par le retrait qu'a dû prendre cette
croûte en se refroidissant. Leur sommet déchiré présente des
vallées qui existent entre des couches interrompues dont les
parties identiques se retrouvent de chaque côté de la vallée sur
la pente de la montagne. En s'étendant ainsi, elles laissent, de
chaque côté d'elles, de vastes bassins qui renferment les montagnes des autres ordres. Les montagnes du second ordre s'inclinent souvent pour former de vastes plaines , et se relèvent
plus loin ou sont remplacées par d'autres terrains ; ces montagnes

sont appelées *secondaires*. Elles sont formées de couches qui paraissent devoir leur origine à un sédiment qui s'est déposé dans le sein d'un liquide. Quand ces couches cessent d'être horizontales, c'est que les parties qui les supportaient ont subi des changemens dans leur niveau, soit par soulèvement, soit plutôt encore par affaissement. Enfin les montagnes du troisième ordre sont appelées *tertiaires* par les géologues. Les dernières montagnes sont d'origine volcanique : les unes ont été percées à leur sommet, et il en est sorti des coulées de laves, refroidies aujourd'hui, qui indiquent, à n'en pas douter, la manière dont elles ont été produites ; d'autres n'ont été que soulevées et sont formées d'une matière d'une autre nature chimique que celles qui ont été percées. Les montagnes à cratères de l'Auvergne sont couvertes de *basaltes* noirâtres ; les autres sont formées de *dolomie*, matière facile à distinguer de la précédente par sa couleur, qui est blanche. Les montagnes de l'Auvergne doivent présenter des cavités considérables à leur intérieur, à moins qu'elles ne soient entièrement formées de matières poreuses et tuméfiées, comme les basaltes et les laves ; car elles n'ont pu se soulever ainsi sans laisser des espaces vides.

Toutes ces sortes de montagnes sont faciles à distinguer par la nature des matières minérales qui les constituent et par la manière dont elles sont disposées les unes à l'égard des autres.

Il est encore des montagnes circonscrites fort irrégulières, aiguës, déchirées, en mamelons coniques, en couches rarement horizontales, difficiles à caractériser. Ces montagnes présentent les éléments des montagnes primitives et ceux des montagnes secondaires ; ce sont les montagnes de transition.

Celui qui est habitué à examiner les différentes configurations du sol en géologue distingue facilement la nature des montagnes, rien qu'à leur forme.

Entre les montagnes on observe souvent des *gorges* qui paraissent n'être rien autre chose que des anfractuosités qui existent entre des fragments de la croûte du globe. Si ces gorges s'étendent, elles donnent naissance aux vallées de montagnes dont il a déjà été question; sur le versant des montagnes et dans les bassins, on observe des vallées d'un autre ordre qui sont beaucoup plus étendues et plus régulières que les premières : ce sont les vallées *à fond plat*. Ces vallées sont presque toujours parcourues par des eaux courantes qui les ont dénudées, y ont formé des dépôts provenant de leurs débris, et y ont tracé un lit. Cependant, quand il n'y a ni sources ni glaciers qui communiquent avec ces plaines, on n'y observe que des torrens, comme dans bien des vallées du Pérou qui sont à l'ouest des Andes.

Il est des montagnes très irrégulières, fortement accidentées, entourées de ravins et de précipices, qui ne présentent point de vallées à leur sommet. Ces montagnes qui, par rapport au niveau des eaux dans toutes les époques qui ont pu les entourer, se trouvent les plus élevées, à moins qu'elles ne soient sorties violemment au travers des couches sédimentaires, sont des montagnes primitives qui ne renferment aucun corps organique et sont entièrement formées de matières cristallines ou ayant des connexions directes avec des matières cristallines.

Les volcans en activité ont dû vivement attirer l'attention de tous les observateurs; aussi ont-ils fait naître une foule de conjectures sur leur origine, leur profondeur, la cause qui les entretient, etc. On admet généralement aujourd'hui que la masse centrale du globe est en ignition, et que les volcans ne sont rien autre chose que des fissures établies au travers de la couche solide du globe, et qui en font communiquer les parties internes avec l'extérieur. Cette théorie est appuyée sur une foule de faits qui paraissent irrécusables, 1° sur ce qu'à une certaine profondeur on rencontre une couche d'une température invariable et qui, par conséquent, est inaccessible à l'action solaire; 2° sur ce qu'à partir de cette couche, en allant vers le centre de la terre, la température va en augmentant; 3° sur la température de l'eau des puits artésiens, qui est d'autant plus élevée qu'ils sont plus profonds; 4° sur celle des eaux thermales; 5° enfin sur l'existence même des volcans. On avait observé que la température du globe devenait invariable à une certaine profondeur; c'est ainsi que les caves de l'Observatoire de Paris sont presque inaccessibles aux variations de température de l'hiver et de l'été, quoique ces saisons amènent souvent une différence de plus de 40° centigrades. On a de plus remarqué qu'à partir de cette profondeur où la température est invariable, et à mesure que l'on descend dans la profondeur des mines, la température allait en croissant, et l'on doit à M. Cordier d'avoir recueilli une foule d'observations qui tendent à démontrer ce fait de la manière la plus générale. L'accroissement de la température n'est pas le même à toutes les latitudes; mais on peut admettre comme une donnée moyenne qu'il est d'environ un degré centigrade par chaque centaine de pieds ou par 30 mètres.

La température des roches qui sont traversées par le puits artésien de la plaine de Grenelle, près Paris, qui a été observée avec tant de soin par M. Arago, conduit à peu près au même résultat.

Dans ces derniers temps, M. Poisson a émis des doutes sur l'accroissement de la température jusqu'au centre du globe, parce que cet accroissement irait jusqu'à *plusieurs millions de degrés*. Le doute de M. Poisson me paraît bien fondé; et il pourra acquérir une probabilité d'autant plus grande, si l'on pense que la masse centrale du globe est en fusion et qu'elle éprouve un mouvement qui établit l'équilibre de la température dans toute la partie fluide; car on ne se trouve plus ainsi dans la nécessité d'avoir recours à une température aussi élevée. Dans ce cas, la température des laves que vomissent les volcans en activité serait à peu près celle de l'intérieur du globe terrestre.

Les produits des déjections volcaniques ne sont pas toujours identiques : non-seulement ils renferment une foule de substances minérales ; mais, à différentes époques, ces substances n'ont pas toujours été les mêmes. Il est remarquable que l'on trouve du soufre en quantité considérable dans le voisinage des volcans de la Sicile et de la Guadeloupe, et que l'on n'en rencontre que des traces dans les produits des volcans éteints tels que ceux qui couvrent l'Auvergne. La nature de la masse centrale du globe a-t-elle changé avec le temps, ou bien n'est-elle pas la même dans toutes ses parties, malgré sa fluidité?

Le gaz carbonique se rencontre presque toujours en quantité considérable dans les volcans ou dans leurs environs : tantôt il est libre et sort de leur cratère, ou se trouve dans des grottes, comme celle du *Chien*, près Naples ; tantôt il est dissous dans des eaux qu'il rend gazeuses.

Il serait très intéressant de faire des recherches sur l'origine de ce gaz : provient-il de la calcination du carbonate calcaire ? cela est douteux ; car les volcans en rejettent très rarement, et, à une grande profondeur, le calcaire serait soumis à une pression sous laquelle il ne pourrait pas se décomposer. Il ne peut provenir de la combustion de matières carbonées, car l'oxigène manquerait, à moins qu'il ne provînt de la réduction de certains oxides. Cependant les basaltes contiennent du charbon très divisé, et l'obsidienne, ou verre volcanique, est sans doute aussi colorée en noir par du charbon. Ces faits conduisent à penser que l'intérieur du globe contient du carbone en assez grande quantité. Cette observation est de la plus haute importance et mériterait une étude toute spéciale. Ce carbone provient-il de matières organiques qui auraient été recouvertes par des terrains ignés ; car, jusqu'à présent, les principales masses charbonneuses du globe paraissent d'origine organique, et ont dû puiser leur carbone dans le gaz carbonique de l'atmosphère ; ou bien a-t-il une origine tout à fait inorganique, et la nature a-t-elle produit directement d'autre carbone que le diamant et le graphite ?

Si la température de la partie solide du globe s'accroît à mesure que l'on descend dans les mines, on observe, au contraire, que la température diminue à mesure que l'on s'élève en quittant la surface du sol ; de telle manière que, sur les hautes montagnes qui avoisinent l'équateur, on trouve des *neiges perpétuelles*. La hauteur des neiges perpétuelles ne saurait être fixée d'une manière générale ; elle varie avec la latitude, l'exposition des montagnes, la direction des vents, et, probablement, même avec la nature des roches. Si l'on voulait représenter cette hauteur par une ligne courbe qui serait inscrite dans le plan d'un méridien terrestre, on trouverait que, vers les pôles, elle serait à une certaine profondeur dans la terre, qu'elle en sortirait et s'élèverait à mesure qu'elle se rapprocherait de l'équateur, pour s'incliner ensuite vers le pôle opposé. — On verra, dans le tableau suivant, que l'on doit à M. de Humboldt, la limite des neiges perpétuelles dans plusieurs contrées du globe.

MONTAGNES.	LATITUDE.	Limites inférieures des neiges perpétuelles en toises françaises.
Cordillière de Quito	0° à 1°½ S.	2,460.
— de Bolivia.........	16° à 17°¾ S.	2,670.
— de Mexico..	19° à 19°¼ N.	2,350.
Himalaya, pente septentrionale.	30°¾ à 31° N.	2,600.
— pente méridionale ...	....	1,950.
Pyrénées.....................	42°½ à 43° N.	1,400.
Caucase.....................	42°½ à 45° N.	1,700.
Alpes.....................	45°¾ à 46° N.	1,370.
Carpathes...................	49° à 49°¼ N.	1,330.
Altaï.....................	49° à 51° N.	1,000.
Norwége, intérieur............	61° à 62° N.	850.
— id...............	67° à 67°½ N.	600.
— id...............	70° à 70°½ N.	550.
— côtes	71°¼ à 71°½ N.	300.

En voyant la température décroître à mesure que l'on s'élève dans l'atmosphère, on est porté à se demander quelle peut être la limite de ce refroidissement, ou, en d'autres termes, quelle est la température de l'espace où circulent les planètes? Plusieurs mathématiciens célèbres ont cherché à déterminer cette température par le calcul. Fourier a trouvé — 50°, et Svanberg, en partant de données différentes de celles de Fourier et différentes les unes des autres, est arrivé, d'une part, à — 49° 85 et, d'autre part, à — 50° 35. Cet accord du calcul est on ne peut plus remarquable, et rend aussi probable que possible un fait qui n'a pu être observé directement.

Les observations recueillies par M. Arago compléteront ce qui est relatif à la température de l'atmosphère et des eaux de la mer.

1° Dans aucun lieu de la terre sur le continent et dans aucune saison, un thermomètre élevé de deux à trois mètres au dessus du sol, et à l'abri de toute réverbération, n'atteint 46° centigrades.

2° En pleine mer, la température de l'air, quels que soient le lieu et la saison, n'atteint jamais 31° cent.

3° Le plus grand degré de froid qu'on ait jamais observé sur notre globe, avec un thermomètre suspendu dans l'air, est de 50° centigrades au dessous de zéro.

4° Enfin la température de la mer ne s'élève jamais, sous aucune latitude et dans aucune saison, au dessus de 30° cent.

GÉOGNOSIE.

Si l'on observe la nature des parties solides du globe qui sont accessibles à nos regards, et si l'on examine attentivement la manière dont elles sont disposées les unes à l'égard des autres, on ne tarde pas à y établir des distinctions importantes.

Les unes sont formées de matières cristallines, ou présentent une structure cristalline, tantôt isolées, tantôt mélangées; on n'y trouve jamais de traces de matières organiques (1), et leur ensemble ne présente aucune forme ni aucun arrangement déterminables. Les autres sont formées de matières com-

---

(1) Cependant des personnes dignes de foi m'ont assuré que l'on avait trouvé le bois d'une espèce de cerf dans le granit en creusant le port de Cherbourg. Ce fait paraît douteux, et, à moins que ce bois de cerf n'ait été introduit par une fente, il renverserait la théorie la plus probable que nous ayons sur la formation du globe.

pactes , renfermant souvent des cristaux , mais n'étant jamais entièrement formées de cristaux. Elles contiennent des
débris de matières organiques plus ou moins altérées , plus ou
moins bien conservées , et sont formées de couches offrant un
parallélisme remarquable dans leur plus grande étendue. Ce
sont ces deux espèces de terrains qui constituent la majeure
partie de la couche accessible du globe. Le reste est formé
par des matières cristallines ou poreuses qui présentent des
traces évidentes de la fusion ignée , fusion qui a lieu sous
nos yeux dans les volcans , et de matières qui paraissent plus
ou moins altérées par le frottement, et qui sont rassemblées en
amas plus ou moins considérables.

Il résulte de ce court examen que les matières qui constituent
la partie accessible du globe peuvent être rangées dans quatre
chefs principaux : c'est à ces assemblages particuliers que l'on
a donné le nom de *terrains ;* mais il est bon de remarquer ici
que ce mot terrains est employé très souvent dans une acception plus restreinte.

On a donné à ces divers terrains des noms différens selon les
divers points de vue sous lesquels on les a envisagés. Les premiers ont été nommés *terrains primitifs, terrains anciens, terrains
ignés, terrains cristallisés* , les seconds ont été nommés *terrains
secondaires* et *tertiaires, terrains sédimentaires, terrains fossilifères,
terrains stratifiés* ; les troisièmes sont les *terrains volcaniques* ou
ignés proprement dits ; et les quatrièmes sont les *alluvions* ou
terrains meubles , ou *terrains à transport* , ou *terrains modernes.*

On voit que les noms de *terrains primitifs, anciens, ignés,
sédimentaires,* etc. , se rattachent à des idées théoriques relatives
à la formation de ces terrains, et, pour avoir une nomenclature
à l'abri des vicissitudes des théories, il vaut mieux chercher des
noms dans la manière d'être des parties qui constituent ces terrains ; les premiers étant appelés *terrains cristallisés,* les seconds
pourraient être nommés *terrains compactes.* Cependant ce n'est
point là la plus grande différence que présentent ces sortes de
terrains ; cette différence naît de leur manière d'être dans leur

ensemble : ainsi le nom de *terrains stratifiés* est très convenable, il faudrait en trouver un qui fît opposition pour les terrains
cristallisés ; en attendant, on les désigne sous le nom de terrains
non stratifiés. Les quatre divisions qui viennent d'être établies
sont les seules qui ne soient point sujettes à varier ; elles sont
vraies et inaltérables : cependant on les a crues insuffisantes , et
l'on a établi plusieurs sous-divisions parmi elles. Ainsi il est
rare que les terrains stratifiés succèdent immédiatement aux
terrains cristallisés, sans qu'on observe un mélange de ces deux
sortes de terrains , une espèce de désordre enfin , qui annonce
que ces choses ne se sont point succédé tranquillement. Ces
terrains bouleversés et mêlés , qui ne sont point de véritables
terrains indépendans des autres , sont nommés *terrains intermédiaires* ou *terrains de transition.* Les terrains stratifiés ont été
d'abord divisés en *secondaires* et en *tertiaires* , en allant de bas
en haut dans leur ordre de superposition ; mais, dans ces derniers temps, plusieurs géologues, et M. Labèche en particulier,
les ont subdivisés encore davantage. Aucune de ces subdivisions
ne peut présenter un caractère absolu ; seulement , comme on
peut y rencontrer quelque avantage pour l'étude, je suivrai,
dans cet ouvrage, la classification de M. Labèche , parce
qu'elle permet de généraliser sans trop s'exposer à commettre
des erreurs ; seulement les groupes qu'il a établis seront étudiés
successivement dans un ordre inverse. Le tableau suivant donne
l'ensemble des divisions que ce savant géologue a adoptées.

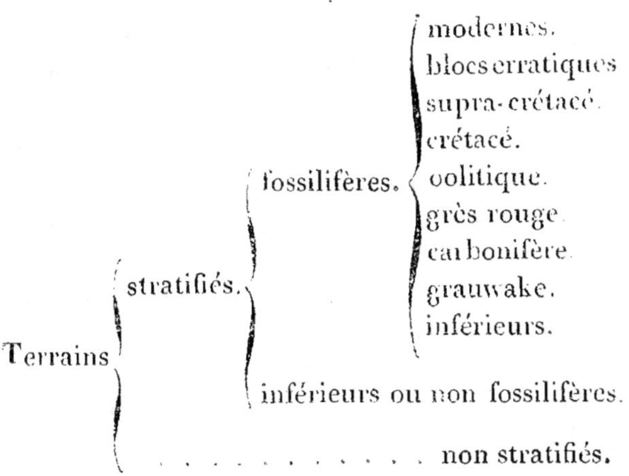

Il est facile de voir, par ce qui précède, qu'il serait difficile de définir d'une manière nette et précise ce que les géologues entendent par le mot *terrain*, puisque la définition de ce mot a été subordonnée à la manière particulière dont chacun d'eux a envisagé la géognosie, ou, en un mot, aux divers perfectionnemens de cette science. Cependant on peut dire d'une manière générale que les terrains sont des assemblages d'élémens terrestres qui présentent quelque relation , soit dans leur manière d'être, soit dans le mode ou dans l'époque de formation que l'on a pu leur supposer. Ce qui a dû aussi porter les géologues à admettre telles ou telles divisions , c'est que l'ensemble de tous les terrains ne se trouve pas dans un même lieu , et qu'ils forment des groupes généralement constitués d'une manière définissable, et terminés à la partie supérieure par un élément minéralogique déterminé : ainsi les schistes du terrain carbonifère se présentent à nu dans un grand nombre de localités et recouvrent d'autres élémens constitutifs du globe : la craie forme des plaines d'une étendue immense , et les terrains supra-crétacés ou tertiaires la recouvrent souvent sur une étendue assez considérable , comme on l'observe dans les en-

virons de Paris , et chacun de ces groupes, qui annonce un tra-
vail et un repos de la nature, a dû nécessairement influencer les
géologues dans la détermination des terrains ; aussi les classifications les plus anciennes, comme celle de Werner , sont-
elles les plus simples et se ressentent-elles des lieux habités
ou parcourus par ceux qui les ont créées, parce que les observations étaient moins nombreuses qu'elles ne le sont aujour-
d'hui.

On rencontre dans chaque terrain des élémens particuliers
qui servent à les caractériser ; ces élémens sont les *roches*. Il ne
faut point entendre par ce mot une masse d'une forme déterminée ; les roches peuvent être de formes très diverses et avoir des
structures très variées : c'est la nature chimique plutôt que la
forme qui sert pour les distinguer ; cependant cette nature chimique ne suffit point , il faut encore y joindre une condition
physique particulière et variable avec la nature et le mode de
formation de chacune d'elles. Le calcaire peut en donner un
exemple bien remarquable ; car, quoiqu'il approche souvent de
l'état de pureté , il peut se présenter sous des aspects très variables et offrir la différence énorme qui existe entre le marbre
statuaire , dont la texture est cristalline, et la craie , qui est
compacte.

Il est des roches qui sont d'une nature identique dans toutes
leurs parties, telles que le calcaire , la dolomie , l'oligiste , le
felspath : on les dit *homogènes*. Il en est d'autres qui sont composées d'élémens différens , simplement juxtaposés , comme le
granite, dans lequel on distingue facilement, à l'œil nu, du felspath , du quarz et du mica : ces sortes de roches sont dites
hétérogènes. Cette dernière condition des roches les rend très
difficiles à dénommer et à déterminer : si l'on veut les distinguer
par leur nature chimique, il arrive qu'une espèce minérale dans
une même roche disparaît insensiblement, et se trouve remplacée par une autre espèce qui rend la détermination impossible ;
si l'on veut se contenter de notions géologiques, une fois que
la roche est extraite du bloc dont elle faisait partie , elle ne peut

plus être distinguée d'une autre espèce qui aurait la même composition chimique et qui serait d'une formation différente. Cela fait que les géologues s'entendent fort peu sur ce point, et que généralement on se sert à la fois de caractères chimiques et géologiques pour distinguer les roches. Toutefois, je pense pouvoir ajouter ici que la distinction des roches en espèces offre peu d'intérêt : pourvu qu'on les décrive exactement et qu'on les indique avec toutes les modifications qu'elles peuvent présenter, une fois qu'elles sont bien étudiées, le nom qu'on leur donne est sans importance réelle.

Indépendamment des terrains non stratifiés et des terrains stratifiés, il est encore des masses assez considérables qui entrent dans la constitution du globe : les unes forment des *amas*, comme les galets en offrent des exemples ; souvent ce sont des *dépôts* existants dans des cavités de formes variables, comme la tourbe, la limonite ; quelquefois ce sont des *lentilles* d'une étendue considérable, comme le sel gemme (pl. 1).

Les substances minérales sont parfois sous forme de *filons* ou encaissées dans des *failles*. Les filons sont des masses qui remplissent des anfractuosités qui existent dans divers terrains, principalement dans ceux qui ne sont point stratifiés, car rarement ils les dépassent, et qui semblent produites par des ruptures ou des brisemens des masses minérales qu'ils traversent.

La direction des filons proprement dits est, en général, parallèle aux vallées, aux chaînes de montagnes, et toujours en relation directe avec les grands accidents qui ont bouleversé la surface du globe. On peut concevoir leur remplissage par des matières venant des profondeurs de la terre. Ces matières ont pu être ou liquéfiées ou vaporisées par la chaleur, ou enfin à l'état de dissolution dans une eau. Suivant que ces matières laissent des traces de leur passage dans les failles, on aura les trois modes de remplissage sur lesquels roulent les différens systèmes des géologues, systèmes qui sont toujours insuffisans quand ils sont trop exclusifs ; car la nature agit souvent par des procédés différens pour obtenir un même résultat.

Ce qui peut conduire le géologue à distinguer l'origine du remplissage est donc principalement la nature des combinaisons qui sont restées dans le filon.

Toutes les fois que la silice, qui joue le rôle d'acide puissant à haute température, fera partie d'un composé non hydraté, on pourra, sans craindre d'erreur, admettre une origine ignée; c'est ce que l'on est conduit à penser pour les filons de granite, de porphyre, d'amphibolite, de serpentine, de basalte, de trachyte, etc., et, toutes les fois que l'on verra des sulfures métalliques intimement mélangés avec de pareilles gangues, on pourra aussi leur attribuer la même origine. Il en sera encore de même pour des arséniures, des sulfo-arséniures, certains oxides, et pour des composés salins, tels que les tungstates, les chromates, les titanates. L'oxide d'étain présente la circonstance remarquable que la nature nous l'offre dans l'état *isomérique de l'étain calciné.*

Quant aux filons formés par vaporisation, ils sont peu nombreux, si toutefois on veut se baser sur les connaissances chimiques. On ne connaît réellement d'admissibles dans cette catégorie que ceux de fer oligiste spéculaire. L'abondance de ce produit dans les laves permet de recourir à cette supposition.

Toutes les fois que la silice se trouvera libre à côté des bases les plus énergiques qui sont combinées de préférence avec l'acide carbonique, on sera en droit d'attribuer aux filons une origine aqueuse, si toutefois l'on n'est point en droit d'admettre que les carbonates étaient soumis à une pression assez considérable pour s'opposer à leur décomposition.

En général, un filon n'a pas été rempli d'un seul jet, ou bien, s'il l'a été, on est forcé d'admettre qu'il y a eu des dilatations successives dans l'ouverture de la faille, qui ont été accompagnées de l'émission de matières de différentes natures qui ont réagi chimiquement et mécaniquement sur certaines parties déjà cristallisées ou déjà déposées antérieurement. On a donc, à l'aide de considérations de cette nature, un moyen facile de déterminer l'âge relatif des dilatations des failles et des produits qui s'y sont introduits en examinant leurs rapports mutuels ; c'est ainsi qu'à Pont-Gibaud on a pu distinguer les formations suivantes : 1° quarz noir très ancien , avec pyrites ferrugineuses et arsenicales ; 2° quarz esquilleux avec galène, blende, pyrites en général ; 3° sulfate de baryte, quarz en grands cristaux hyalins, pyrites ferrugineuses seulement et bournonite ; 4° calcaire ferro-manganésifère et dépôt argilloïde , pyrites et quarz ; 5° finalement le filon a été longé par des basaltes qui sont plus récens que tout le reste.

Du même filon sortent journellement des eaux minérales fortement chargées d'acide carbonique, et qui déposent des matières ochracées, de la silice et de la chaux carbonatée.

La cause de la dilatation périodique des filons a produit ce qu'on appelle des *filons latéraux* qui sont productifs ou stériles, suivant qu'ils ont accompagné les formations métallifères ou leur ont été postérieurs (1).

Les *failles* sont des ruptures que l'on observe principalement dans les terrains stratifiés. Leur partie la plus écartée communique généralement avec l'atmosphère. L'ouverture des failles a quelquefois une étendue immense, comme tout le plateau d'une montagne ; les deux versans de cette montagne sont formés par les couches terrestres rompues vers la partie la plus élevée où l'on peut observer leur stratification , qui est la même de chaque côté, et ne se trouve séparée que par une matière de remplissage. Quelquefois la faille a moins de largeur et elle est due à une partie de terrain qui s'est détachée et affaissée ou soulevée, tandis que l'autre est restée en place. Cela est démontré par la non-continuité des couches stratifiées qui cessent brusquement pour se retrouver plus bas ou plus haut, comme cela se voit pl. 1.

------

(1) C'est à la bienveillance de M. Fournet, qui a fait une étude spéciale des filons, que je dois ces renseignemens.

I.

Terrains non stratifiés.

Les terrains non stratifiés forment la partie solide du globe au delà de laquelle l'homme n'a jamais pu pénétrer. Dans leur ensemble, ils présentent une forme des plus accidentées, hérissés de toutes parts de saillies et de pics qui atteignent une grande élévation, ou qui sont enfouis sous les autres terrains : ils forment ainsi de vastes bassins dans lesquels sont venus se déposer les terrains stratifiés ; ainsi, quoique ces terrains soient les plus inférieurs de l'échelle géologique, puisque tous les autres terrains reposent sur eux, ils ne sont pas moins aussi les plus élevés, car sans cela ils auraient été recouverts par les eaux auxquelles on peut attribuer la formation des terrains stratifiés, et nous ne les connaîtrions que par des fouilles, tandis que dans bien des localités ils sont à nu, comme on l'observe dans le département de la Vendée et dans celui de la Corrèze. On observe dans ces terrains le felspath, le quarz, le mica, l'amphibole, la diallage, la stéatite et une foule de minerais métalliques. Ces derniers sont généralement en filons comme il a été dit. C'est le felspath-orthose qui domine ; il paraît former la masse principale du globe et la gangue des principales roches primitives : mêlé au quarz et au mica, il produit le *granite* ; si le mica est remplacé par le talc, la stéatite ou la chlorite, il forme la roche nommée *protogyne* (chaîne du Mont-Blanc, Corrèze, etc.). Si c'est l'amphibole qui remplace le mica, la roche prend le nom de *syénite* (Vosges, etc.) ; si le mica manque, ou si la roche est simplement formée de felspath lamellaire et de quarz, elle se nomme *pégmatite*. La roche nommée kaolin n'est rien autre chose que la pégmatite, dont le felspath a subi une décomposition spontanée (Saint-Yrieix, dans le département de la Haute-Vienne) (**V.** *Orthose*). La *dolérite* est principalement composée de felspath également lamellaire et de pyroxène. Cette roche s'observe au sommet du Meisner en

Hesse , et au volcan de Beaulieu en Provence. Le quarz hyalin forme la masse principale de la roche que les géologues désignent sous le nom d'*hyalomicte*; mais le mica s'y trouve souvent associé (Vaulry , près Limoges ; Piriac , près Nantes). La roche nommée *diorite* contient principalement de l'amphibole-hornblende et du felspath compacte; on l'observe près de Nantes, dans les Vosges , à Flavignac , près Limoges , etc.

Les roches qui viennent d'être indiquées présentent beaucoup de variétés selon les variétés mêmes des espèces minérales qui les constituent ; tantôt ces variétés portent sur leur texture et tantôt sur leur couleur : on connaît du granite blanc et du granite rouge ; de la potogyne verte et de la potogyne rougeâtre , etc. ; de la pégmatite graphique (1) et de la pégmatite granulaire , etc. Les roches qui précèdent ne présentent que fort rarement des dispositions particulières, déterminables, les unes à l'égard des autres. La structure cristalline y domine bien évidemment ; il n'en sera point de même de celles qui suivent, qui peuvent être plus ou moins compactes et quelquefois présenter un arrangement qui semble préluder aux terrains stratifiés.

Les *gneiss,* formés de mica et de felspath lamellaire ou grenu, présentent une structure généralement feuilletée ; cette roche est très abondante à la surface du globe et forme des montagnes tout entières , comme celles du Wermeland en Suède , et de Kongsberg en Norwége. On l'observe aussi en France dans l'île de Sein du département du Finistère, à Saint-Lambert-la-Poterie, près d'Angers, et dans les environs de Nantes : ce dernier renferme du grenat. Il contient quelquefois du quarz, du talc, du porphyre et du graphite, qui donnent naissance à autant de variétés.

Le *micaschiste* , formé de mica et de quarz, à structure feuilletée , comme le nom de schiste l'indique , est aussi très abon-

---

(1) Nom donné à cause de la disposition du quarz, qui représente l'écriture hébraïque.

dant dans la nature , et offre un grand nombre de variétés, soit
par les diverses couleurs qu'il prend , soit plutôt encore par
les espèces minérales qui s'y trouvent associées ; ainsi, on connaît des micaschistes quarzeux , felspathiques , porphyroïdes ,
granatiques et talqueux. Le micaschiste est souvent stratifié
de manière à ne laisser aucun doute sur cet état ; il repose souvent sur le gneiss et se trouve recouvert de schiste luisant ou de
phyllade ; quelquefois son inclinaison est telle qu'il est vertical.
Il est souvent traversé par des filons quarzeux et par des filons
métallifères contenant de l'argent , du plomb, du cuivre , de
l'étain et du fer oxidulé (Brongniart).

Les roches amphiboliques sont l'*amphibolite*, qui est à pâte
d'hornblende, contenant du mica, du felspath, des grenats, etc.,
et la *mélaphyre*, à pâte noire d'amphibole siliceux , contenant
des cristaux de felspath. Elles ne présentent point de stratification distincte.

Les roches talqueuses telles que le *talc* lui-même et le *stéaschiste* , dont la structure est schisteuse , contiennent une foule
de minéraux , tels que le quarz , le grenat , le felspath , l'actinote, l'asbeste, la tourmaline, la diallage, l'aimant, des pyrites , du mica. Elles sont traversées souvent par des filons métallifères , et accompagnent les roches serpentineuses.

L'*ophiolite* à base de serpentine , enveloppe essentiellement
du fer oxidulé, et, par des mélanges, donne naissance à l'ophiolite commun , qui contient du fer chromé , et aux ophiolites
diallagique , granatique , grammatiteux et quarzeux. Cette
roche ne présente point de stratification distincte et ne renferme point de traces de corps organisés. On y rencontre le fer
oxidulé, comme il a été dit, la pyrite et des minerais de manganèse.

Les *porphyres* sont formés de pétrosilex qui enveloppe des
cristaux de felspath : leur couleur est variable ; le plus communément elle est rouge-brun parsemé de points blancs qui sont
formés de felspath. Cette roche ne présente point de stratification, et se trouve quelquefois en masses assez considérables pour

former de petites montagnes ; on l'observe depuis les terrains cristallisés jusqu'au dessus de la houille.

Le pétrosilex donne encore naissance à plusieurs roches lorsqu'il est mêlé à diverses espèces minérales : de couleur grise, et empâtant le felspath laminaire et souvent le mica, il forme l'*eurite* de M. Alex. Brongniart ; de couleur verte, mêlé de felspath ou empâtant des cristaux déterminables de felspath , il forme l'*ophite* ou porphyre vert. La variolite est formée de pétrosilex empâtant des noyaux de la même substance, mais d'une autre couleur.

La diallage , mêlée aux grenats, forme l'*éclogite*, qui est peu abondante , et se rencontre parmi les gneiss et les micaschistes.

Les différentes roches qui viennent d'être énumérées sont subordonnées aux terrains stratifiés, comme cela a déjà été indiqué ; mais cependant on a observé du granite jusqu'au dessus de la formation oolitique dans les montagnes de l'Oisans du département de l'Isère , et même jusqu'au dessus de la craie, à Weinhola en Saxe ; mais, dans ces cas bien dignes de toute l'attention des géologues, on a vu que ce granite communiquait avec la masse primitive, si je puis m'exprimer ainsi , et que cette disposition du granite pouvait être attribuée à un bouleversement dans lequel les couches stratifiées avaient été rompues , quelquefois renversées, et recouvertes du granite en fusion.

Ces faits démontreraient, s'il en était besoin, que de grandes catastrophes ont succédé à une période qui paraissait durable. Les tremblemens de terre et les éruptions volcaniques sont encore là pour nous démontrer que cet état de choses dure encore.

II.

Terrains stratifiés, inférieurs, non fossilifères.

Parmi les terrains stratifiés non fossilifères , il faut placer des roches qui ont déjà été désignées, telles que le gneiss, le mica-schiste, l'eurite, l'euphotide, la serpentine, la quarzite, l'amphibolite et le stéaschiste; à ces roches il faut joindre l'ophicalce, le calschiste, le cipolin, le calcaire saccaroïde, les phyllades, l'ampélite, le schiste-ardoise.

L'*ophicalce* est formée de calcaire et de serpentine, ou de talc, ou de chlorite. Cette roche ne présente point une stratification bien déterminée; elle se trouve avec l'ophiolite et le stéaschiste.

Le *calschiste* est une roche à structure feuilletée, formée de schiste argileux contenant du calcaire en veine, en lames ou en nodules. M. Brongniart pense qu'il appartient plutôt aux terrains qu'il appelle semi-cristallisés, qu'aux terrains de sédiment. Nous verrons bientôt que l'on peut, avec quelque apparence de raison, émettre une opinion contraire.

Le *cipolin* est formé de calcaire saccaroïde contenant du mica ou du talc. On le trouve avec le calcaire saccaroïde, le stéaschiste, l'ophicalce et les phyllades.

Les *phyllades* sont composées d'un schiste argileux et de mica. Cette roche, d'une structure schisteuse, offre aussi un grand nombre de variétés, qui sont les phyllades pailleté, carboné, quarzeux, pétro-siliceux, porphyroïde, maclifère, staurotique et pyriteux. Ces roches s'élèvent quelquefois jusque dans les terrains carbonifères; on y trouve des débris organiques, tels que des trilobites, et l'on y rencontre des gîtes métallifères de galène, d'oligiste, d'aimant, de chalkopyrite et de blende.

L'*ampélite* est encore une roche à structure schisteuse dont la nature n'est pas bien déterminée; quelquefois elle est noire et sert de pierre à tracer. Cette couleur noire est digne d'attention; car elle est sans doute due à du charbon dont l'origine est inconnue, et l'on sait que tout le carbone qui existe à l'état de charbon a une origine organique, jusqu'à l'anthracite, qui existe dans le terrain dont il est ici question, et que l'on peut considérer comme de la houille qui a subi une température élevée sous une forte pression (voy. les terrains carbonifères).

Le schiste-ardoise est connu de tout le monde ; il forme, à lui seul, des bancs puissans et même des montagnes.

L'ordre d'alternance des strates des terrains non fossilifères n'est pas bien déterminé, ou il ne doit point l'être, et cela est probable ; car il n'y a peut-être pas de raison bien positive pour la subordination des strates. Les accidens nombreux que l'on observe dans ces terrains disloqués et entrecoupés ne permet pas d'établir cette alternance d'une manière absolue et générale, cela ne pouvant avoir lieu que pour une localité déterminée ; cependant les roches qui les forment ont été signalées en les prenant de bas en haut, selon ce que l'on observe le plus communément.

, , Ce qu'il y a de plus remarquable dans ce terrain, c'est la stratification des couches et la structure schisteuse des roches. Dans les terrains que l'on regarde, avec juste raison, comme sédimentaires, la stratification semble une nécessité ; tandis que, dans les terrains dont il est ici question, la stratification peut, dans la plupart des cas, ne pas reconnaître la même cause ; en effet, les gneiss et les micaschistes, dont l'origine paraît être ignée, avec autant de probabilités que celle des terrains stratifiés en a pour être aqueuse, n'ont pu être stratifiés par les mêmes moyens. Pour apporter quelque soin dans l'étude de la formation de ce groupe de roches, il ne faut point oublier qu'elles forment la transition à deux ordres de choses essentiellement différens, et qu'il est rationnel de penser qu'elles pourront avoir des origines diverses et tout à fait opposées. Toute opinion absolue dans ce cas empêcherait bien certainement que l'on découvrît la vérité. Or, en se basant sur cette hypothèse, on est conduit à considérer comme roches ignées celles qui ont une structure cristalline, et qui sont formées des mêmes élémens que les roches ignées proprement dites. Le gneiss, le micaschiste pourront donc être considérés comme appartenant à la première formation, et leur stratification paraît due au déversement d'une matière en fusion. Cela serait encore très probable, quand même ces roches paraîtraient, d'après les faits actuellement existans, avoir coulé en sens inverse de la pesanteur ; car les bouleversemens qui ont eu lieu, à l'époque de leur formation, ont pu renverser la disposition primitive. Quant à la variété que l'on peut observer dans la nature des mélanges, elle peut être due à une espèce de liquation, ou à un triage des élémens qui s'est formé par une différence de fusibilité et de poids spécifique. Le calschiste et le schiste-ardoise paraissent être des masses sédimentaires dont la nature a été modifiée par la chaleur qui s'est développée lors des bouleversemens qui ont eu lieu lorsque la première couche solide du globe s'est rompue, en donnant issue à des masses en fusion. On pourrait objecter à cette manière de voir la structure schisteuse qui, étant présentée par toutes les roches de ce groupe, semble indiquer une même origine. Cependant, si l'on examine les faits avec attention, ils présentent des différences assez notables pour que l'on puisse leur attribuer des modes distincts de formation. La formation schisteuse me paraît due, tantôt à une structure cristalline, tantôt à un dépôt sédimentaire. La côte de Massiac, qui se trouve sur la limite des départemens du Cantal et de la Haute-Loire, est taillée dans le felspath, dont l'ensemble présente, sur une échelle immense, une véritable structure cristalline démontrée par un clivage net et très apparent. Dans bien des endroits il se trouve du mica entre les lames parallèles, et l'on a affaire à une roche qui, de simplement felspathique, est devenue un véritable schiste ou un gneiss schistoïde, sans que l'on puisse dire précisément où la transition a commencé. Dans ce cas, la structure schisteuse dérive immédiatement de la structure cristalline du felspath et de la forme laminaire du mica, qui peut exister entre les joints. Dans le micaschiste, la forme schisteuse est encore évidemment due à la structure toute particulière du mica ; et comme le quarz ne se prête qu'accidentellement à cette structure, il en résulte que les lames schisteuses sont ondulées, parce que le mica, étant élastique, a pu suivre les contours des morceaux de quarz. Je répète ici que la structure schisteuse de l'ardoise me paraît être sédimentaire, l'inclinaison très oblique ou même verticale du plan de fissilité des ardoises ne peut être objectée; car ce plan a pu être horizontal et ne devenir oblique que par des soulèvemens ou des affaissemens des couches sous-jacentes. Ce dérangement des couches est très ordinaire dans les terrains dits de transition, et même encore plus haut. Dans les environs de Manosque on peut marcher pendant plus d'une heure sur des couches de houille et de schistes houillers qui sont absolument perpendiculaires à l'horizon. L'origine que l'on attribue à la houille ne permet pas de douter que les couches en aient été horizontales. Les marnes feuilletées qui recouvrent immédiatement la masse inférieure du gypse de Montmartre, près Paris, offrent une puissante analogie en faveur de l'opinion que je soutiens ici, que des schistes ont été formés par voie de sédiment.

Des géologues ont pensé que le calcaire saccaroïde du groupe stratifié non fossilifère, était formé par la voie aqueuse ; mais depuis que les expériences de Hales et de Buc'hoz ont démontré que le carbonate de chaux était fusible sans décomposition sous une pression plus considérable que celle de l'atmosphère, on est en droit de penser que cette roche a pu tout aussi bien être formée par voie de fusion ignée que par voie aqueuse. Il ne serait point impossible que le calcaire saccaroïde ait d'abord été déposé par un sédiment, et qu'il ait été fondu ensuite. Il n'est point impossible, non plus, qu'il existe du calcaire saccaroïde qui ait cristallisé par voie de dissolution, et qu'il y en ait d'autre qui ait cristallisé par voie de fusion.

III.

Terrains stratifiés, fossilifères, inférieurs.

Ce groupe, difficile à déterminer, ressemble au précédent, et n'en diffère essentiellement que par la présence de restes organiques, souvent altérés de telle manière que la chimie seule peut prononcer sur leur origine, toute espèce de forme ayant appartenu à un être vivant étant souvent disparue complètement

On trouve dans ce groupe des schistes sédimentaires altérés par le voisinage de roches ignées qui présentent, dans plusieurs points de leur étendue, tous les aspects des schistes que l'on rapporte généralement à cette dernière formation. La présence de corps organiques dans leur intérieur, que l'on attribue principalement au genre *producta*, comme cela s'observe à Tintagel en Cornouailles, ne laisse point de doute sur leur véritable origine.

IV.

Groupe de la grauwake.

Les géologues sont peu d'accord sur les limites de ce groupe : les uns le continuent jusques et y compris le vieux grès rouge, d'autres le terminent où commence cette roche. La grauwake a été désigné quelquefois sous le nom de *calcaire de transition* ou *intermédiaire ;* M. d'Aubuisson la nomme *traumate*. Elle est représentée par des masses considérables de roches schisteuses et arénacées parmi lesquelles on rencontre des amas calcaires d'une étendue assez grande. Selon M. Labèche « les roches arénacées se rencontrent à la fois en couches compactes et en couches schisteuses; *ce dernier état est dû souvent à la présence du mica, qui est disposé suivant le sens des feuillets.* » Ce groupe présente aussi des conglomérats ; et l'on y rencontre le schiste ardoise, auquel M. Labèche attribue *une origine mécanique*, ainsi que je l'ai dit en parlant des schistes en général.

Les fossiles commencent à devenir nombreux dans ce groupe : on y trouve des algues, des équisitacées, des fougères, des lycopodiacées, des polypiers, des radiaires crinoïdes, des annélides du genre *serpula*, des conchifères des genres *spirifer, terebratula, producta, pecten, trigonia, cardium*, etc. ; des mollusques, parmi lesquels on remarque principalement des orthocératites, des nautiles, des ammonites; on y trouve encore des crustacés et des ichthyodorulites, qui sont des dents de poissons marins.

Les mollusques les plus abondans et les plus remarquables sont ceux des genres *orthocératites, producta, spirifer* et *terebra-*

tula. La plupart des espèces que l'on rencontre dans la grauwake ne se trouvent plus qu'à l'état fossile, et ont cessé complètement d'exister sur le globe. Les orthocératites, les ammonites,
les *spirifer*, les *producta*, les trilobites, sont de ce nombre. Les
encrines, qui ont des formes si originales, passaient aussi pour
avoir été détruites, mais on en a retrouvé une espèce vivante
sur les rivages des mers actuelles.

Le terrain de la grauwake est fortement accidenté, et se trouve
souvent traversé par des amas de matières des terrains inférieurs ; les géologues les rangent parmi les terrains de transition
ou intermédiaires.

V.

Groupe carbonifère.

M. Labêche réunit dans ce groupe le *vieux grès rouge*, qui
est à la partie la plus inférieure, le *calcaire carbonifère* et le
terrain houiller.

Le *vieux grès rouge*, ou grès rouge intermédiaire, dont il a
été question en parlant de la grauwake, est un grès micacé à
grains grossiers, d'une couleur rouge brun, ou brune, ou grise,
qui renferme des fragmens de quarz, de l'argile et des schistes.
Sa texture devient quelquefois assez grossière pour qu'il ressemble à un conglomérat ; mais il prend aussi la forme schisteuse ; ses couches alternent avec des lits d'argile. Les fossiles du
vieux grès rouge sont en petit nombre : on y a principalement
trouvé quelques plantes terrestres, des encrinites et des térébra-
tules. Ces êtres organiques indiquent tout à la fois une formation terrestre et marine. La puissance du vieux grès rouge est
très variable ; mais, dans sa plus grande épaisseur, elle peut être
évaluée à 457^m.

Le calcaire carbonifère est gris bleuâtre, foncé ; il présente un
aspect cristallisé dans bien des points. Souvent il est traversé par
des veines de calcaire cristallisé, incolore. Ce calcaire existe
dans le département du Nord, en Belgique, en Angleterre et
dans une partie de l'Allemagne. En France il est enfoui sous

les couches du terrain houiller; en Belgique, où il est à nu, il est employé dans les constructions. Souvent il renferme une telle quantité d'articles de pédicules d'encrinites, que cela lui a valu le nom de calcaire à encrines. Les empreintes de *producta* et de *spirifer* y dominent également; mais on y rencontre une foule d'autres fossiles : quelques plantes que l'on trouve aussi dans le schiste houiller; des polypiers; des radiaires crinoïdes; des annélides, *serpula;* des mollusques, *spirifer, terebratula, producta,* l'*ostrea prisca, pecten, mytilia, arca, cardium, tellina;* des conchifères , *patella primigena, planorbis æqualis, ampullaria, nerita, delphinula, cirrus, evomphalus, plurotomaria turritella, buccinum, orthoceratis, nautilus, ammonites;* des crustacés; des dents, des palais, des os de poissons.

La puissance de cette couche a été évaluée à 258^m; elle est, comme la précédente, de formation marine et terrestre.

Le terrain houiller n'est pas le même dans toutes les parties du globe, et il ne peut se trouver bien caractérisé que par la présence de la houille ; cependant, dans les localités où il est accompagné de roches déterminées, il est caractérisé par la présence de ces roches, quand bien même la houille n'existerait pas.

Dans la Belgique et dans le nord de la France, la houille exploitable forme une ligne qui s'étend de l'est à l'ouest, en passant par Charleroi, Mons, le bois de Boussu, Anzin, Denain, Douchy, Aniche et Auberchicourt. Le terrain houiller a été reconnu sur la même ligne à Monchy-les-Preux et à Tilloy, près d'Arras. Le terrain houiller repose sur le calcaire carbonifère; il est constitué par des couches alternatives de grès houiller noir, micacé, de houille et de schistes noirs à empreintes végétales. Dans le bois de Boussu, les couches effleurent le sol ; en partant de là, elles s'inclinent vers la France, et ce n'est bientôt qu'à une grande profondeur que l'on peut les rencontrer. A Denain elles forment un petit bassin dont les premières couches sont à 64^m au dessous du sol; à Aniche, elles sont à 124^m; à Auberchicourt, elles sont à 145^m. Les couches carbonifères sont accidentées et inclinées dans divers sens ; partout elles sont recouvertes par une couche horizontale ou à peu près telle, d'une espèce de poudingue qui a deux mètres d'épaisseur. Cette couche, que les mineurs du pays nomment *tourtia*, est considérée comme l'indice du terrain houiller. Elle existe à 175ᵐ à Monchy-les-Preux, et elle se relève vers Arras ; mais dans ces derniers endroits elle est incolore, et les mineurs la regardent comme ne devant pas reposer sur la houille. Dans cette couche de poudingue, on trouve quelques mollusques bivalves d'eau douce. On a fait beaucoup de sondages dans les environs de Lille, pour trouver de la houille, et l'on est arrivé jusque sur le calcaire carbonifère sans en rencontrer, circonstance qui a ôté l'espoir d'en trouver jamais dans cet endroit.

Le dépôt houiller du centre de la France diffère du précédent. Il repose immédiatement sur le granite, le gneiss et le micaschiste, sans que les autres roches, telles que le calcaire carbonifère, le vieux grès rouge, etc., soient interposées. C'est ce que l'on observe à Saint-Étienne, à Rive-de-Gier, à Fins, etc.

Le midi de la France contient aussi de la houille qui se présente encore dans d'autres circonstances géologiques ; là elle existe dans des mamelons plus ou moins conoïdes, qui ont l'aspect des montagnes volcaniques de l'Auvergne ; elle est en couches très variables, quant à leur épaisseur et à leur nature, qui alternent avec un schiste tendre et peu coloré.

Aux environs de Manosque, dans le département des Basses-Alpes, le terrain houiller existe sur une très grande étendue ; mais il est on ne peut plus accidenté ; les couches de houille, qui sont nombreuses, et ont généralement peu d'épaisseur, sont souvent verticales et alternent avec un schiste blanc-roussâtre qui, sur une étendue immense, ne m'a présenté qu'un échantillon représentant une empreinte d'une feuille qui avait beaucoup de ressemblance, sous le rapport de la forme et de la grandeur, avec celle de l'olivier ; mais elle pourrait bien appartenir

à une fougère ou à une plante monocotylédone, car on n'y ob-
servait aucune nervure transversale.

Dans le voisinage des houillères on trouve souvent des masses
de bitume ou des roches bitumineuses, qui sont des grès im-
prégnés de cette substance, ou des sables plus ou moins grossiers qu'elle a empâtés. Ces bitumes sont situés généralement
au-dessus de la houille ; mais ils ne forment point de couches
déterminées. Les houilles qui les avoisinent ont quelque ressemblance avec l'anthracite, comme cela s'observe à Manosque et à
Lobsann. Ces houilles ne sont plus ramollissables par la chaleur
et ne se soudent pas dans les foyers. L'examen auquel je me
suis livré permet de penser que les bitumes proviennent de
la distillation naturelle de la houille. En effet, on sait que la
distillation artificielle de cette substance, telle qu'on l'opère
dans les usines à gaz, donne, entre autres produits, un goudron
qui présente beaucoup d'analogie avec les bitumes naturels et
du coke qui n'a l'éclat métallique et qui n'est poreux que parce
qu'il a été fortement chauffé sous une faible pression ; et l'on a
tout lieu de croire que, sous l'influence d'une température plus
faible et d'une pression plus considérable, il présenterait l'aspect des houilles auxquelles on peut attribuer la production
du bitume. Si l'on résume ce qui précède, on verra, en effet,
que les terrains houillers qui peuvent passer pour avoir produit
du bitume sont fortement accidentés, qu'ils avoisinent les
terrains ignés et que la houille qu'ils contiennent n'est plus bi-
tumineuse. Ce concours de circonstances est entièrement en faveur de la théorie qui vient d'être exposée.

Le terrain houiller renferme une foule de fossiles, que l'on observe principalement et même exclusivement dans le schiste ;
c'est là que l'on trouve ces superbes empreintes de fougères, de
lépidodendrons, de calamites, etc. Voici, au reste, l'énumération des familles et des genres que l'on trouve dans cette période
de formation : équisétacées, *equisetum, calamites;* fougères, *sphenopteris, cyclopteris, nevropteris, pecopteris, lonchopteris, odontop-
teris, schizopteris, sigillaria,* marsiliacées, *sphenophyllum ;* lyco-

podiacées, *lycopodites*, *selaginites*, *lepidodendron*, *cardiocar-pon*, *stigmaria*; palmiers, *flabellaria*, *noggerathia*; cannées, *cannophyllites*; monocotylédonées de familles indéterminées, *sternbergia*, *poacites trigonocarpum*, *musocarpum*; végétaux de classe incertaine, *annularia*, *asterophyllites* (1), *volkmannia*. Les animaux que l'on trouve dans le terrain houiller sont des conchifères, *pentamerus*, *lingula*, *vulsella*, *pecten*, *mytilus*, *unio*, *nucula*, *saxicava*, *hyatella*; des mollusques, *evomphalus*, *turritella*, *bellerophon*, *orthoceratites*, *ammonites*; des ichthyodo-rulites dans l'argile schisteuse, des palais de poissons dans la houille.

Si l'on compare la Flore du terrain houiller à celle de l'époque actuelle, on observe d'énormes différences. Dans le temps où les végétaux qui viennent d'être énumérés vivaient à la sur-face du sol, on comptait environ six formes types autour des-quelles toutes les espèces venaient se ranger; aujourd'hui le nombre de ces types est beaucoup plus considérable. Le nombre des espèces des terrains houillers s'élève environ à 250, dont les fougères formaient un peu plus que la moitié; parmi celles-ci la moitié environ était arborescente. Les lépidodendrées re-présentaient le quart des espèces. Les *equisetum* étaient immen-ses, et les lépidodendrons étaient gigantesques, si on les compare aux lycopodiacées actuelles, qui sont les plantes qui ont le plus d'affinité avec eux, puisqu'on en a signalé dont les tiges avaient plus de cinquante pieds de longueur. Les plantes les plus nom-breuses de l'époque actuelle sont les dicotylédones, puis les monocotylédones, puis les agames, puis les fougères, et enfin les gymnospermes (conifères et cycadées). Aucune partie du globe ne se trouve dans les mêmes conditions que le terrain houiller; cependant la végétation des petites îles intertropicales s'en rap-proche le plus. Dans les Antilles, les fougères forment un dixième

---

(1) Selon M. Ad. Brongniart, le genre *annularia* est intermédiaire aux *asterophyllites* et aux *equisetum*. Selon le même botaniste, les *calamites* pourraient bien être les tiges des *asterophyllites*.

des espèces végétales qui les habitent, et ce rapport est le plus élevé, car entre les tropiques mêmes, et sur le continent, il n'y en a qu'un vingtième. Au delà des tropiques, dans les régions tempérées, on n'en trouve qu'un quarantième du nombre des espèces végétales. Il y a donc quelque probabilité pour que les végétaux des terrains houillers aient pris naissance dans des îles. La forme des bassins carbonifères se prête à cette supposition. Il découle encore de là que les dépôts de houille se sont formés sur place, et cela se trouve confirmé par la découverte que l'on a faite, en plusieurs endroits, d'équisétacées et de *sigillaria* fossiles qui auraient conservé leur position verticale (grès houiller de Saint-Étienne; Newcastle, comté de Durham).

Il résulte de ce qui précède que les houillères se seraient formées comme les tourbières, et que l'accumulation des végétaux aurait eu lieu par des changemens successifs qui seraient survenus dans le niveau des eaux. Les petites îles sur lesquelles croissaient les végétaux qui donnaient naissance à la houille étaient éparses à la surface du globe; souvent elles se rejoignaient sur une ligne d'une grande étendue, comme celle qui a été signalée plus haut dans le nord de la France et la Belgique, probablement dans des vallées entourées de montagnes ou de collines; c'est ce qui explique le peu de succès des recherches nombreuses que l'on a faites récemment dans le voisinage des bassins houillers du nord de la France.

La puissance totale du terrain houiller, dont les couches de houille sont très variables en nombre, en qualité et en épaisseur, peut être évaluée à 305^m. Ce terrain est de formation tout à la fois terrestre, d'eau douce et marine.

VI.

Groupe du grès rouge.

Le groupe du nouveau grès rouge est immédiatement au dessus de la série des terrains carbonifères. Il comprend, en allant de la partie inférieure à la partie supérieure : 1° un *con-glomérat rouge* ; 2° le *calcaire alpin* ; 3° le *grès bigarré* ; 4° le *muschelkalk* ; 5° les *marnes irisées*. **Pl.** 3 , fig. 3 , **VI**.

Ce groupe n'est point parfaitement limité ; le conglomérat renferme des fragmens du terrain houiller, et les marnes irisées se confondent dans quelques localités , telles que les environs de Lons-le-Saulnier , avec le lias qui fait partie du groupe oolitique qui lui est superposé.

Le *conglomérat* porte aussi les noms de *pséfite rougeâtre* et de *grès rouge*. Il se présente sous l'aspect d'un grès générale-ment de couleur rouge , qui renferme souvent des fragmens anguleux des roches sur lesquelles il repose. Ces roches sont le plus souvent le trapp et le porphyre. Leur épaisseur totale est évaluée à 152ᵐ.

Le *calcaire alpin*, ou *calcaire magnésien*, ou *zechstein* des Alle-mands , est de couleur grisâtre , à cassure esquilleuse ; il ren-ferme des couches différentes les unes des autres, et qui varient selon les localités. Dans le Hartz, la Franconie, etc. , il est formé d'un schiste cuivreux (*kupferschiefer*), de calcaire fétide (*stinkstein*), d'une marne friable (*asche*). Dans le nord de l'Angleterre, le calcaire alpin est représenté par un calcaire ma-gnésien qui se divise en plusieurs couches qui sont un schiste marneux correspondant au schiste cuivreux de l'Allemagne, un calcaire magnésien jaune , de la marne rouge , du gypse , et un calcaire en couches minces, qui représente les autres couches.

Les débris des corps organiques qui se trouvent dans le zechstein sont nombreux ; on commence à y rencontrer des reptiles. Voici l'énumération des principaux genres : végétaux : *fucoïdes, cupressus* ; zoophytes, *retepora, calamapora* ; radiaires, *cyathocrinites, encrinites* et plusieurs genres de crinoïdes indé-terminés ; mollusques , *producta, spirifer, terebratula, axinus, arca , cucullæa , avicula , modiola, mytilus , unio . pecten*, etc. : poissons, *palæothrissum, palæoniscum, stromateus, clupea, chæ-thodon* ; reptiles, monitor de la Thuringe.

Les fossiles les plus remarquables de cette roche, ou ceux que l'on regarde comme caractéristiques, sont le *producta aculeata*, et les poissons des genres qui ont été signalés.

L'épaisseur totale du calcaire alpin est de 152^m.

Le *grès bigarré*, ou *nouveau grès rouge*, est d'un aspect variable ; tantôt il est en masse amorphe à grains fins, tantôt il contient du mica et prend une structure schisteuse, tantôt enfin il renferme des fragmens de quarz qui lui donnent l'aspect d'un conglomérat ; sa couleur est généralement rouge, mais elle est aussi blanche, verdâtre et bleuâtre. Le grès micacé se trouve à la partie supérieure ; il contient habituellement du gypse et de la dolomie. Cette roche s'observe sur une échelle immense dans la chaîne des Vosges. On y trouve des fossiles végétaux, parmi lesquels on distingue des *equisetum*, des *calamites*, des *anomopteris*, des *nevropteris*, des *sphenopteris*, le *felicites scolopendroïdes* d'Ad. Brong., des *voltzia*, etc. On y compte aussi des mollusques des genres *plagiostoma, avicula, mytilus, trigonia, mya, natica, turritella* et *buccinum*.

La puissance du grès bigarré est de 91^m.

Le *muschelkalk* ou *calcaire coquillier*, est compacte, de couleur grise. On y rencontre des fossiles nombreux dont les plus caractéristiques sont l'*encrinites moniliformis*, la *terebratula vulgaris*, le *mytilus eduliformis*, le *cypricardia socialis* et l'*ammonites nodosus*. Les autres fossiles appartiennent aux genres suivans : parmi les végétaux, un *nevropteris*, un *mantellia* ; parmi les zoophytes, l'*astrea pediculata* ; des radiaires, des *serpula* ; des mollusques, *terebratula, ostrea, pecten, plagiostoma, avicula, mytilus, trigonia, cardium, mya, dentalium, turritella, buccinum, nautilus, ammonites* ; des crustacés, des dents de squales, des débris de plésiosaures, d'ichthyosaures, de *chelonia* et d'autres reptiles non déterminés. Le groupe du muschelkalk, qui se confond quelquefois avec les marnes irisées vers la partie supérieure, a une épaisseur d'environ 91^m.

Les *marnes irisées* sont compactes, d'une couleur qui est tantôt rouge lie de vin et tantôt grise : elles contiennent du gypse et du sel gemme dans la partie inférieure ; du calcaire magnésien, de la houille et du grès vers le milieu de leur épaisseur ; du gypse et de la célestine dans la partie supérieure, ainsi qu'on l'observe à Vic , dans le département de la Meurthe. Vers leur partie supérieure elles se confondent quelquefois avec le grès du lias qui fait partie du groupe suivant. Les fossiles que l'on rencontre dans ce groupe sont : des équisétacées, *equisetum, calamites* ; des fougères, *pecopteris , tæniopteris, filicites , pterophyllum* ; des mollusques appartenant aux genres *plagiostoma , cardium, trigonia, mya , avicula, posidonia, saxicava* ; des dents de *squalus raja* ; des restes de *phytosaurus cylindricodon*, de *mastodonsaurus Jageri* , d'*ichthyosaurus lunevillensis* et de *plesiosaurus*.

La puissance des marnes irisées est de 152^m. L'épaisseur totale du groupe du grès rouge est de 638^m.

Il est difficile de se rendre compte de la formation du groupe du grès rouge ; elle a dû être signalée par des ruptures de couches et par des courans d'eau d'une telle violence , qu'ils ont pu charrier des blocs de porphyre du poids de mille kilogrammes , ainsi que cela paraît résulter de l'observation faite sur le versant occidental de Little Holdon Hill ; quoi qu'il en soit, elle a commencé à niveler les terrains sous-jacents en se déposant dans leurs anfractuosités. Le groupe du grès rouge a été reconnu dans les Vosges , en Allemagne , en Angleterre , dans le Mexique et dans la Jamaïque.

VII.

Groupe oolitique.

Le groupe oolitique , qui porte aussi le nom de calcaire jurassique, a été observé sur une partie considérable de l'Europe ; mais c'est en France et en Angleterre qu'il a été le mieux étudié. Les couches qui le constituent ne sont pas toujours identiques dans tous les lieux où on l'observe. En Angleterre , son épaisseur totale est très considérable ; on estime qu'elle est de 747^m (V. pl. 3, V). M. Labèche y réunit le lias , qu'il place à la partie inférieure ; viennent ensuite l'oolite inférieur, la terre à foulon, le grand oolite, la terre de Bradford, le forest marble, le cornbash, l'argile d'Oxford, le coral-rag (calcaire à polypiers), l'argile de Kimmeridge et l'oolite de Portland.

Le lias est représenté par un calcaire argileux alternant avec des couches de schiste argileux dans la partie la plus inférieure, ou par une roche arénacée que l'on nomme quadersandstein, comme on l'observe dans les Vosges. Dans la partie supérieure il existe des marnes bleues, alternant avec le calcaire argileux. La puissance de ces couches est de 152^m. On y trouve des fossiles nombreux parmi lesquels on distingue des végétaux et des espèces des genres *serpula*, *echinites*, *pentacrinites*, *nautilus*, *ammonites*, *belemnites*, *orthocera*, *turbo*, *helicina*, *trochus*, *melania*, *patella*, *dentalium*, *modiola*, *cardia*, *astarte*, *cytherea*, *arca*, *cucullæa*, *nucula*, *spirifer*, *terebratula*, *gryphœa*, *ostrea*, *pecten*, *plagiostoma*, *lima*, *plicatula*, *hippopodium*, *avicula* ; des crustacés, des palates, des os de poissons, d'*ichthyosaurus*, de *plesiosaurus*, des crocodiles. Les fossiles les plus remarquables ou ceux que l'on considère comme caractéristiques sont la *gryphœa incurva*, l'*ammonites Bucklandi* et le *plagiostoma gigantea*.

L'*oolite inférieur* est formé de sable sur lequel repose un calcaire jaune ou brun, qui contient du minerai de fer de l'espèce *limonite*. Son épaisseur est de 55^m. On observe dessus des lits de calcaire argileux plus ou moins durcis, sur lesquels repose de la terre à foulon, et des lits d'argile dont la couleur est tantôt jaune et tantôt bleue. Sa puissance est de 43^m. Les fossiles sont encore nombreux dans ce groupe, qui renferme des coraux, des encrinites, des échinites, des serpules, des crustacés et des espèces nombreuses des genres *nautilus*, *ammonites*, *belemnites*, *trochus*, *nerita*, *cirrus*, *melania*, *turbo*, *rostellaria*, *ampullaria*, *trigonia*, *nucula*, *cardita*, *cucullæa*, *mya*, *astarte*, *cardita*, *mytilus*, *modiola*, *donax*, *pinna*, *terebratula*, *ostrea*, *pecten*, *lima*, *avicula*, *perna* et *plagiostoma*.

Le grand oolite a 40ᵐ d'épaisseur; c'est un calcaire jaune, présentant une foule de nodules arrondis. On y trouve des encrinites, des *coraux*, des serpules, des coquilles des genres *turritella*, *trochus*, *modiola*, *ostrea*, *trigonia*, *pecten*, *avicula*, *terebratula*, *chama*, des bois fossiles, etc.

L'*argile de Bradford*, dont la puissance est de 15ᵐ, est de couleur bleuâtre et marneuse. On y remarque des fossiles des mêmes genres que dans la couche précédente ; la plus caractéristique est l'*apiocrinites rotundus*. Le *forest-marble*, qui n'a que 15ᵐ de puissance, est représenté par des bancs de sable dans lesquels sont intercalés des lits de calcaire d'apparence schisteuse. Les fossiles que l'on trouve dans cette roche ont une organisation plus élevée que ceux des roches inférieures ; on distingue dans le schiste des *pentacrinites*, *serpula*, *nautilus*, *belemnites*, *patella*, *turritella*, *avicula*, *rostellaria*, *ancilla*, *trigonia*, *mya*, *ostrea*, *pecten*, pholadomys, des élytres d'insectes, des os de poissons, des carapaces de tortues, des restes de crocodiles, de *plesiosaurus*, de *megalosaurus*, d'oiseaux et de didelphes. — L'*avicula ovata* est très abondant dans le banc de schiste et le caractérise assez bien.

Le *cornbrash* commence à la partie inférieure par de l'argile sur laquelle vient reposer un calcaire friable ; son épaisseur n'est que de 9ᵐ. Les fossiles que l'on y trouve sont moins nombreux que ceux du groupe précédent. On y a remarqué des *pentacrinites*, des *echinites*, des *serpula*, des *ammonites*, des *turbo*, des *turritella*, des *rostellaria*, des *modiola*, des *trigonia*, des *cardium*, des *pecten*, des *ostrea*, des *avicula*, des *cardita*, des *lima*, des *terebratula*, des débris de bois fossiles et des restes de crocodiles.

L'*argile d'Oxford* est de couleur bleue; sa ténacité est remarquable. Elle contient des lits de calcaire et des schistes bitumineux. Sa puissance est considérable auprès de celle des roches précédentes ; elle est évaluée à 183ᵐ. Les fossiles les plus remarquables de cette roche appartiennent aux genres *nautilus*, *ammonites*, *belemnites*, *rostellaria*, *patella*, *cardita*, *chama*, *tri-*

gonia , *ostrea* , *gryphœa* , *perna* , *pecten* , *plagiostoma* , *avicula* , *perna*; on y trouve aussi des poissons, des os de poissons, d'*ichthyo-saurus* , de *plesiosaurus* et de crocodiles, ainsi que des bois fos-siles.

Le *coral-rag* ou calcaire corallique est formé de trois lits principaux ; l'inférieur est arénacé , le moyen est un calcaire peu cohérent qui renferme beaucoup de coraux , le supérieur est un calcaire jaune qui possède une structure oolitique. Cette roche , ou plutôt ce groupe , dont l'épaisseur est de 46^m, est principalement caractérisé par l'abondance des coraux qui se trouvent dans la partie moyenne ; cependant, ainsi que M. La-bèche le fait judicieusement observer, il est difficile de croire que la présence des coraux puisse caractériser une formation tout entière ; car on sait que ces polypiers n'habitent les eaux qu'à une profondeur déterminée , et qu'il n'a dû en exister que dans les endroits que présentaient les circonstances favorables à leur existence. On sent donc que la masse qui les a ensevelis a pu avoir une étendue beaucoup plus considérable que celle des lieux où on les rencontre. Aux coraux il faut ajouter des bois fossiles et des animaux des genres *echinites* , *belemnites*, *ammonites, nautilus, melania, turbo, trochus, ampullaria , ostrea ,* *pecten, chama, trigonia , lima, mytilus, modiola, turritella, arca,* *serpula* , et des restes d'ichthyosaures.

L'*argile de Kimmeridge* est mêlée de calcaire et de schiste bi-tumineux ; sa couleur est le bleu et le gris jaunâtre. Comme elle varie dans plusieurs localités, on la caractérise principale-ment par la *gryphœa virgula ,* des *astarte* et l'*ostrea deltoïdea.* On y trouve des restes de crocodiles, d'ichthyosaures et plusieurs espèces des genres *serpula, nautilus, ammonites, trochus, turbo ,* *melania, ostrea , venus , astarte , trigonia, modiola , cardita , car-dium, mactra, tellina, chama, avicula, pecten, terebratula, phlo-damys.* Sa puissance est de $152.^m$.

L'*oolite de Portland.* Calcaire jaunâtre, oolitique, d'une dureté variable. Indépendamment des fossiles des genres signalés dans le groupe précédent, on en trouve dans celui-ci des genres

natica, *solarium*, *lutraria*, *nerita* et *cyclas*. Les espèces caractéristiques sont le *pecten*, la *nullosus* et l'*ammonites triplicatus*.
L'épaisseur de cet oolite est de 37^m dans la localité dont elle
porte le nom.

La formation oolitique est remarquable par l'immense quantité de fossiles qu'elle renferme. Plus stable et plus régulière
que les formations précédentes, elle semble indiquer que la
nature n'avait besoin que de repos pour multiplier les individus
et les espèces sur la surface du globe. Elle est aussi signalée tant
par des espèces inconnues dans les terrains plus anciens que
par d'autres espèces qui ont cessé d'exister.

Ce qui mérite encore d'attirer l'attention, c'est la forme du
calcaire et de la limonite, qui sont souvent en grains arrondis,
de volumes très-variables, et dont le mode de formation est
encore à découvrir (1).

Toutes les couches du groupe oolitique sont de formation
tout à la fois marine, d'eau douce et terrestre.

VIII.

Groupe crétacé.

Dans son ensemble le groupe crétacé est formé de trois sous-
groupes principaux : 1° un terrain à lignites, 2° la glauconite,
3° la craie proprement dite. (V. pl. 3, iv, iii et ii.) La puissance
totale de ce groupe est de 654^m.

Le *terrain à lignites* comprend à sa partie la plus inférieure
le calcaire de Purbeck, puis des sables ferrugineux qui viennent
immédiatement après ; et enfin, de l'argile à lignites. Cette formation varie un peu selon les localités ; nous n'en décrirons
qu'une seule, celle qui a été observée à Veald. — Le *calcaire*

---

(1) Les grains oolitiques ne peuvent avoir été formés comme les cailloux
roulés ; car souvent ils sont creux ou renferment des noyaux mobiles, ou
sont formés de plusieurs couches concentriques.

de Purbeck est composé de couches calcaires qui alternent avec des marnes ; il est quelquefois recouvert d'une terre verte ; sa puissance est de 76ᵐ. On y a trouvé des *ostrea*, des *vivipara*, des os de poissons, des poissons, des restes de crocodiles et de tourterelles. — Les *sables ferrugineux (iron-sand)* ont une épaisseur de 122ᵐ. Ils sont formés de lits alternatifs de sable, de marne et d'argile, recouverts d'un sable ferrugineux, contenant du grès calcaire. On y trouve aussi du minerai de fer (limonite) exploitable. Ce terrain renferme des lignites en quantité remarquable, de échinites, des restes de mollusques des genres *cypris, nucula, cyrena, vivipara, unio, potamides, mya, avicula, cyclas, mytilus,* des os de poissons, des palates, des dents de goulu, des restes de crocodiles, de *plesiosaurus,* de *megalosaurus,* d'*iguanodon.* — L'*argile à lignites* a 91ᵐ d'épaisseur ; elle est ferrugineuse dans la partie inférieure ; ensuite elle est d'un gris bleuâtre et contient des couches de calcaire. On y trouve des fossiles des genres *cyrenia, melania, paludina, vivipara, cardium, pinna, venus, cyclas, ostrea,* et des restes de poissons et de crocodiles. La *cypris faba* se trouve dans tout le sous-groupe et le caractérise.

La *glauconite* comprend les sables verts inférieurs, une argile marneuse et les sables verts supérieurs. Les *sables verts* inférieurs sont rougeâtres vers la partie supérieure. Leur puissance est de 76ᵐ ; ils contiennent un bon nombre de fossiles : plantes, coraux, *alcyonia, echinites, belemnites, hamites, nautilus, ammonites, turrilites, rostellaria, auricularia, murex, melania, mya, lutraria, venus, astarte, cardita, cucullœa, arca, chama, trigonia, plagiostoma, pecten, padopsis, gryphœa, ostrea, pinna, terebratula, inoceramus, gervilia, spharia, thetis, perna, tellina, petunculus, nucula, mytilus, turbo, natica, nummulites, serpula, dentalium, vermiculites,* crustacés et dents de poissons. Les fossiles que l'on désigne comme caractéristiques sont la *gervilia aviculoïdes,* la *thetis minor* et la *trigonia aliformis.* — L'argile marneuse, qui forme la couche moyenne, est d'un gris bleu ; on y trouve des lignites, des plantes, des coraux, et des fossiles des

genres *nautilus* , *hamites* , *belemnites* , *linus* , *rostellaria, ampullaria, natica, nucula, inoceramus, plicatula, dentalium, echinites* ,
des crustacés , des poissons, des dents de goulu. L'espèce dési-
gnée comme caractéristique est l'*inoceramus sulcatus.* Cette couche a 46^m d'épaisseur. — Les *sables verts supérieurs* sont meubles ou solides ; ils contiennent du grès et de la marne ; leur
épaisseur est de 30^m. On y trouve du bois , des *echinites* , des
alcyonia ; plusieurs e-pèces des genres *nautilus* , *ammonites* ,
turrilites , *scaphites* , *pecten, gryphæa, avicula, ostrea, cirrus* , *iso-
cardia* , *mya* , *plicatula* , des restes de crustacés et de poissons.
— L'*ostrea carinata* est regardée comme caractéristique de ce
terrain.

La craie, étant quelquefois séparée en deux groupes, est distinguée en craie inférieure et en craie supérieure. Son épaisseur
totale est de 213^m. — Elle est d'autant plus compacte et d'autant plus jaunâtre, qu'on l'observe à la partie la plus inférieure.
La craie est usitée comme pierre à chaux ; la partie inférieure
donne de la pierre à bâtir. La craie inférieure est dure, compacte
et jaunâtre. On y trouve des traces de plusieurs plantes, des
coraux, des encrinites, des échinites , des *alcyonia,* des coquilles
des genres *belemnites, nautilus* , *ammonites* , *scaphites* , *turrilites,
throcus, cirrus, plagiostoma, terebratula, mytiloïdes, inoceramus,
catillus, lutraria* , *cucullæa* , *trigonia, pachymys, plicatula* , *gryphæa, ostrea ;* des crustacés, des poissons, des dents de goulu, etc.
Les espèces *catillus Cuvieri* , Brong. , et *inoceramus Cuvieri* ,
Brong., sont réputées caractéristiques de la craie inférieure. —
La *craie supérieure* est plus blanche et moins compacte que la
craie inférieure ; elle renferme , à sa partie la plus élevée , des
lignes de rognons de silex pyromaque ou des couches minces
de la même substance, qui sont caractéristiques. — La craie
renferme des sperkises globuleuses, hérissées de cristaux, et du
quarz en rose. Le nombre des fossiles que l'on y trouve est immense , comme genres et comme espèces ; mais ils sont rares
comme individus, vu l'épaisseur considérable de la craie. En
général, ils sont presque détruits, ou bien on n'en trouve que

des parties calcaires qui se sont moulées dans le lieu qu'elles ont occupé. On trouve dans la craie supérieure des végétaux ligneux et herbacés, des coraux, de nombreux zoophytes, beaucoup de radiaires, des espèces du genre *serpula*, des cir-rhipèdes, une immense quantité de mollusques bivalves et uni-valves, parmi lesquels on remarque les genres *nautilus*, *ammonites*, *cirrus*, *pecten*, *plagiostoma*, *diartrosa*, *ostrea*, *dolium*, *teredo*, *terebratula* et *inoceramus*. On y trouve des crustacés des genres *astacus*, *pagurus*, *scyllarus*, *eryon*, *arcania*, *etyœa*, *coryster*; des poissons des genres *squalus*, *murœna*, *esox*, etc. ; des reptiles, *mesosaurus Hoffmannii*, et crocodile de Meudon.

La craie termine une période de formation dont la surface est à nu sur une étendue immense de pays. On l'observe dans les environs de Paris et elle s'étend jusqu'en Belgique ; vers cette limite elle diminue peu à peu d'épaisseur, et bientôt elle rejoint le terrain carbonifère, dont les couches sont fortement relevées et viennent affleurer le sol. La surface de la craie est souvent horizontale et forme des plaines considérables, comme celles que l'on observe entre Cambrai et Valenciennes. Quelquefois la craie forme des collines alongées et peu élevées, comme celles de Jaux, de Venette et de Marigny, près Compiègne. Ces collines sont faciles à distinguer par le seul aspect de celles qui sont formées par les terrains tertiaires qui reposent sur elles. La craie paraît avoir été formée par voie de sédiment (1) pendant une période qui a duré très longtemps. On est porté à se demander si les collines qu'elle forme sont dues à des courans ou à une catastrophe : soulèvement ou affaissement, comme on le voudra. La deuxième opinion a des probabilités pour elle ; car la couche de silex qui caractérise la craie supérieure la suit quelquefois dans tous ses contours, et l'accident qui a donné lieu au brisement de ces couches d'une

---

(1) Un géologue distingué, qui a étudié soigneusement les environs de Bourges, est porté à penser que certaines nappes de craie de cette localité ont été vomies par des failles, sous forme de boues.

épaisseur immense a pu être contemporain de celui qui a causé le retrait des eaux dans les mers actuelles. Les collines qui ont été citées précédemment s'inclinent vers le sud, passent sous l'Oise et la forêt de Compiègne. De ce dernier côté la craie est recouverte de collines tertiaires différentes de celles qui sont de l'autre côté de cette rivière. La montagne de Marigny est couronnée par un plateau horizontal d'environ 7 kilomètres de largeur, qui s'affaisse alors pour former un bas-fond, et se relève vers la grande route de Flandre. Le plateau est recouvert de sable argileux, comme dans le nord de la France. Il serait du plus haut intérêt d'y opérer quelques sondages, pour voir s'il correspond à une faille, ou pour savoir si la craie est continue en cet endroit, et si la faille existe à l'endroit même où les collines sont inclinées. Dans quelques points du nord de la France, vers Valenciennes, par exemple, où la craie se termine peu à peu, les silex qu'elle renferme à sa partie supérieure en sont séparés et se trouvent réunis dans des amas de sable siliceux. Ce sable des amas diffère de celui qui recouvre la craie des environs de Compiègne ; car ce dernier contient des cailloux siliceux *roulés*, dont le poids varie seulement de 25 à 200 grammes. Dans le département du Nord, la craie est constamment recouverte de sable argileux d'une épaisseur quelquefois considérable. C'est ce sable qui, par une culture soignée, est devenu une des meilleures terres arables de la France. C'est à sa grande profondeur et à la faculté dont il jouit de pouvoir retenir assez d'humidité pour entretenir une végétation active, qu'est due la réussite de la betterave dans cette contrée.

IX.

Groupe supra-crétacé.

Ce groupe supra-crétacé, dont les élémens ont été plus anciennement connus sous le nom de *terrains tertiaires*, est très répandu à la surface du globe, où il forme des collines généra-

lement de peu d'étendue, mais souvent nombreuses. Les différentes roches qui constituent ce terrain ne sont point partout
semblables, même lorsqu'elles appartiennent à une formation
déterminée; elles varient quelquefois à de très petites distances
les unes des autres. Dans les environs de Paris, ce groupe de
terrain a été étudié avec un soin extrème par Al. Brongniart et
Cuvier. Ils ont vu qu'il était constitué par des roches appartenant à cinq formations successives, dont trois d'eau douce et
deux marines, disposées comme cela est indiqué dans le tableau
suivant :

I.	Première formation d'eau douce.	Argile plastique. Lignite. Premier grès.
II.	Première formation marine	Calcaire grossier.
III.	Deuxième formation d'eau douce.	Calcaire siliceux (1). Gypse avec ossemens d'animaux. Marnes d'eau douce.
IV.	Deuxième formation marine	Marnes marines du gypse. Sables et grès marins supérieurs. Marnes et calcaires marins supér.
V.	Troisième formation d'eau douce.	Meulières sans coquilles. Meulières avec coquilles. Marnes d'eau douce supérieures.

L'argile plastique reçoit son nom de la facilité avec laquelle
elle peut être modelée selon les formes que l'on veut lui donner. Sa couleur varie du brun clair au rouge brun, au jaune et
au bleu d'ardoise. Elle est mêlée avec du sable et n'en contient
pas. Dans tous les cas, elle forme avec lui des lits alternatifs
d'épaisseur variable. Dans les environs de Paris, elle repose
directement sur la craie; dans les environs de Compiègne, à
Jonquières, à Clairoix, c'est le sable qui occupe cette position.
Le lignite, en couches généralement minces, alterne avec de

---

(1) Il ne me paraît pas démontré que le calcaire siliceux appartienne à
la formation d'au douce. Il fait peut-être partie de la formation marine
précédente.

l'argile bleuâtre ou noirâtre, colorée par des matières organiques, qui renferment des rognons ou des fragmens de sperkise
et des coquilles lacustres parmi lesquelles les lymnées abondent.
A Varanval, près Compiègne, on observe ce fait particulier,
que toutes les lymnées que l'on y rencontre, et qui sont fort
abondantes, ont la bouche à gauche. Le même fait s'est présenté à mon observation dans un morceau de calcaire spongieux que j'ai recueilli de l'autre côté de l'Oise, dans la forêt
de Compiègne, sur la route de Saint-Pierre. L'argile plastique
est employée pour faire des briques, des tuiles, des carreaux
et de la poterie, selon qu'elle est mélangée avec plus ou moins
de sable. Les parties qui reposent immédiatement sur le lignite
sont exploitées pour faire des engrais. Les exploitations de ce
genre se nomment *cendrières*. On y prépare des cendres noires
et des cendres rouges. Les cendres noires sont les terres noir-
cies par les matières organiques et simplement désagrégées;
les cendres rouges sont les mêmes terres exposées à l'air humide. Le bisulfure de fer qu'elles contiennent est décomposé et
donne naissance à du sulfate de fer qui se décompose lui-même
en produisant probablement du sous-sulfate de sesqui-oxide de
fer. Dans cette opération, la matière organique est détruite, et
la terre prend une teinte rouge qui lui est communiquée par la
présence du sel de fer.

Ces terres ainsi aérées, mais non entièrement décomposées,
servent pour préparer l'alun : il suffit de les lessiver pour en
extraire du sulfate de fer et du sulfate d'alumine.

La partie moyenne de cette première formation d'eau douce
renferme des fossiles des genres suivans, *planorbis*, *physa*, *lymneus*, *paludina*, *melania*, *melanopsis*, *nerita*, *cyroena*. La partie
supérieure contient des fossiles marins des genres *cerithium*, *ampullaria*, *cuneiformis*. Cette formation renferme aussi des débris
de végétaux, comme cela est indiqué par le lignite. Ils sont généralement indéterminables.

Le grès de cette première formation repose dans des sables
contenant quelquefois des coquilles marines.

J'ai observé, au dessous des sables de la cendrière de Varan-val, une couche arénacée jaunâtre , mais présentant quelque cohérence, qui renferme un grand nombre de coquilles mari-nes, telles que des huîtres, des cardites , etc. Cette couche mé-rite quelque intérêt, car elle indique une formation marine intermédiaire à la craie et à l'argile plastique, qui n'a point été observée par Brongniart et Cuvier.

Le calcaire grossier est un calcaire jaunâtre excessivement variable sous le point de vue de la cohérence et de son plus ou moins de compacité. Il diffère souvent d'une montagne à une autre, et se retrouve quelquefois avec des caractères exactement semblables à des distances considérables. Il est souvent formé de plusieurs couches qui alternent avec des marnes. En général, ce sont les couches de même ordre qui se ressemblent le plus entre elles. La partie inférieure repose sur un sable vert. Im-médiatement au dessus de lui est un sable dans lequel on trouve des lits minces, ou des rognons , ou des sphéroïdes de calcaire siliceux recouvert de petits cristaux de quarz. Ce calcaire existe en abondance au sommet du mont du Hêtre, entre Jonquières et Venette , et à Clairoix, près Compiègne. Au des-sus de ce sable on trouve des blocs de calcaire très dur entière-ment formé de nummulites et des myriades de nummulites disséminées (Clairoix, Machemont, près Compiègne).

Le calcaire de la montagne de Clairoix est jaune grisâtre et jouit de la propriété remarquable de durcir dans l'eau et à l'humidité, aussi l'emploie-t-on dans les constructions souter-raines. Il renferme, entre autres fossiles, des serpules , des dents d'au moins deux poissons du genre *squalus*, et des débris de crustacés indéterminables, qui ne sont point signalés dans ce terrain. Le calcaire de Machemont, qui est à huit kilomètres N. de Clairoix, est très tendre, on ne peut plus facile à tailler, et renferme , dans sa partie supérieure , une quantité notable de moules internes et externes du *cerithium giganteum,* dont la longueur atteint souvent cinquante centimètres. Les diffé-rentes montagnes qui avoisinent la rive gauche de l'Oise près

Compiègne, méritent d'ètre considérées sous le point de vue de
leur hauteur relative. En remontant cette rivière, on trouve
d'abord le mont du Hètre, qui se termine par le calcaire siliceux, sans que l'on puisse y rencontrer une nummulite ; puis la
montagne de Clairoix, dont la partie supérieure est un peu plus
élevée, et l'on y trouve des nummulites ; enfin, en marchant
de Machemont vers Thiescourt, on s'élève un peu plus encore,
et l'on commence à rencontrer des blocs de grès qui font partie
de la formation suivante. Cependant, en avançant davantage,
les grès sont enfouis à une certaine profondeur.

Dans le calcaire grossier que l'on peut diviser en trois masses,
on trouve des débris de végétaux qui se rapportent aux familles suivantes, naïades, équisétacées, conifères, palmiers, et
même à des plantes dicotylédones. Les fossiles animaux peuvent
être divisés en trois groupes, selon les masses calcaires dans
lesquelles on les trouve : dans la partie inférieure on observe des
madrepora, astrea, beteporites, lunulites, fungia, nummulites, le
cerythium giganteum, des *lucina, cardium, voluta, crassatella,
turritella, ostrea ;* dans la partie moyenne on a rencontré des
*ovulites, alveolites, orbitolites, turritella, terebellum, calyptræa,
cardita, pectunculus, cytheræa, miliolites, cerythium ;* dans la
partie supérieure il existe des *miliolites, ampullaria, cerythium,
lucina, cardium* et *corbula.*

La puissance du calcaire grossier est évaluée à 34^{m}.

Le *gypse* forme des masses cristallines assez puissantes qui
alternent avec des marnes, tantôt calcaires, tantôt argileuses ;
tantôt compactes, tantôt feuilletées. La butte Montmartre, près
Paris, permet d'étudier facilement cette formation. Le gypse y
est divisé en trois masses : une inférieure, qui est la moins
puissante ; elle présente une disposition cristalline, laminaire,
très prononcée. Au dessus d'elle viennent les marnes marines à
retraits pyramidaux ; puis la deuxième masse, qui a une puissance intermédiaire entre la masse inférieure et la masse supérieure ; elle est formée de plusieurs couches qui se distinguent
chacune par une texture cristalline particulière. Plus haut sont

les marnes à détacher, qui sont d'abord d'une apparence schisteuse qui va en diminuant à mesure que l'on s'élève; enfin vient la masse la plus considérable, que l'on nomme les *hauts piliers.* Ce nom lui vient de la hauteur considérable des piliers qui soutiennent les voûtes des carrières dont on a extrait le gypse. Ce gypse a une texture saccharoïde qui fait qu'on l'emploie de préférence à celui des autres masses pour faire le plâtre.

Au dessus des hauts piliers viennent les marnes bleues à lignites ; les marnes blanches, qui contiennent des coquilles d'eau douce et des restes de palmiers; les marnes feuilletées, jaunes, où l'on trouve des coquilles marines ; les marnes vertes qui contiennent des nodules de sulfate de strontiane compacte ; puis le calcaire siliceux supérieur et un calcaire compacte à retraits pyramidaux. Enfin viennent des fossiles marins qui préludent à la formation supérieure.

Les coquilles marines que l'on rencontre dans les marnes feuilletées indiquent que la seconde formation d'eau douce a dû être interrompue pendant quelque temps par une irruption marine.

Les fossiles que l'on rencontre dans la deuxième formation d'eau douce sont très nombreux et sont dignes du plus haut intérêt, tant par leur importance que par les immortels travaux de Cuvier. C'est là que l'on retrouve les débris de plusieurs mammifères qui ont cessé d'exister à la surface du globe.

Dans le gypse on observe des *palæotherium*, des *anoplotherium*, le *chæroptamus parisiensis*, le *canis parisiensis*, un coati, le *didelphis parisiensis*, le *semirus*, des reptiles : *crocodile, trionyx, emys.*

Dans les marnes d'eau douce on a trouvé un palæotherium, des *lophiodon* et des coquilles des genres *cyclostoma*, *lymnæa*, *planorbis* et *bulymus.*

Dans les marnes marines jaunes, il existe des os de poissons et des coquilles du genre *cytheræa*, *spirorbis* et *cerythium.* Il existe encore d'autres marnes calcaires qui sont séparées des précédentes par des marnes vertes ; on y observe des aiguillons et des palais de raies ; enfin des coquilles des genres *ampullaria,* *cerythium,* *cytheræa,* *cardium* et *nucula.* Viennent ensuite des marnes calcaires qui renferment plusieurs genres d'huîtres : celles de la partie inférieure sont plus grandes que les autres.

La puissance de la formation gypseuse est de 52^m.

Les sables et grès marins supérieurs appartiennent à la deuxième formation marine. Ce sont des amas considérables de sables siliceux, quelquefois micacés, renfermant très peu de fossiles, dans lesquels on trouve du grès en bancs, et, le plus souvent en blocs disséminés, enfouis ou recouvrant la surface du sol.

Cette formation est on ne peut plus développée dans la forêt de Fontainebleau : on y remarque d'immenses collines de sable couvertes de blocs de grès d'un volume souvent très considérable.

La position de ces blocs de grès est des plus remarquables. Il paraît qu'ils se sont formés dans le sable, et qu'ils ont été mis à nu par les vents et les eaux qui ont emporté ce sable dans les plaines et les ravins. Ces rochers ont ainsi dû perdre quelquefois leur point d'appui et rouler les uns sur les autres ; c'est, en effet, ce qui a dû arriver, selon ce que l'on observe, que des grès sont couchés les uns sur les autres, et quelquefois fracturés par le choc qu'ils ont dû éprouver dans leur chute.

Pour que cette théorie de la formation des grès fût vraie, il fallait qu'on n'en trouvât point dans la plaine, et encore moins dans des excavations ; c'est, en effet, ce qui a lieu. Cependant j'ai rencontré deux de ces rochers dans une plaine, sans qu'on pût supposer qu'ils y étaient descendus de la hauteur voisine ; mais, comme ils étaient sur un plan horizontal, il est possible qu'ils aient été formés dans un amas de sable qui s'est dissipé.

Ce n'est que dans la partie supérieure de cette formation que l'on trouve des fossiles, soit dans le grès, soit dans un calcaire siliceux ou même un calcaire, qui le remplacent quelquefois. Ils appartiennent aux genres *oliva, cerythium, solarium, melania, pectunculus, crassatella, donax, cytheræa, corbula* et *ostrea.*

La formation d'eau douce supérieure n'existe jamais sur une étendue bien considérable ; elle est caractérisée par des meulières avec ou sans fossiles, par un calcaire d'eau douce remarquable par son grain fin, par sa cassure droite et par les fossiles qu'il renferme, et enfin par des marnes blanches et calcaires.

Les fossiles de cette formation appartiennent aux genres *cyclostoma, potamides, planorbis, lymnæa, bulymus , pupa, helix.* On y trouve aussi des traces de végétaux aquatiques, telles que des graines de *chara* (gyrogonites, L, K) un *nymphæa*, un *culmites* et un *carpolites.*

Les terrains supra-crétacés présentent des différences notables dans une foule de localités. Comme il est impossible de décrire toutes les modifications qu'ils éprouvent, on a simplement donné un aperçu de ceux des environs de Paris qui sont le mieux connus, et, par cela même , les plus faciles à étudier.

X.

Groupe erratique.

Il est convenable, sans doute, de dire ici que M. Labêche n'a établi le groupe erratique que par des motifs de commodité et de convenance, et que l'on ne doit le regarder que comme provisoire. J'ajouterai même que cette division ne forme pas un groupe proprement dit, parce qu'elle ne contient pas une suite de terrains réunis ou subordonnés comme les précédens , mais seulement des produits souvent isolés et n'ayant de commun qu'une circonstance de leur formation : cette division des terrains comprend des *blocs* et des *amas* qui ont été transportés loin de leur origine ; ce transport ayant pu avoir lieu à des époques très éloignées les unes des autres, et par des moyens variés. Les parties de ce groupe constituent les *terrains meubles,* les *terrains de transport* et les *alluvions* de quelques auteurs. Elles forment le passage entre les produits des causes qui ont cessé d'agir d'une manière apparente, et ceux des causes qui agissent sous nos yeux.

Le groupe erratique, facile à observer, présente cependant d'immenses difficultés lorsque l'on veut remonter à la cause des faits que l'on soumet à l'examen : tantôt il comprend des blocs ou des fragmens anguleux ou roulés, de roches primitives qui reposent sur des terrains, non seulement très élevés dans l'échelle des formations, mais même dont le niveau est au dessus de celui des roches de même nature dont on pourrait supposer qu'ils proviennent; tantôt ils présentent une foule de débris de grands mammifères qui forment des amas ou qui sont rassemblés dans des cavernes.

Tout le nord de l'Europe et de l'Amérique présente une foule de blocs erratiques d'un volume souvent considérable qui semblent avoir été transportés vers l'équateur par des causes qui dépassent de beaucoup les forces actuelles par leur intensité. Cela conduit à penser qu'une masse d'eau immense a traversé ces régions dans la direction indiquée; qu'elle a emporté des blocs qui n'ont dû céder qu'à une vitesse des plus grandes, vu l'immensité de leur masse. Cette eau, dans sa course, a détruit tous les êtres vivans qu'elle a rencontrés, et parmi eux se trouvaient des éléphans dont la race est perdue, tels que les mammoths dont la taille était plus grande que celle des éléphans actuels, le mastodon, dont les dents tuberculeuses ont fait penser qu'il était carnivore, des rhinocéros d'espèces perdues, des hippopotames, l'*elasmotherium*, le *tapirus giganteus*, le *cervus giganteus*, d'autres espèces de cerfs, des bœufs, un aurochs, un *trogontherium*, des *megalonyx, megatherium, hyène, ursus* et *equus*.

Quand on suit le cours des fleuves et des rivières, il est rare que l'on ne découvre point dans les environs de leur lit, et souvent même à de grandes distances, mais toujours dans leur bassin, des traces de leur passage, qui portent à penser que ces courans d'eau ont été beaucoup plus considérables qu'ils ne le sont aujourd'hui. Dans le département des Basses-Alpes, on trouve, à plus d'une demi-lieue de la Durance, les mêmes galets de marbre roulé que l'on observe dans son lit. A plus d'une demi-lieue du confluent de l'Aisne et de l'Oise, et dans un espace situé à une lieue de Compiègne, sur la route de Soissons, au pied des Beaux-Monts, on a trouvé des bancs immenses de poudingues et de cailloux siliceux roulés qui ont été employés pour construire des routes. On ne rencontrait point de fossiles dans ce dépôt. Plus près de Compiègne, et dans la même direction, à la Croix-du-Saint-Sigue, il existe des amas de graviers plus minces que les cailloux précédens et beaucoup moins roulés, dans lesquels j'ai trouvé des dents de cheval, des bois pétrifiés que l'on reconnaît facilement pour du hêtre et du charme, des cérithes, des masses de calcédoine et *des morceaux de calamine*. Ces faits indiquent bien évidemment que l'Oise, l'Aisne, la Durance et bien d'autres rivières que l'on pourrait citer, ont été beaucoup plus considérables qu'elles ne le sont aujourd'hui ; que le courant de l'Aisne a dû exister pendant fort longtemps dans le lit très large qu'elle avait auparavant, puisque les cailloux que l'on y trouve sont parfaitement roulés ; il est probable aussi que les graviers de la Croix-du-Saint-Signe qui se trouvent vers le confluent étaient amenés par l'Oise. En remontant la Durance on trouverait évidemment en place les roches dont les galets qu'elle charrie ont été détachés ; mais je ne puis savoir où il faudrait aller chercher l'origine des galets qui étaient anciennement charriés par l'Aisne.

Quelquefois les galets erratiques sont peu ou point roulés, et l'on est conduit à penser qu'ils ont été détachés près de l'endroit où on les rencontre, ou bien s'ils ont été transportés assez loin, que ç'a dû être dans un temps fort court. Auprès de Lévy-Lurcy, sur les limites des départemens de la Nièvre et de l'Allier, il existe des cailloux siliceux répandus sur une étendue assez considérable, qui doivent se trouver très près des roches qui les ont produits. Il y a, dans cette localité, un concours heureux de circonstances qui montre tout à la fois et l'origine de ces cailloux et la formation des argiles. On trouve réunis, à peu de distance, des débris de felspath, des fragmens siliceux, du sable siliceux mêlé de grains de felspath laminaire et des argiles variables qui retiennent de la silice en grain. Il est probable que tous ces produits viennent de la décomposition de pégmatites dont la majeure partie du felspath s'est transformée en argile, tandis que les débris siliceux sont restés épars sur le sol. Il n'y a point de débris organiques dans ces galets, et ce n'est qu'à une distance de cinq à six lieues sur la route de Moulins, que j'ai pu trouver, dans les approvisionnemens pour le pavage, un morceau de bois pétrifié qui paraît avoir une organisation analogue à celle des conifères.

Ces observations, jointes à celles qui précèdent, démontrent que si, dans bien des cas, il est possible de remonter à l'origine des amas erratiques, il n'est pas toujours possible de remonter à l'époque de leur formation en envisageant leur nature; car, bien évidemment, les eaux n'ont pu entraîner que les corps qu'elles ont rencontrés sur leur passage. Ce n'est que par des nivellemens très étendus et par des recherches pénibles que l'on pourrait arriver à se procurer des notions suffisantes sur la chronologie de ces formations.

Dans les environs de Salon (Bouches-du-Rhône) il existe une plaine immense qui est couverte d'une multitude de cailloux roulés, d'un volume considérable, à tel point que la culture des terres qu'ils recouvrent est presque impossible.

On ne peut douter que les terrains stratifiés fossilifères aient été formés sous les eaux; que ces eaux se sont retirées et sont revenues un grand nombre de fois; qu'il y a eu une irruption aqueuse des plus épouvantables, qui a marché du pôle arctique vers l'équateur; que les lits des fleuves ont été beaucoup plus larges et beaucoup plus profonds qu'ils ne le sont actuellement. Quel moyen la nature a-t-elle pu employer pour produire toutes ces révolutions?..... C'est ce que l'on ignore. On se perd en conjectures, en hypothèses, en systèmes; mais il faut avouer que l'étude de la géologie n'est point encore assez avancée pour expliquer de pareils phénomènes.

Dans une foule de localités on a rencontré des cavernes dans lesquelles on a trouvé des os d'animaux, quelquefois en très grande abondance. Ces os sont généralement mêlés avec des cailloux roulés, et empâtés dans de la vase; au dessus de cette vase on trouve souvent une couche de stalagmites calcaires. Ces amas d'os portent le nom de brèche osseuse, et ce nom est évidemment bien donné, quand les os sont réduits en fragmens. Ces cavernes, qui ont, sans doute, été atteintes par les eaux qui y ont déposé leur limon, ont probablement été le repaire de bêtes carnassières qui s'y retiraient pour dévorer leur proie. Le docteur Buckland a trouvé dans la caverne de Kirkdale, dans l'Yorkshire, des restes d'hyènes, de tigres, d'ours, de loups, de renards, de belettes, d'éléphans, de rhinocéros, d'hippopotames, de chevaux, de bœufs, de daims, de lièvres, de lapins, de rats d'eau, de souris, de corbeaux, de pigeons, d'alouettes, et d'une petite espèce de canard.

Une partie des os que l'on trouve dans ces cavernes présentent des anfractuosités qui portent à croire qu'ils ont été rongés par les animaux qui s'y retiraient. On rencontre encore, dans les mêmes lieux, des amas d'excrémens que les géologues ont décorés du nom de *coprolites*.

Il faut bien distinguer les brèches osseuses des cavernes, des brèches osseuses qui remplissent certaines failles ou anfractuosités de roches; car celles-ci paraissent être réellement erratiques; c'est à dire qu'elles paraissent avoir été transportées par les eaux et s'être déposées dans ces cavités, tandis que celles-là paraissent être dues à l'introduction de l'eau dans un repaire d'animaux carnassiers.

C'est encore au groupe erratique que M. Labéche rapporte ces masses de vase et de glace que l'on a observées dans les environs du cercle arctique, et qui renferment des animaux entiers parfaitement conservés. Le premier de ces animaux a été vu près du bord de la Léna. Un pêcheur avait observé, pendant plusieurs années, un bloc de glace qui finit par fondre, et abandonna sur le sol un éléphant immense dont tout le corps était couvert de poils de deux espèces, un laineux et l'autre en longs filamens, comme le crin. Cette circonstance, qui a été également observée à l'égard du *rhinoceros trichorinus*, porte les naturalistes à penser que ces animaux pouvaient vivre dans des régions dont la température était beaucoup moins élevée que celle des lieux que leurs congénères habitent actuellement.

L'existence de ces animaux ensevelis dans la glace paraît contraire à celle d'un courant violent et rapide qui aurait existé du nord au sud et qui aurait entraîné les blocs erratiques dont il a été question, ou bien ce courant a précédé l'existence de ces mammifères, ou bien encore, après avoir marché avec violence dans le sens indiqué, il est revenu vers le pôle arctique, et alors il a entraîné ces animaux dans la vase, qui s'est congelée.

Les animaux entraînés vers le sud ont dû se putréfier, et leurs os seuls ont pu résister à la décomposition spontanée ; ceux qui ont été entraînés vers le nord ont dû être soumis à une basse température immédiatement après leur mort ; car, sans cela, ils auraient subi un commencement de putréfaction, circonstance qui n'a pas eu lieu, puisque le poil de ces animaux adhère fortement après leur peau. On peut donc dire que ces animaux ont péri dans un lieu dont la température était peu élevée, et qu'ils n'ont pas dû être entraînés bien loin avant de faire partie des glaces perpétuelles. Cette explication est d'accord avec l'opinion déjà citée des naturalistes qui pensent que ces animaux vivaient dans des régions dont la température était très basse ; seulement, pour ne rien omettre, il faut dire que, les éléphans étant herbivores, on a peine à comprendre comment ils pouvaient, dans de telles régions, trouver une quantité suffisante de nourriture pour exister ; car là on ne rencontre guère que quelques lichens et d'autres plantes inférieures peu développées.

Quelques savans ont pensé que la position de l'axe de rotation de la terre avait pu être changée subitement. Cette opinion

hardie rendrait compte de l'existence de ces mammifères dans
un lieu où ils pouvaient trouver leur nourriture et dont la température aurait subitement changé sous l'influence de cette cause
perturbatrice. La position de l'équateur terrestre ayant cessé
d'être la même, les eaux qui s'y trouvaient amoncelées par la
force centrifuge développée dans le mouvement de rotation du
globe ont dû refluer vers d'autres lieux, et, de là, ces immenses courans qui ont ravagé sa surface. Ce changement de
position dans l'axe de la terre, qui aurait pu avoir lieu par la
rencontre d'un astre qui se serait trouvé dans le chemin de
notre planète, n'est point une chose impossible; seulement
elle est loin d'être démontrée, et, jusqu'à présent, on ne doit
la regarder que comme une hypothèse qui a quelques probabilités pour elle.

XI.

Groupe moderne.

M. Labèche a réuni dans ce groupe tous les terrains qui sont
le résultat de l'action des causes actuelles. Ces causes sont
nombreuses et variées, aussi donnent-elles naissance à des produits qui n'ont pas d'autre rapport que celui de l'époque de
leur formation. Ce groupe existe à tous les étages des productions géologiques; partout on retrouve les effets destructeurs
de forces multipliées qui ont agi pendant un temps souvent
considérable.

Il n'y a point de repos à la surface du globe; toutes les parties qui le constituent éprouvent des dilatations et des contrac-
tions par les variations de température; elles vibrent, s'agitent
et finissent par se détacher et donner une poussière au lieu d'une
roche solide. Ces actions sont aidées par les forces électriques
qui opèrent sans cesse des décompositions et de nouvelles combinaisons. Mais ces causes insensibles, et dont les effets ne sont
appréciables qu'après un laps de temps souvent considérable, ne
sont pas les seules; il en est de puissantes, de violentes même,

qui peuvent en un instant changer la face d'un pays. Tels sont
les tremblemens de terre dans lesquels le sol frémit, s'agite,
quelquefois se brise et s'élève en faisant entendre d'épouvantables craquemens qui sont dus à la rupture des couches, à leur
soulèvement ou au tassement des roches. Lorsque ces phénomènes se passent non loin de la mer, il n'est pas rare de la
voir se soulever, s'agiter et venir, furieuse, répandre ses flots
sur la côte. La ville de Port-Royal à la Jamaïque a été en-
gloutie sous les flots dans une pareille circonstance, et aujour-
d'hui le sable et la vase des mers recouvrent jusqu'à ses clo-
chers, contre lesquels la barque du pêcheur vient quelquefois
se heurter. C'est principalement dans les pays volcanisés que
ce phénomène s'observe, et il est souvent lié à une irruption volcanique. L'Europe n'en est pas exempte, et la ville de
Lisbonne, détruite en 1755, a plusieurs fois senti ses murailles
prêtes à s'écrouler. Quelquefois la terre se soulève, se perce,
et, par l'ouverture formée, donne lieu à un écoulement de
matières en fusion qui s'amoncellent et forment un cratère.
De ce cratère s'écoulent des laves qui détruisent la vie partout
où elles passent; c'est ainsi que des terrains ignés sont venus
recouvrir des terrains formés, en se déposant au sein des eaux.
Si la mer ou quelque torrent communique avec le cratère, il se
forme une *éruption boueuse*, et des terrains qui paraissent sédimentaires ont pu être formés de cette manière. Mais, à la surface du globe, tout concourt à la destruction de ce qui existe;
les eaux, sous mille formes, viennent saper les édifices de la
nature, et, après des efforts répétés en un grand nombre de
siècles, elles parviennent à renverser des barrières qui auraient
paru insurmontables. L'eau de la mer apporte continuellement
sur la plage des sables qui s'élèvent sous forme de *dunes*, quelquefois ce sont des galets qu'elle charrie; mais, tandis qu'elle
rend au sol ce qu'elle lui a arraché, une foule de matières sont
entraînées dans les eaux, elles s'y mêlent avec les débris d'êtres
qui ont vécu, se déposent dans la vase et y forment des couches
sans doute analogues à celles que nous observons aujourd'hui

jusque sur des montagnes qui s'élancent au dessus des nues. Les flots de la mer vont s'agiter contre les falaises, les sapent et les minent. Les eaux des sources, celles des pluies joignent leur action à celle de la mer, fendent, percent les escarpemens et les entraînent lentement dans la mer. L'eau des pluies dégrade, entraîne les parties solides du globe d'un lieu élevé vers un plus bas, et tendent ainsi continuellement à le niveler. En s'insinuant entre les couches, elle réagit sur elles, les humecte, détruit leur cohérence, les rend glissantes; et si elles sont inclinées, elle permet la chute des matières qui reposent sur elles; c'est ainsi que se fit le terrible éboulement qui eut lieu en 1806 dans la vallée de Goldau. Si l'eau, après s'être insinuée dans des matières poreuses, vient à se congeler, elle se dilate en passant de son maximum de densité à l'état solide; elle écarte ainsi les parties des corps, les désagrége, et, lorsque vient le dégel, elles tombent en fragmens et même en poussière. Si les éboulemens ont lieu vers un courant d'eau, ils peuvent en obstruer le cours et le forcer à prendre de l'étendue en largeur pour en faire un lac, ou, quelquefois même, ils en détournent le cours. Si l'éboulement lent ou rapide détruit, au contraire, la barrière qui enchaînait les eaux d'un lac, ces eaux s'épanchent et donnent lieu à une rivière là où souvent il n'existait qu'un ruisseau ou même une vallée. Dans les lacs, dans les étangs, il se forme constamment un dépôt de détritus de matières animales et végétales qui donnent naissance à une vase noire et bourbeuse ou à de la tourbe. Les eaux courantes, au contraire, arrachent continuellement quelques parcelles de matières aux côtes qu'elles baignent; et, après les avoir transportées et *roulées* pendant un certain temps, elles vont les charrier dans un autre endroit et former un dépôt. Vers l'embouchure des fleuves on voit la vase s'amasser, obstruer le cours de l'eau, la forcer à s'épandre sur les côtes, et donner ainsi naissance à des *deltas*, tels que ceux du Rhône et du Nil. Les sources peuvent donner lieu à des dépôts calcaires ou siliceux. La neige qui fond donne naissance à des torrens ou fait enfler les fleuves et les rivières. Quand elle se détache sous forme d'*avalanches*, elle entraîne presque toujours des parties terrestres avec elle. L'air, dont la masse est si faible en apparence, n'a pas moins une influence immense pour dégrader les continens, lorsqu'il se meut avec une grande vitesse. Les ouragans déracinent les arbres, renversent les animaux et les entraînent quelquefois dans les fleuves, qui les charrient jusqu'à la mer. On a vu des ouragans abattre les constructions les plus solides en apparence, soulever les eaux de la mer jusqu'au dessus d'habitations qui paraissent hors d'atteinte. Dans l'île Bourbon on a vu un navire lancé par les flots jusque sur une terrasse, après avoir passé par dessus un corps de garde. Le lendemain de cette affreuse catastrophe, le rivage était couvert de monceaux de galets parmi lesquels on trouvait des mollusques qui n'habitaient point les côtes de cette île. La foudre n'est pas étrangère aux ravages qui ont lieu à la surface du globe : on l'a vue frapper des roches et les briser en éclats.

C'est ainsi qu'une foule de causes réunies tendent à modifier le sol. Les tremblemens de terre et les volcans sont les seuls qui peuvent donner lieu à des soulèvemens; tous les autres, au contraire, détruisent les parties solides, les entraînent des lieux les plus élevés vers les plus bas, et tendent à opérer un nivellement en produisant des terrains fort hétérogènes, c'est à dire de ces terrains formés par un mélange de parties non combinées, mais simplement mélangées.

GÉOGÉNIE.

La géologie, comme toutes les sciences naturelles, comprend une partie positive et une partie spéculative. La géographie physique et la géognosie appartiennent à la première partie ; elles sont constituées par l'étude des faits tels que la nature les donne à notre observation, et elles ne peuvent devoir leur imperfection qu'à l'insuffisance de cette même étude. La géogénie, loin de se borner à la connaissance de ces faits, cherche à remonter à leur origine, à en trouver la filiation, et, s'il se peut même, à en calculer l'avenir. On sait que cette dernière partie appartient autant au génie de l'homme qu'aux élémens qu'il embrasse, et qu'auprès de vérités absolues peuvent venir se placer de vaines spéculations. Aussi, comme dans bien d'autres sciences, un sentiment de curiosité plutôt que l'élan d'une saine philosophie a-t-il fait devancer le temps, et une foule de systèmes plus ou moins spécieux, plus ou moins incomplets, sont-ils parus avant l'étude positive qui aurait dû les précéder.

Le but de la géogénie est donc de remonter à l'origine du globe, de le suivre dans toutes ses périodes jusqu'à l'époque actuelle, et même de chercher ce qu'il pourra devenir dans la suite des temps.

L'étude de la géogénie se rapporte à une étude plus générale, plus vaste, c'est à dire à celle de l'origine de l'univers, à la *cosmogénie*. Quoique l'immensité d'un pareil sujet paraisse au dessus de la portée de l'esprit de l'homme, l'histoire nous apprend qu'il s'en est occupé à toutes les époques, et qu'il en est résulté une foule de systèmes. Le premier livre de la Bible, la *Genèse*, expose un système cosmologique écrit dans un sens figuré que nous commençons à comprendre maintenant, et que l'on a voulu nous imposer comme acte de foi, en le prenant tel qu'il est écrit. Chez les Grecs, dans le cinquième siècle qui a précédé l'ère vulgaire, Leucippe, en exposant la théorie des atomes, a indiqué comment, en se mouvant, ils avaient pu s'unir et donner naissance à tous les mondes. Dans le commencement du quatrième siècle qui le suivit, Démocrite développa ce système d'une manière admirable; Épicure, un peu après, en fit une application encore plus étendue; car, non seulement il s'occupa de l'origine du monde, mais aussi de celle des animaux, et de l'homme en particulier. C'est ce système qui, trois siècles plus tard, fut chanté par Lucrèce dans un poème que la postérité nous a légué. C'est là qu'il nous fait comprendre comment la matière, d'abord à l'état de chaos, a pu donner naissance aux mondes par la rencontre fortuite des atomes; comment les plantes, les animaux, les hommes apparurent successivement sur la terre; comment certaines races d'animaux ont cessé d'exister, parce qu'elles ne se sont pas trouvées dans des conditions convenables d'existence; comment l'homme a passé de l'état sauvage à l'état civilisé; comment les religions se sont établies; comment les arts ont été créés.

Malheureusement pour Lucrèce, ou plutôt malheureusement pour la race humaine, il vivait à une époque de décadence pour les sciences, la férocité des Romains dominait le monde, et il ne fut point compris; on le traita de fou, et l'on pense que, dégoûté de la vie, il se suicida. Pourrait-on croire que vingt siècles se sont écoulés sur la tombe de ce poète malheureux, et qu'aujourd'hui seulement une voix vient le réhabiliter? Lucrèce avait une connaissance profonde des sciences d'observation; il n'a jamais été insensé, et il se sera suicidé de désespoir en voyant qu'il vivait au milieu d'un monde qui ne pouvait le comprendre.

S'il m'est permis d'émettre ici mon opinion personnelle, je dirai que j'ai toujours pensé que les Égyptiens et les Grecs ont connu la géologie; car il est impossible que des peuples qui ont existé pendant une longue suite de siècles, qui arrachaient du sol d'immenses masses minérales pour leurs constructions, qui exploitèrent des minerais pour en tirer les métaux, n'aient pas observé une partie des faits que nous connaissons aujourd'hui. L'ouvrage de Théophraste sur les pierres, quelques passages de Dioscoride et de Vitruve sont là pour l'attester, et l'on pourrait citer ce passage d'Ovide qui, comme poète, n'avait point dû se trouver obligé de se livrer à des études sérieuses.

> .... Vidi factas ex æquore terras,
> Et procul a Pelago conchæ jacuere marinæ.

Évidemment les Romains avaient remarqué les fossiles qui se trouvent dans les montagnes, et ils en avaient conclu que la mer les y avait déposés.

Pendant un grand nombre de siècles, le flambeau de la science s'éteignit. On étudia, on commenta les auteurs anciens que l'on ne pouvait comprendre faute de connaissances égales aux leurs, et ce n'est qu'à une époque rapprochée de nous que, bannissant les études classiques, on étudia de nouveau le grand livre de la nature.

Descartes, dans le seizième siècle, imagina un système général, qui n'est pas sans analogie avec celui de Leucippe. Il explique comment les mondes se sont formés par des tourbillons de matière en mouvement. Fontenelle imagina que les planètes pouvaient être habitées; Huyghens suivit la même pensée. Qu'auraient-ils dit, s'ils avaient connu les orbites et les temps des révolutions des étoiles doubles qui viennent d'être étudiées si savamment par M. Savary? ils auraient sans doute vu là une preuve de l'existence de nouveaux systèmes planétaires, de nouveaux mondes habités, qui se perdent dans l'immensité du temps et de l'espace.

Agricola, qui naquit à la fin du quinzième siècle, étudia la métallurgie et les fossiles. On a de lui un ouvrage qui a pour titre *De ortu et causis subterraneorum*. Un peu plus tard, Bernard Palissy reconnut les fossiles sur le continent, et donna une théorie des fontaines. Depuis ces hommes qui ont créé la géologie à la renaissance des arts et des sciences, une foule d'auteurs ont publié des systèmes très différens les uns des autres. En général, ces systèmes sont remarquables par l'unité du principe qui aurait présidé à la formation du globe : les uns veulent que tout ait été produit par l'eau, les autres veulent que tout l'ait été par le feu. Aujourd'hui on est moins exclusif et l'on admet ces deux sortes de causes, comme ayant pu réagir, soit successivement, soit simultanément. Sans vouloir rappeler ici toutes les théories qui ont été émises sur l'origine du globe et sur les diverses modifications qu'il a éprouvées, on peut citer l'opinion de Buffon, qui admettait que notre système planétaire pouvait avoir fait partie intégrante de la masse du soleil, dont il aurait été arraché violemment par l'effet d'une comète qui serait venue rencontrer cet astre. Selon ce célèbre naturaliste, la terre aurait été en fusion ignée, se serait refroidie lentement et serait arrivée à l'état actuel en subissant des changemens successifs opérés par les eaux. Deluc a pensé que le globe avait d'abord été entièrement formé d'une masse de pulvicules, et que, plus tard, par l'action des affinités chimiques, la liquidité aurait existé sur le globe. Alors toutes les opérations dont nous voyons les effets aujourd'hui auraient commencé et auraient continué jusqu'à présent sans interruption. C'est au sein de ce liquide que se seraient opérés une foule de phénomènes tels que des réactions chimiques et mécaniques qui auraient donné naissance à de nouveaux produits et à des dépôts opérés par précipitation. Selon Deluc, le granite et le porphyre ont une origine aqueuse; c'est-à-dire qu'ils ont été produits dans l'eau. Les précipitations donnèrent naissance à des couches qui formèrent une espèce de croûte autour du globe. Cette couche s'étant rompue, l'eau s'introduisit dans les fissures, détruisit les supports de la couche et détermina un *affaissement*. Les cavernes ou cavités souterraines se seraient ainsi comblées, et la croûte serait devenue de plus en plus stable; enfin l'eau se serait retirée de dessus la surface des continens actuels par un grand affaissement qui aurait eu lieu dans tout l'espace occupé par les mers actuelles. Dans ces circonstances, la croûte du globe se serait peuplée de végétaux et d'animaux, etc. Deluc combat le système du soulèvement des masses continentales; car, dans ce système, la terre aurait passé d'un état stable à un état moins stable; ce qui n'est pas.

De Maillet a publié un ouvrage sur l'origine du globe, dans lequel il admet aussi une origine aqueuse pour toutes choses. Selon cet observateur, la mer aurait abandonné les continens peu à peu et elle les abandonnerait encore tous les jours. (*V.* Telliamed.)

Il pense que les continens ne sont point très anciens, opinion que nous verrons partagée par Cuvier, et que la mer ne les a plus recouverts depuis qu'elle les a abandonnés, c'est à dire qu'elle ne les a point recouverts plusieurs fois.

Cuvier, à qui la géologie doit tant, a écrit sur les révolutions de la surface du globe. Son ouvrage repose autant sur un grand nombre de faits bien observés et inconnus à ses devanciers, que sur des connaissances historiques qui inspirent le plus grand intérêt. Voici ses conclusions : « Je pense donc, avec MM. Deluc et Dolomieu, que, s'il y a quelque chose de constaté en géologie, c'est que la surface de notre globe a été victime d'une grande et subite révolution dont la date ne peut remonter au delà de cinq ou six mille ans ; que cette révolution a enfoncé et fait disparaître les pays qu'habitaient auparavant les hommes et les espèces des animaux aujourd'hui les plus connus ; qu'elle, a au contraire, mis à sec le fond de la dernière mer, et en a formé les pays aujourd'hui habités ; que c'est depuis cette révolution que le petit nombre des individus épargnés par elle se sont ré-▪pandus et propagés sur les terrains nouvellement mis à sec, et, par conséquent, que c'est depuis cette époque seulement que nos sociétés ont repris une marche progressive, qu'elles ont formé des établissemens, élevé des monumens, recueilli des faits naturels et combiné des systèmes scientifiques.

« Mais ces pays aujourd'hui habités, et que la dernière révolution a mis à sec, avaient déjà été habités auparavant, sinon par des hommes, du moins par des animaux terrestres ; par conséquent, une révolution précédente, au moins, les avait mis sous les eaux ; et, si l'on en peut juger par les différens ordres d'animaux dont on y trouve les dépouilles, ils avaient peut-être subi jusqu'à deux ou trois irruptions de la mer. »

Tous les systèmes géogéniques se réduisent à deux principaux : 1° ceux qui prétendent que toutes les parties accessibles du globe ont été formées sous l'influence de l'eau ; 2° ceux qui admettent successivement le concours d'une température élevée et celui du liquide. Ce dernier ordre de systèmes, qui est généralement adopté aujourd'hui, peut se subdiviser aussi en deux : 1° ceux qui admettent des causes violentes, rapides, qui ont cessé d'agir ; 2° ceux qui admettent que tout a été produit par les phénomènes qui se passent incessamment sous nos yeux. La combinaison de ces deux systèmes doit paraître indispensable, si l'on songe que les actions qui se manifestent à l'époque actuelle, tendant à détruire les continens et à en opérer le nivellement, n'ont certainement point pu donner naissance à tous les accidens qui les recouvrent.

Si l'on examine les faits avec tout le soin qu'ils méritent, on est tenté de croire que la combinaison de l'action des deux agens connus, le feu et l'eau, est insuffisante pour tout expliquer : Deluc veut que le granite ait été formé dans l'eau, presque tous les géologues de l'époque actuelle veulent qu'il ait été formé par le feu, et, consciencieusement, on est forcé d'avouer que ni l'un ni l'autre de ces agens ne peut donner naissance au granite ; en effet, on sait que la silice, qui fait partie intégrante du granite, est insoluble dans l'eau, et si l'on compare les cristaux qui se trouvent dans le granite, aux roches spumeuses et scoriacées qui sont produites par les volcans actuels, on n'est plus tenté de lui accorder une origine ignée. Pourquoi vouloir rattacher la formation du granite à des faits connus, lorsque ces faits n'offrent point des rapports évidens avec elle? Ne vaut-il pas mieux avouer que l'on ignore entièrement son mode de formation et attendre que l'observation et le temps viennent nous éclairer? N'a-t-on pas rencontré dans le marbre de Carrare des cavités où était un liquide qui devenait rapidement solide au contact de l'air, et n'était rien autre chose que du quarz? Ce fait, resté sans explication, n'aurait-il pas quelque liaison avec la formation des roches auxquelles on attribue une origine ignée?

Si l'on examinait une à une toutes les théories géogéniques, on pourrait récuser la majeure partie des propositions sur lesquelles elles sont fondées, parce que la science n'est réellement point encore assez avancée pour que l'on puisse les établir solidement. La théorie qui pourrait paraître vraie, à l'époque actuelle de la science, pourrait bien aussi devenir insuffisante et paraître même erronée à une époque plus avancée. Pourtant, malgré l'immense difficulté du sujet, je vais essayer de décrire comment il est possible de se figurer la formation du globe que nous habitons; mais pour cela je m'étayerai de la théorie corpusculaire, théorie qui éclaire toutes les sciences et qui permet d'appliquer le calcul aux phénomènes qui sont liés à la constitution la plus intime des corps; attendu que le globe n'est évidemment qu'un assemblage de ces très petites parties.

Admettons donc que la matière est formée de très petites parties indivisibles que l'on nomme *atomes*, que ces atomes existent de toute éternité, qu'ils sont indestructibles, qu'ils sont doués de la mobilité, et qu'ils réagissent à distance les uns sur les autres, selon certaines lois.

Les atomes doués des forces qui les animent parcourent l'espace dans lequel ils se meuvent avec une rapidité variable, ou se tiennent en équilibre à des distances déterminées; ceux qui se meuvent, passant près d'autres atomes, sont attirés par eux et décrivent des orbes au lieu de parcourir des lignes droites; les orbes décrites par des atomes différents s'entrecoupent quelquefois, et après un certain nombre de révolutions, les atomes qui les décrivent, venant à se rencontrer, s'unissent pour former une première molécule qui prend une nouvelle route, et, dans son mouvement, elle sert de centre d'attraction pour d'autres atomes qui se meuvent autour d'elle; ou bien elle en dérange les orbes, trouble leur mouvement et les force à s'unir, soit entre eux pour former de nouvelles molécules, soit avec elle pour augmenter sa masse. Ces petits systèmes qui parcourent l'espace vont ainsi en grossissant et en changeant. Il en est qui atteignent un volume immense, tandis que d'autres sont assez petits pour échapper à nos sens. C'est ainsi que notre système planétaire, celui des étoiles multiples, les satellites des planètes et la terre que nous habitons ont pu être formés, tandis que d'autres sys-

tèmes s'organisent dans l'espace que nous désignons sous le nom
de *voie lactée*, et qui ne représente sans doute, à nos yeux, que
de la matière chaotique qui s'arrange et se dispose pour donner
naissance à des mondes nouveaux. Dans l'espace immense
qu'elles traversent, des masses de tous les volumes peuvent se
rencontrer, et nous voyons souvent ainsi des aérolithes venir
augmenter la masse de notre globe ; mais les grosses masses
matérielles peuvent se rencontrer aussi bien que les petites, et
il en peut résulter d'horribles catastrophes, d'affreux froisse-
mens, ainsi que cela a pu arriver pour une planète considérable
qui, selon la loi de Bode, devait exister entre Mars et Jupiter.
Cette planète aurait été rompue en quatre fragmens, qui sont
aujourd'hui Junon, Cérès, Pallas et Vesta, ou les quatre petites planètes de notre système. Enfin, d'autres masses matérielles peuvent être entraînées dans des régions étrangères.

De la réunion fortuite des élémens il a dû résulter des actions
chimiques qui, en donnant naissance à une foule de produits,
ont développé une température très élevée qui a entretenu la
masse en fusion. Cette masse, qui a été formée de plus petites
masses qui ont pu se rencontrer obliquement, éprouve, par cela
même, un mouvement de rotation sur son axe, en même temps
qu'elle est entraînée autour d'un astre plus considérable par un
mouvement de translation, en suivant les lois de Képler et de
Newton. Le mouvement de rotation imprima aux parties qui
constituaient le globe liquide une vitesse qui tendit à les éloigner de l'axe autour duquel elles se mouvaient en suivant une
loi qui est bien connue, et le globe liquéfié par la chaleur se
renfla vers l'équateur et s'aplatit vers ses pôles.

Les parties constituantes du globe se réunirent selon l'ordre
de leur densité, les plus denses vers le centre et les moins
denses vers la périphérie : les fluides élastiques furent ainsi séparés de la masse liquide, et l'atmosphère fut formée (1).

---

(1) C'est à cette espèce de départ qu'il faut rapporter la cause qui fait
que la densité moyenne du globe est plus considérable que la densité
moyenne des parties que nous connaissons à sa surface (v. p. 165).

A cette époque, l'atmosphère était composée d'une immense quantité de vapeur d'eau, de beaucoup d'acide carbonique, d'azote et d'oxigène. La proportion de ce dernier corps alla constamment en diminuant; car il se combina à une foule de corps qu'il brûla et qui le solidifièrent. Tous les corps oxidables à une température élevée s'en emparent, les autres demeurent intacts, tels que l'or, l'argent, le platine; mais ce que l'oxigène n'a pu faire, le soufre le peut faire. Il arrive aussi que des composés de natures diverses viennent à se rencontrer, échangent leurs élémens et donnent naissance à de nouveaux corps. Ces réactions s'exercent tandis que le globe fait un nombre immense de révolutions autour de l'astre qui est au foyer de son orbite. Ces révolutions exprimaient des années; le temps avait commencé, mais il n'existait aucun être pour les compter. Peu à peu le globe se refroidit et tendit à se mettre en équilibre de température avec les corps environnans; il se forma une croûte à sa surface; d'abord partielle, elle aurait formé des taches pour les habitans d'un autre monde; mais enfin il cessa d'être lumineux et ne fut plus éclairé que par un autre astre, à qui le même sort est sans doute réservé; c'est le soleil. Bien souvent la croûte qui s'est formée à la surface du globe s'est rompue et a permis à des matières en fusion de s'écouler par les fissures produites. Des morceaux de cette croûte qui avaient été relevés bien au dessus de la surface du globe pendant les modifications qu'il subissait se sont refroidis, ont condensé de la vapeur d'eau. L'eau, alors, a commencé à prendre l'état liquide et a coulé selon les lois de l'hydrostatique, en abandonnant les lieux les plus élevés pour descendre vers les plus bas. Là, lorsque la température le permettait, elle se rassemblait en amas formant de petits lacs dans les excavations qu'elle pouvait rencontrer; mais souvent elle était vaporisée violemment, parce qu'elle arrivait dans des lieux encore embrasés. L'expansion subite de sa vapeur lançait quelquefois, à des distances immenses, des blocs qui allaient tomber sur des terrains étrangers à leur nature, et donnaient naissance à certains blocs erratiques.

Le refroidissement successif du globe, en allant de l'extérieur à l'intérieur, produisit un retrait dans les parties internes, retrait qui ne put avoir lieu dans la couche externe, parce qu'elle avait été solidifiée bien avant elles : il en résulta de vastes cavernes sous la couche externe, et cette dernière masse, n'étant plus soutenue, s'affaissa dans une grande étendue, en produisant un fracas épouvantable. Bientôt les eaux vinrent se répandre dans la cavité formée par l'affaissement d'une partie de la croûte terrestre, et produisirent les premières mers, au milieu desquelles apparaissaient quelques roches aiguës provenant des bords des fentes de la croûte du globe qui, s'appuyant les uns sur les autres, ne furent point affaissés. Ce sont les montagnes que nous regardons aujourd'hui comme primitives. Mais les premières mers étaient généralement peu profondes, et leur niveau variait souvent par les nombreuses catastrophes qui se reproduisaient, soit dans leur sein, soit sur leur littoral ; tantôt elles s'agrandissaient par de nouveaux affaissemens, de nouvelles catastrophes ; tantôt elles étaient rétrécies par des soulèvemens provenant de la tuméfaction des matières à demi-fondues qui se trouvaient sous la croûte fracturée du globe. Dans le même temps qu'est arrivée cette catastrophe, la durée des jours a été diminuée. Dans ces alternatives, le globe se refroidissant toujours, la vie apparut à sa surface. Ce furent d'abord des êtres excessivement simples, chez lesquels on ne distinguait aucun sexe, presque toutes leurs parties étaient identiques, tels que des algues, des infusoires, des zoophytes. Les réactions chimiques donnèrent naissance, au sein de l'eau, à une substance liquide qu'elle ne pouvait dissoudre. Cette substance y apparut sous forme de globules excessivement petits, qui n'étaient rien autre chose que des particules d'un liquide. Ces particules présentaient quelque analogie avec la *glairine*, que l'on rencontre encore dans les eaux de certaines fontaines, comme à Baréges et à Néris. Les globules de cette substance, modifiés d'abord à leur surface par l'oxigène qui se trouvait dans l'eau, s'animèrent, se réunirent et donnèrent naissance aux premiers êtres vivans, dont l'ensemble présentait une grande simplicité. Les êtres qui se formaient à l'abri de la lumière furent des moisissures, qui furent les premiers types des plantes agames. Bientôt les circonstances vinrent à changer, et sous leur influence continuée pendant un temps qui a dû être bien long, les êtres se modifièrent, et il se forma de nouvelles espèces. Ces êtres pouvaient se reproduire eux-mêmes, c'est à dire qu'ils donnaient naissance à des bourgeons ou à des germes qui se développaient en eux jusqu'à ce qu'ils pussent avoir une existence indépendante. D'abord apparurent des mollusques qui vivent dans l'eau, et des plantes dont les espèces n'existent plus aujourd'hui. Ces végétaux appartenant presque entièrement à des plantes vasculaires cryptogames, telles que des fougères et des lycopodiacées, absorbèrent une grande partie de l'acide carbonique de l'atmosphère, qu'ils décomposèrent en s'assimilant le carbone qu'il contenait. Les plantes, qui poussaient dans des lieux qui étaient souvent inondés, étaient quelquefois détruites et donnaient naissance à des détritus qui produisaient des espèces de tourbières. Quelquefois, après une végétation active, il survenait un changement considérable dans le niveau des eaux, un éboulement ou une catastrophe, qui amenaient dans la localité des matières sédimenteuses qui recouvraient la couche de tourbe. Plus tard, les circonstances changeant, la vie apparaissait dans le même lieu, et de nouvelles tourbières prenaient naissance. Les tourbes produites à ces époques reculées, modifiées par l'énorme pression des couches qu'elles ont eues à supporter, et par les actions chimiques qu'elles ont dû éprouver, ont donné naissance à la houille, qui doit ainsi son origine à des corps organisés qui sont des végétaux, des mollusques et même des poissons. C'est à ces animaux que sont dus une partie des produits sulfurés et les matières ammoniacales que l'on obtient dans la distillation de la houille.

Pendant cette période, des individus qui se reproduisaient

eux-mêmes se divisèrent en deux autres individus : un qui donnait naissance au germe, et l'autre qui l'alimentait ; alors les sexes furent distincts (1).

Lors de la formation des plantes qui sont enfouies aujourd'hui dans les houillères, l'atmosphère a été grandement modifiée par la masse de carbone qu'elles lui ont enlevée, et cette circonstance, jointe au refroidissement continuel de la terre et aux nouveaux produits qui se formaient, a pu grandement modifier les êtres vivans qui habitaient sa surface. Cependant cette modification, prise en dehors de ce qui concerne l'atmosphère, n'a pas pu exister sur tout le globe à la fois ; quelques lieux continuèrent à se trouver dans des conditions toujours les mêmes, et ils nous servent d'exemple aujourd'hui pour nous éclairer sur ce qui s'est passé dans les temps reculés dont nous cherchons à retracer l'histoire. Nous verrons qu'à d'autres époques des conditions de même ordre se sont également continuées jusqu'à nos jours et que nous retrouvons presque toujours dans quelque point du globe la représentation plus ou moins approchée des événemens antérieurs.

La croûte du globe, quoique recouverte par les eaux, fut encore rompue, brisée, inclinée, soulevée et affaissée un grand nombre de fois, de telle manière que des couches qui avaient été déposées horizontalement, selon les lois de la pesanteur, prirent des positions fortement inclinées ou verticales, et, quelquefois même, elles furent totalement renversées, de telle manière que la partie inférieure des couches devint la partie supérieure, comme cela s'observe dans des houillères en exploitation.

La croûte du globe devenant toujours de plus en plus épaisse, tant par le refroidissement que par le dépôt sédimentaire que

---

(1) C'est à dire que des individus hermaphrodites produisirent de nouveaux individus chez lesquels la prédominance d'un sexe diminua peu à peu, et que le concours de deux individus de sexes différens devint une condition nécessaire de leur propagation.

les eaux formaient à sa surface, les bouleversemens se répétè-
rent moins souvent et n'avaient plus lieu que sur une étendue
moins considérable. Pendant cette période, les eaux offraient
des rivages bien dessinés, et les êtres vivans qui, jusque-là,
avaient une existence aquatique et ne respiraient que l'oxigène
tenu en dissolution dans l'eau, commencèrent à s'avancer sur
les rives des fleuves, et des reptiles apparurent. D'abord ce
furent, pour ainsi dire, des poissons dont les nageoires se chan-
gèrent en pattes; puis vinrent de grands monitors ou crocodiles, dont les restes ont été retrouvés dans la Thuringe; puis
vinrent les tortues. A l'époque de la formation du muschelkalk,
les êtres vivans se multiplièrent d'une manière prodigieuse : il
se produisit une foule de mollusques et de nouveaux reptiles.
C'est là qu'apparurent les ichthyosaures qui, présentant des
caractères intermédiaires aux poissons, aux reptiles et aux mammifères, vivaient complètement dans l'eau et semblaient destinés
à devenir des cétacés. On voyait encore le plésiosaure aquatique,
qui habitait les rivages et pêchait dans l'eau à l'aide d'un long
cou qui, de loin, lui aurait donné l'apparence d'un cygne; mais
ce cou, recouvert d'une peau de reptile et terminé par une petite
tête, lui donnait l'apparence d'un hideux serpent fixé sur le
corps d'un autre animal.

Ces êtres, qui paraîtraient fantastiques à l'époque actuelle,
existaient en même temps que d'autres reptiles ressemblant à
des crocodiles, dont l'un était surtout remarquable par l'immensité de sa taille : c'était le mégalosaure, qui pouvait atteindre
jusqu'à vingt-quatre mètres de long. Un tel animal ne devait
pas arriver jusqu'à nous : se nourrissant, sans doute, de la chair
d'autres animaux, son espèce a dû dégénérer ou périr faute
d'alimens. C'est ainsi que tout ce qui existe sur le globe se
trouve dans une harmonie parfaite avec les circonstances envi-
ronnantes; car ce qui ne se trouvait point dans des conditions
convenables d'existence a dû périr.

Dans les mêmes lieux où le mégalosaure a pris naissance, il
a existé d'autres reptiles non moins remarquables; car, si la

taille leur manquait, ils se distinguaient par la faculté de s'élever dans les airs. Une large membrane étendue entre leurs membres antérieurs leur donnait quelque analogie avec les chauves-souris; mais ils avaient un aspect bien plus hideux. Les schistes calcaires du groupe oolitique ont encore servi de sépulture à des tortues d'eau douce, à des insectes, à des didelphes et même à des oiseaux. Depuis longtemps il existait des mollusques spirifères, cloisonnées transversalement, dont la race est perdue; c'étaient les ammonites, dont on rencontre les restes en si grande abondance dans une foule de localités; il en est de même des bélemnites, dont on ne retrouve plus qu'une seule pièce conoïdale, insuffisante pour faire reconnaître la nature des animaux dont elle a fait partie. Les plantes vasculaires exogènes avaient aussi pris naissance.

Bien des espèces animales et végétales de toutes les époques précédentes ne se retrouvent plus sur le globe : les unes ont été détruites par des catastrophes qu'elles n'ont pu éviter; d'autres ont été modifiées par *le temps et les circonstances*, de telle manière qu'il est impossible de les reconnaître aujourd'hui. Les ascendans d'un mammifère ont pu être des reptiles; les ascendans de ceux-ci ont été des poissons. La nature, aujourd'hui, nous donne encore des exemples de ces modifications : ainsi les eaux intermittentes qui donnent naissance au lac de Zirknitz, en Carniole, amènent avec elles des canards aveugles et sans plumes, qui sortent d'immenses cavernes inaccessibles à la lumière; mais, après avoir **vu le** jour, leurs yeux se développent et leurs plumes apparaissent. C'est encore ainsi que la grenouille nous offre la tradition de son origine, et que nous la voyons d'abord sous la forme d'un poisson que nous nommons têtard; puis, bientôt après, c'est un animal amphibie. Dans les premiers temps, sa vie est tout aquatique : elle a une queue comme un poisson, elle respire par des branchies; son intestin très long, enroulé en spirale, annonce qu'elle est herbivore; mais bientôt ses branchies disparaissent, son intestin se déroule, il lui pousse des pattes, sa queue tombe et c'est une grenouille respirant par des poumons vésiculeux, et sautant à l'aide de longues pattes sur l'herbe humide des prairies.

Les eaux, agitées pendant une longue période de temps, broyèrent les coquilles des mollusques, rendirent toute espèce de roche calcaire pulvérulente, et donnèrent naissance à la craie; après elle vint une période plus tranquille, pendant laquelle les circonstances qui s'étaient déjà présentées lors de la formation du terrain houiller se reproduisirent en partie, et les bancs d'argile et de lignite supérieurs à la craie furent formés. Plus tard la mer revint de nouveau dans ces mêmes régions, et pendant que se déposait le calcaire grossier il existait des mammifères bien caractérisés; mais ces mammifères vivaient dans l'eau, comme les cétacés de l'époque actuelle : c'étaient des dauphins, des lamantins, des morses. Après le dépôt de calcaire grossier la mer se retira, ou bien pendant ce dépôt, mais en d'autres lieux, où la surface du sol n'était point recouverte entièrement par la mer et où il existait de l'eau douce, les animaux subirent une grande modification qui donna naissance aux pachydermes qui pouvaient encore demeurer dans l'eau, comme les quadrupèdes ovipares, mais pendant un temps bien moins long. Généralement ils habitaient des marais sur les bords des fleuves ou des lacs. C'est dans ces lieux qu'existaient les palæothériums, les lophiodons, les anaplothériums, les anthracothériums, les chéropotames, les adapis, qui ont été restaurés par Cuvier. Les pælothériums et les lophiodons étaient intermédiaires aux tapirs et aux rhinocéros. Ils avaient une trompe comme les premiers de ces animaux et des dents comme les rhinocéros. Les palæothériums avaient, en outre, trois doigts à chaque pied, comme ces derniers animaux. Les anoplothériums étaient surtout remarquables par leurs dents, qui étaient toutes rangées en séries continues, sans présenter le moindre intervalle, comme celles de l'homme. Les anthracothériums, qui atteignaient quelquefois la taille du rhinocéros, avaient une organisation intermédiaire entre celles des palæothériums, des anoplothériums et des cochons. Le chéropotame et l'adapis n'atteignaient point, à beaucoup près, des tailles aussi élevées : le premier était gros comme un cochon de Siam , et le second gros comme un lapin. Il existait, à cette époque, des vespertilions, des renards dont l'espèce est perdue , des sarigues, des oiseaux, etc. Une nouvelle catastrophe vint renverser cet état de choses, la mer envahit les lieux habités par ces animaux , qui furent ainsi complètement détruits ; elle donna lieu à des dépôts de natures diverses, mais généralement peu cohérens. Alors apparurent de nouvelles races, des éléphans gigantesques, le mammoth , le mastodonte, des rhinocéros , des hippopotames, l'elasmothérium ; mais rien n'était aussi bizarre que le deinothérium, dont la tête énorme portait à la mâchoire inférieure deux longues incisives recourbées en crochet vers la terre. La position du trou occipital du crâne de cet animal dont on ignore les mœurs indique qu'il avait une trompe pour cueillir ses alimens ; car, sans cela, ses défenses l'auraient empêché de paître, comme l'éléphant. A cette époque, il existait des chevaux, des ruminans, des cerfs gigantesques , des daims, des rennes, des ours, des lions, des hyènes et des singes. Le mégathérium était remarquable par une structure que l'on peut rapporter à celle des tatous et à celle des paresseux ; il possédait des ongles d'une force prodigieuse. Ces races, dont les espèces et les genres ne sont pas toujours arrivés jusqu'à nous, vivaient à la surface du globe , au milieu de plantes monocotylédones et dicotylédones , lorsque la partie de la croûte du globe qui avait en grande partie échappé aux inondations marines, jointe à une grande partie de celle qui avait été affaissée longtemps auparavant, s'engloutit tout à coup dans l'abîme creusé par le retrait de la terre. Les eaux de la mer s'y précipitèrent avec violence , entraînèrent tout ce qu'elles rencontrèrent sur leur passage et mirent à nu les contrées que l'homme habite actuellement, et la nature a voulu, pour son instruction, que son origine lui fût révélée aussi bien par l'apparition successive des êtres à la surface du globe que par l'étude de l'échelle animale et par les métamorphoses qu'il éprouve avant de respirer l'air atmosphérique.

Un jour, peut-être, la croûte du globe que nous habitons s'abîmera sous les eaux ; de nouveaux continens apparaîtront, et une race d'êtres, inconnue jusqu'alors et plus parfaite que nous, retrouvant nos ossemens devenus fossiles, joints aux débris de notre industrie, pourra remonter la chaîne du passé et juger ce que nous aurons été.

EXPLICATION DES PLANCHES.

MINÉRALOGIE,

INSTRUMENS.

PLANCHE I.

Fig. I. Chalumeau.
    a, a. Tube par lequel on insuffle l'air.
    b. Réservoir recevant l'humidité condensée.
    c. Bec du chalumeau.
    d. Tuyère de platine.
Fig. II. Flamme d'une bougie traversée par le jet d'air du chalumeau.
    a. Flamme externe, oxydante.
    b. Flamme interne, réduisante.
Fig. III. Pince de platine pour tenir des fragmens de minéraux sous le feu du chalumeau.
Fig. IV. Fil de platine roulé sur une bobine et plié en œil pour essayer les matières vitrifiables.
Fig. V. Mortier d'agate.
Fig. VI. Lampe à l'alcool.

PLANCHE II.

Fig. I. Balance de Nicholson.
    a. Bassin supérieur, recevant les poids et les corps destinés à être pesés dans l'air.

b. Plateau inférieur destiné à recevoir les corps qui doivent être pesés dans l'eau. Il peut être accroché indifféremment au crochet *h* par l'anneau *j* ou par l'anneau *g*. Dans le premier cas il sert pour les corps plus denses que l'eau ; dans le second il sert pour les corps moins denses que ce liquide.

c, d. Corps de la balance.

e, f. Ligne d'affleurement au niveau de l'eau.

i. Lest.

Fig. II. Électroscope d'Haüy.

a. Calcaire rhomboédrique s'électrisant positivement par la pression.

b. Contre-poids.

d. Support.

Fig. III. Support à tourmaline. (Dans la figure, la tourmaline est placée beaucoup trop près du support.)

Fig. IV. Demi-cercle divisé du goniomètre d'application de Carangeot.

Fig. V. Alidades de ce goniomètre.

Fig. VI. Goniomètre à réflexion de Wollaston.

a. Limbe circulaire divisé.

b, b. Tige portant le cristal dont on veut mesurer les angles, et tournant à frottement.

c. Palette sur laquelle on fixe le cristal avec de la cire mêlée de colophane.

d. Vernier fixe donnant jusqu'à la minute.

e. Pièce brisée en *f*, pouvant prendre toutes les positions dans l'espace, portant le cristal et fixée sur la tige *b b*.

g. Pièce tournant sur son axe, tenant au cercle *a*, qu'elle entraîne dans son mouvement ainsi que la tige *b b*. Cette pièce sert pour obtenir les grands mouvemens.

h. Vis serrant une mâchoire.

i. Contre le cercle.

j. Qui fait corps avec le cercle *a*, et servant à le fixer.

k. Vis de rappel entraînant la mâchoire *i* et le cercle *a*. Cette pièce sert pour obtenir de très petits mouvemens.

Fig. VII. Électroscope de poil de chat.

CRISTALLOGRAPHIE.

Système régulier ou cubique.

PLANCHE III.

Fig. I.   Le cube et ses trois espèces d'axes.
   a. Angle trièdre.
   b. Arête.
   c, d. Axe angulaire ou octaédrique.
   e, f. Axe facial, ou axe principal, ou axe hexaédrique.
   g, h. Axe arétal ou dodécaédrique.
Fig. II.   Le tétraèdre, avec l'indication de deux de ses axes.
Fig. III.   Cube.
Fig. IV.   Cubo-octaèdre : solide présentant à la fois les faces du cube et celles de l'octaèdre.
Fig. V.   Cubo-octaèdre.
Fig. VI.   Octaèdre.
Fig. VII.   Cubo-dodécaèdre. Solide composé du cube et du dodécaèdre rhomboïdal.
Fig. VIII.   *Idem.*
Fig. IX.   Dodécaèdre rhomboïdal.
Fig. X.   Cubo-octo-dodécaèdre. Solide composé du cube, de l'octaèdre et du dodécaèdre.
Fig. XI.   Cube combiné avec le tétrakishexaèdre de Gust. Rose.
Fig. XII.   Tétrakishexaèdre de G. Rose, ou cube pyramidal d'Haüy.
Fig. XIII.   Cubo-trapézoèdre.
Fig. XIV.   *Idem.*
Fig. XV.   Trapézoèdre.

PLANCHE IV.

Fig. I.   Cube combiné avec le triakisoctaèdre de G. Rose.
Fig. II.   *Idem.*
Fig. III.   Triakisoctaèdre de Gust. Rose.
Fig. IV.   Cube combiné avec le scalénoèdre ou hexakisoctaèdre de G. Rose.
Fig. V.   Scalénoèdre.

Fig. VI. Autre scalénoèdre dont les faces sont plus inclinées sur les axes hexaédriques.

Fig. VII. Cubo-tétraèdre.

Fig. VIII. Tétraèdre ou hémi-octaèdre.

Fig. IX. Hémi-ikositétraèdre.

Fig. X. Cubo-pyritoèdre.

Fig. XI. Pyritoèdre ou dodécaèdre pentagonal.

Fig. XII. Icosaèdre, solide composé du pyritoèdre et de l'octaèdre.

Fig. XIII. Cubo-tétraèdre.

Fig. XIV. Octo-dodécaèdre.

Fig. XV. Dodécaèdre rhomboïdal combiné avec le trapézoèdre.

Système rhomboédrique

PLANCHE V.

Fig. I. Rhomboèdre aigu dans lequel on a indiqué l'axe principal (1).

Fig. II. Rhomboèdre obtus dans lequel on a indiqué l'axe principal.

Fig. III. Rhomboèdre aigu formé par la réunion d'un octaèdre régulier et de deux tétraèdres également réguliers.

Fig. IV. Rhomboèdre combiné avec le prisme hexaèdre.

Fig. V. Autre rhomboèdre combiné avec le prisme hexaèdre.

Fig. VII. Prisme à douze pans, formé par la réunion du prisme de la fig. IV avec celui de la fig. V.

Fig. VIII. Rhomboèdre passant au dodécaèdre isocèle (1).

Fig. IX. Dodécaèdre isocèle (à triangles isocèles).

Fig. X. Rhomboèdre combiné avec le dodécaèdre scalène.

Fig. XI. Autre.

Fig. XII. Autre.

Fig. XIII. Autre.

Fig. XIV. Dodécaèdre scalène (à faces triangulaires scalènes).

Fig. XV. Solide à vingt-quatre faces isocèles, correspondant au prisme dodécaèdre, fig. VII.

---

(1) Dans la cristallographie géométrique le rhomboèdre devrait être considéré comme un solide hémièdre correspondant au dodécaèdre isocèle.

Système prismatique à bases carrées.

PLANCHE VI.

Fig. I.   Prisme à bases carrées dans lequel on a indiqué l'axe principal.
Fig. II.   Prisme dont la hauteur est plus petite que les côtés de la base
Fig. III.   Exemple de modification sur un angle solide.
Fig. IV.   Prisme à huit pans ou prisme primitif combiné avec le prisme inverse.
Fig. V.   Prisme combiné avec l'octaèdre primitif.
Fig. VI.   Octaèdre à bases carrées (primitif).
Fig. VII   Prisme combiné avec l'octaèdre inverse.
Fig. VIII. Solide à seize faces, provenant de la combinaison de l'octaèdre primitif et de l'octaèdre inverse.
Fig. IX.   Solide analogue au cubo-dodécaèdre formé par la combinaison du prisme primitif, du prisme inverse et de l'octaèdre primitif.

Système prismatique à bases rectangulaires.

Fig. X.   Prismes à bases rectangulaires, avec l'indication d'un axe principal.
Fig. XI.   Octaèdre symétrique (faces scalènes).
Fig. XII.   Octaèdre à base rectangulaire (faces isocèles).
Fig. XIII. Prisme rectangulaire combiné avec le prisme rhomboïdal.
Fig. XIV.   Prisme modifié sur les arêtes verticales par des faces intermédiaires à celles du prisme primitif et à celles du prisme rhomboïdal.

Système prismatique rectangulaire oblique.

PLANCHE VII.

Fig. I.   Prisme oblique rectangulaire.
Fig. II.   Exemple de modification sur quatre angles identiques.
Fig. III.   Octaèdre irrégulier. (Les faces sont de deux ordres différents.)

Fig. IV.   Prisme oblique à huit pans (composé du prisme primitif et du prisme inverse).

Fig. V.   Prisme oblique, rectangulaire, inverse.

Fig. VI.   Dodécaèdre irrégulier. (Les faces sont de trois ordres différents.)

Exemples de cristallographie synthétique.

Fig. VII.   Cube pénétré avec l'octaèdre.

Fig. VIII.   Dodécaèdre construit avec des cubes.

Fig. IX.   Octaèdre construit avec des cubes.

Fig. X.   Dodécaèdre pentagonal construit avec des cubes.

Fig. XI.   Rhomboèdre aigu construit avec des rhomboèdres obtus.

Applications.

PLANCHE VIII.

Fig. I.   Cristaux groupés en croix (staurotide).

Fig. II.   Exemple d'hémitropie (felspath-orthose).
    a. Cristal ordinaire.
    b. Cristal hémitrope.

Fig. III.   Exemple de cristaux disséminés (épidote manganésifère).

Fig. IV.   Exemple de cristaux implantés (quarz).

Fig. V.   Diamant octaédrique.

Fig. VI.   Diamant dodécaédrique.

Fig. VII.   Exemples de la taille du brillant.

Fig. VIII.   Exemple de la taille du diamant en rose.

Fig. IX.   Cristal d'amphibole.

Fig. X.   Cristal de pyroxène.

Fig. XI.   Cristal de tourmaline, asymétrique.

GÉOLOGIE.

PLANCHE I.

Coupe et lointain systématiques représentant les principaux accidents des couches et de la superficie du globe.

Un vaste bassin est formé par des roches primitives qui s'élèvent au - dessus des nues et sont traversées par des filons. A gauche est un volcan, reposant sur des basaltes prismatiques. A la partie inférieure du bassin sont des couches dont l'origine est ignée ; au-dessus on aperçoit le terrain houiller avec les accidents qui le caractérisent. Un peu au-dessus, à gauche, existe une faille remplie de matière d'une nature différente de celle de ses parois. On voit que les couches de gauche ont éprouvé un mouvement de rotation et d'affaissement qui a détruit la continuité des strates. A droite de cette faille est une masse lenticulaire ; plus haut, sont des couches inclinées présentant une cavité à leur sommet, qui s'est rempli de dépôts lacustres. Au-dessus, à gauche, on aperçoit la craie à silex et les plaines horizontales qu'elle forme. Dans le lointain sont les montagnes tertiaires, celles qui contiennent du gypse, et les amas de sables marins recouverts de grès vers la gauche.

PLANCHE II.

Fossiles caractéristiques des terrains, extraits de l'ouvrage de M. Deshayes.

Fig. I.   *Cardium porulosum*, LK. Se trouve dans les terrains tertiaires et marins de Paris, du Soissonnais, à Grignon, à Valognes, dans l'argile de Londres, etc.

Fig. II.   *Petunculus pulvinatus*, LK. Paris, Valognes ; grès marins supérieurs.

Fig. III.   *Trigonia scabra*, LK. Sables verts situés au-dessus de la craie.

Fig. IV.   *Perna mytiloïdes*, LK. Argile de Dives ; abondante en Alsace, dans la formation épioolitique de M. Al. Brongniart.

Fig. V.   *Catillus Lamarkii*, Brongn. Craie blanche du bassin de Paris,
              de la Belgique, de l'Angleterre.
Fig. VI.   *Inoceramus sulcatus*, Sow. Craie glauconieuse.
Fig. VII.   *Plagiostoma obscura*, Sow. Marnes argileuses d'Oxford inf.
              à la craie ; calcaire à polypiers.
Fig. VIII.   *Pecten lamellosus*, Sow. Partie inférieure de la craie; craie-
              tufeau: calcaire miliaire de Portland, placé entre la craie
              et la formation oolitique.
Fig. IX.   *Gryphæa columba*, LK. Craie inférieure ou tuféau.
Fig. X.   *Ostrea carinata*, LK. Craie glauconieuse.
Fig. XI.   *Terebratula octoplicata*, Sw. Craie blanche.
Fig. XII.   *Productus lobatus*, Sw. Calcaire de transition.
Fig. XIII.   *Dentalium eburneum*, LK. Partie moyenne du calcaire
              grossier des environs de Paris.
Fig. XIV.   *Paludina Demaresti*, Prév. Couche d'eau douce intercalée
              au milieu du calcaire grossier. Grignon, etc.
Fig. XV.   *Planorbis rotundatus*, Brongn. Terrains d'eau douce formés
              en même temps que le gypse.
Fig. XVI.   *Lymneus longiscatus*, Brongn. Marnes blanches; calcaire
              situé au-dessous du gypse.
Fig. XVII.   *Ampullaria spirata*, LK. Calcaire grossier.
Fig. XVIII.   *Nerita conoïdea*, LK. Sable inférieur au calcaire grossier
              soissonnais.
Fig. XIX.   *Natica epiglottina*, LK. Partie moyenne et supérieure du cal-
              caire grossier des environs de Paris.
Fig. XX.   *Pleurotomaria ornata*, Df. Terrains secondaires et tertiaires.
Fig. XXI.   *Turritella imbricolaria*, LK. Terrains marins inférieurs du
              bassin de Paris.
Fig. XXII.   *Cerithium giganteum*, LK. Calcaire grossier. Machemont,
              près Compiègne.
Fig. XXIII.   *Rostellaria Parkinsonii*, Sw. Argile de Londres; grès marin
              entre cette argile et la craie.
Fig. XXIV.   *Belemnites mucronatus*, Brongn. Craie blanche.
Fig. XXV.   *Orthocera simplex*, Desm. Terrain de transition.
Fig. XXVI.   *Baculites anceps*, LK. Craie grossière supérieure à la craie
              blanche.
F. XXVII.   *Scaphites æqualis*, Sow. Craie-tufeau.
F. XXVIII.   *Ammonites Valeotii*, Sow. Lias.
F. XXIX.   *Ammonites Gervilii*, Sow. Oolite ferrugineuse. Cette co-
              quille n'est point comprimée, comme la figure l'indique.
F. XXX.   *Nummulites lævigata*, LK. Calcaire grossier.

Fig. XXXI. *Turrilites costulatus*, LK. Craie-tufeau.
Fig. XXXII. *Spatangus acutus*, Desh. Craie.

PLANCHE III.

Coupe systématique représentant la puissance relative des groupes des différents ordres de terrains dans leur ordre de superposition.

Fig. I. Terrains modernes. — Blocs erratiques. — Groupe supra-crétacé.
Fig. II. Craie (1).
Fig. III. Glauconite (1).
Fig. IV. Terrain à lignites (1).
Fig. V. Groupe oolitique.
Fig. VI. Groupe du nouveau grès rouge.
Fig. VII. Groupe carbonifère.
Fig. VIII. Le calcaire à encrines.
Fig. IX. Le vieux grès rouge.
Fig. X. Les terrains de transition et les terrains non stratifiés, sans puissance déterminable.

PLANCHE IV.

Apparition successive des êtres organisés sur le globe.

Dans cette planche on a cherché à donner une idée de l'aspect du globe et des êtres qui l'ont habité à différentes époques, depuis la formation du terrain houiller jusqu'à l'apparition de l'homme.

---

(1) Les numéros II, III et IV sont compris dans le groupe crétacé.

TABLE ALPHABÉTIQUE

DES MATIÈRES CONTENUES DANS CET OUVRAGE.

A.

B.

C.

D.

E.

F.

G.

H.

I.

J.

K.

L.

M.

N.

O.

P.

Q.

R.

S.

T.

U.

V.

W.

X.

Y.

Z.

FIN DE LA TABLE ALPHABÉTIQUE.

TABLE MÉTHODIQUE

DES MATIÈRES CONTENUES DANS CET OUVRAGE.

GÉOLOGIE.

GÉOGRAPHIE PHYSIQUE.

---

(1) Les titres des divers groupes des silicates doivent être établis de même que dans cette table.

ERRATA.

Pages.	lignes.	
6	28	Argent Ag 675,803, *lire* : Argent Ag, 1351,606.
17	22	A ceux, etc., *lire* : aux lignes qui résultent de l'intersection de deux plans seulement.
—	25	*Rayer* ou arête.
69		L'article ACERDÈSE et
70		l'article PSILOMÉLANE doivent être supprimés, ils se trouvent à leur place, p. 92.
74		FRAKLINITE, *lire* FRANKLINITE.
78	12	Du soufre, *lire* de l'arsenic.
—	21 et 22	(Arsenic sulfo-antimonié), *lire* (nickel sulfo-antimonié).
87	4	Au lieu de : le rhodium, *lire* l'osmium.
93	28	*Pecten*, lire *Pechstein*.

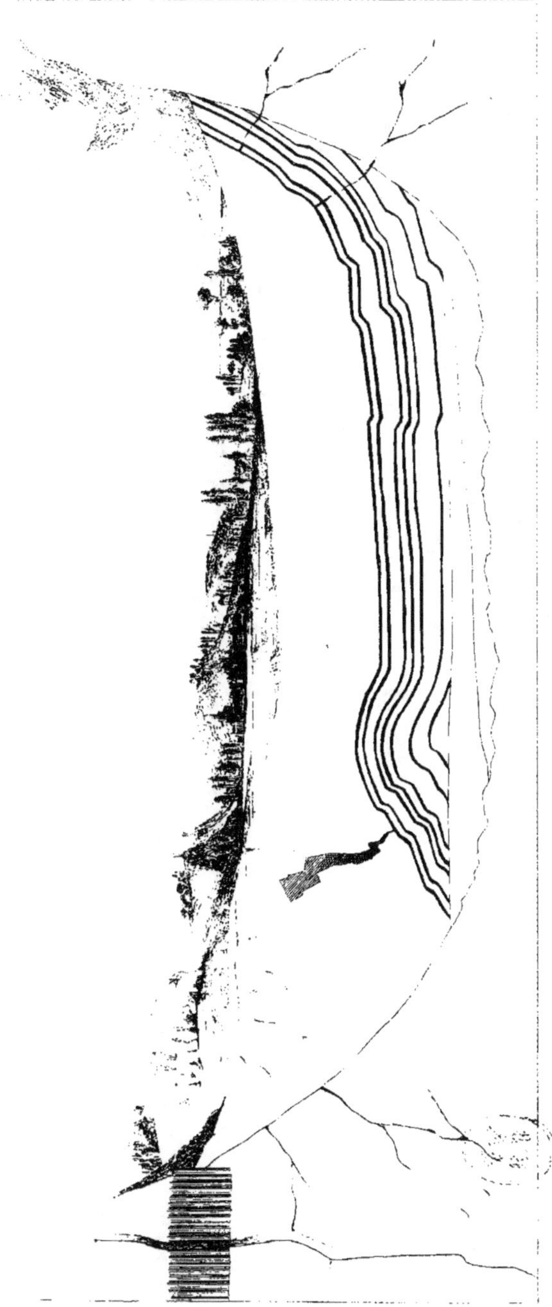

Coupe et perspective systématiques

des fractures d'un terrain

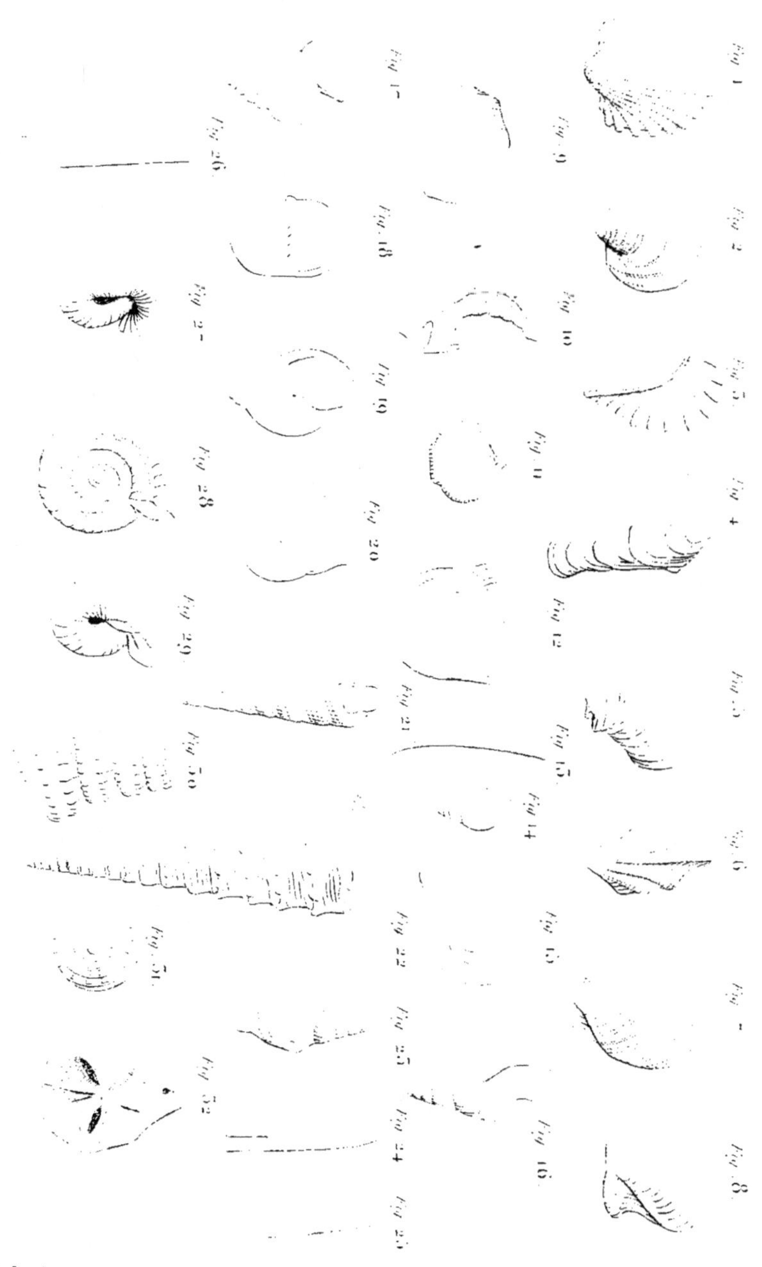

Principales Coquilles fossiles

Coupe systématique

des terrains stratifiés

Apparition successive des Êtres organisés
sur le Globe.

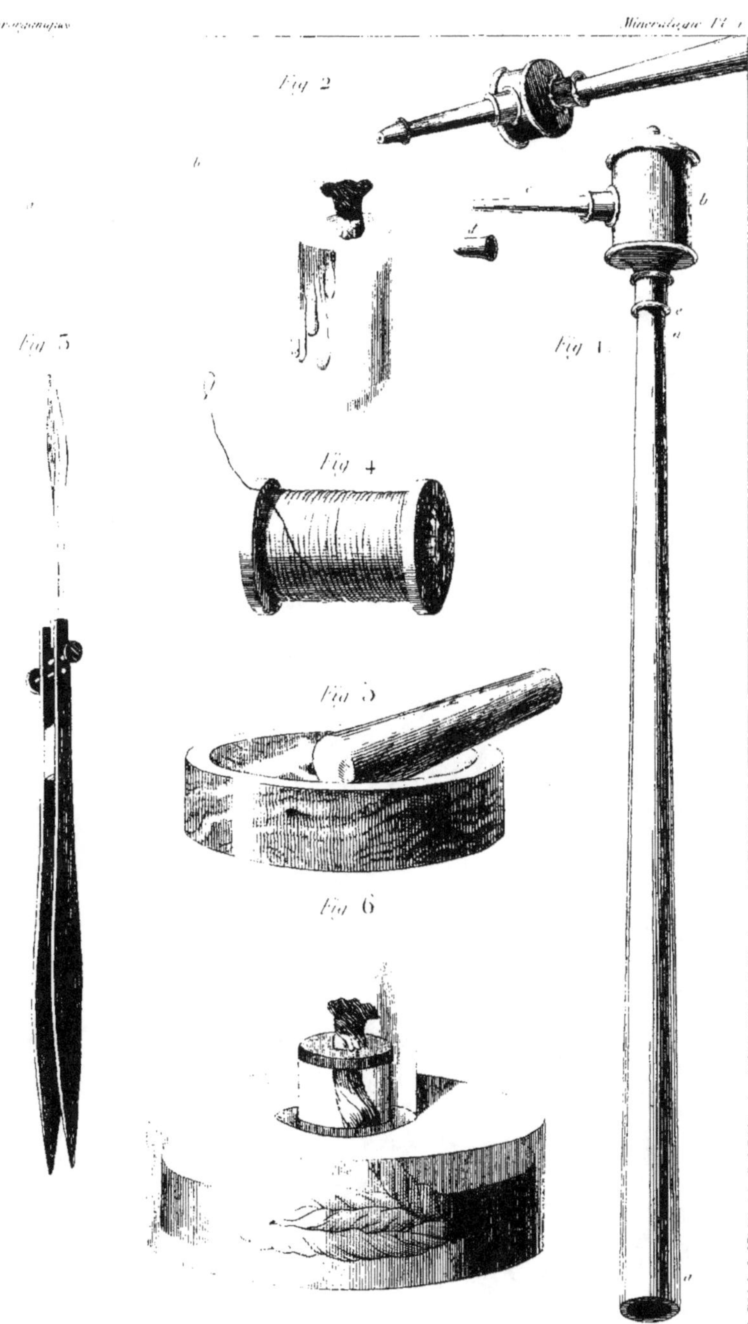

Instrumens

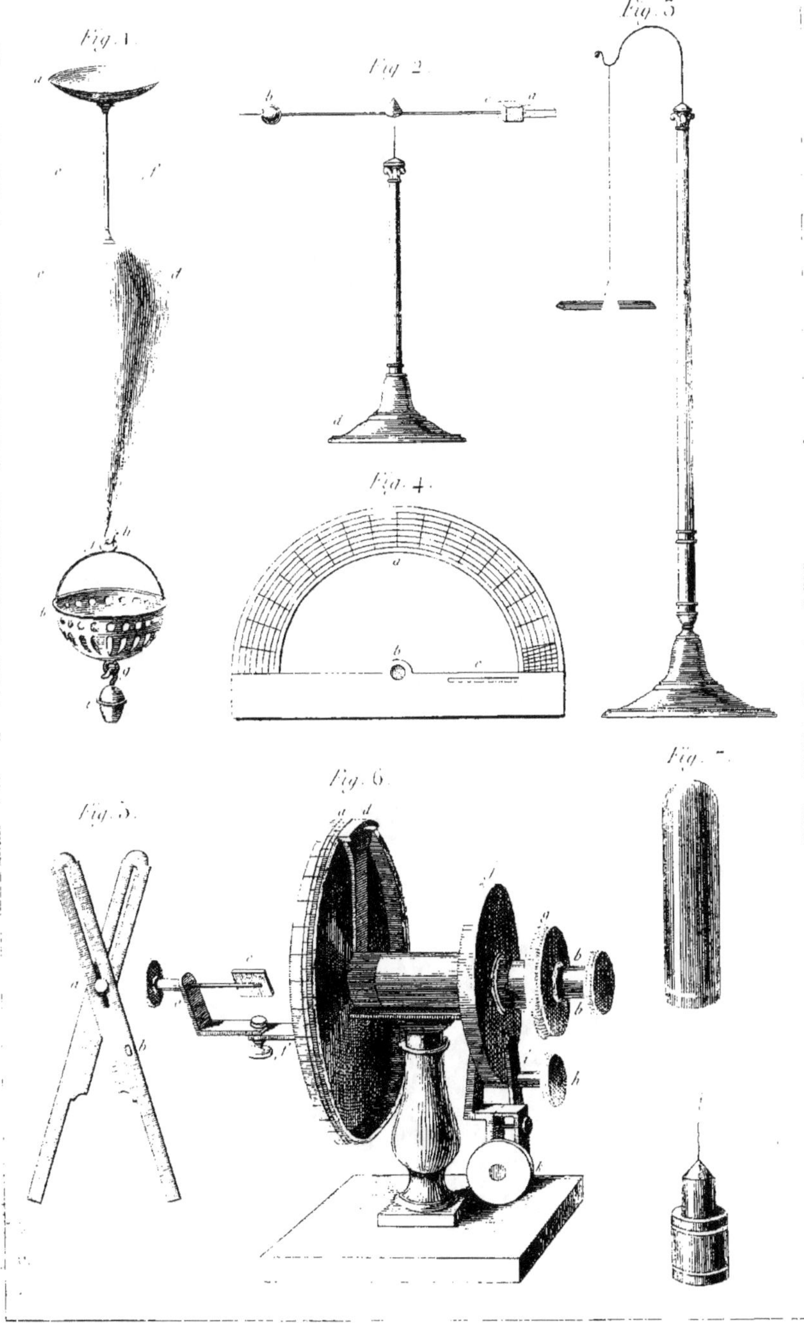

Instrumens.

Systeme cubique.

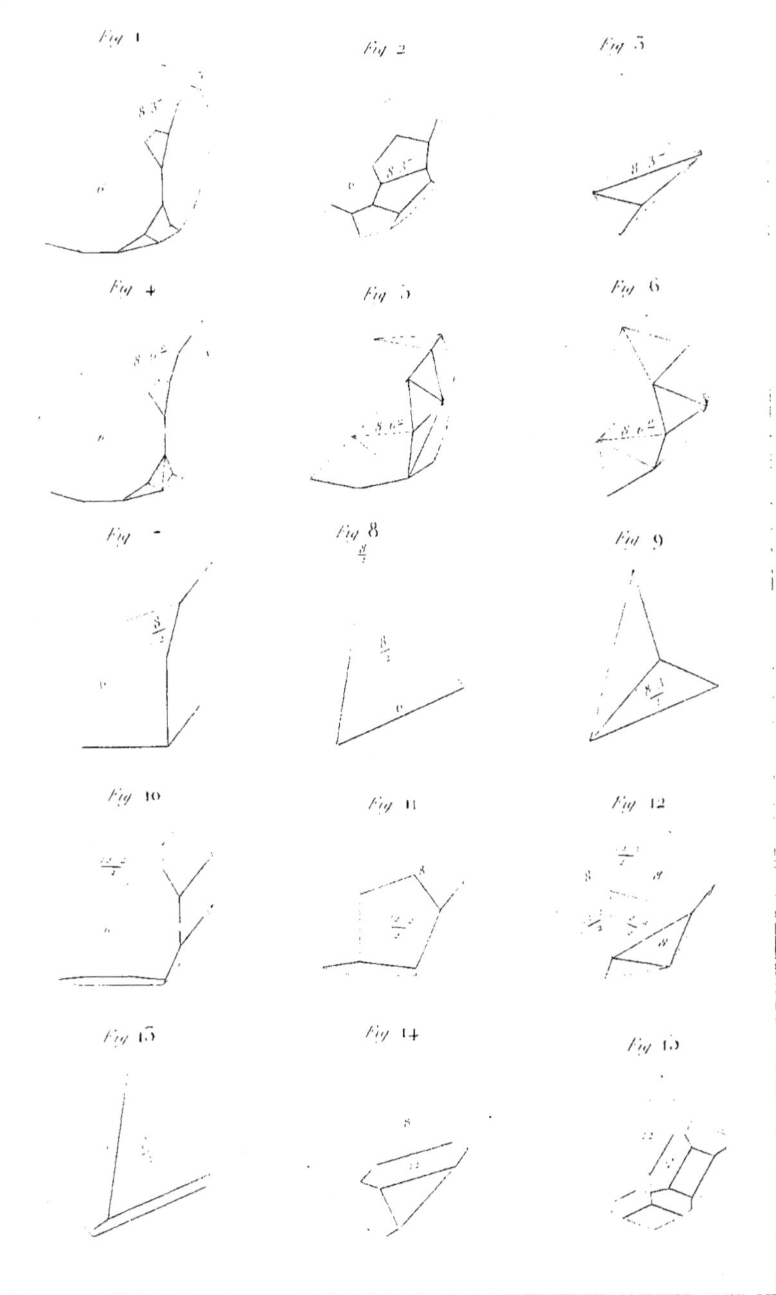

Système cubique.

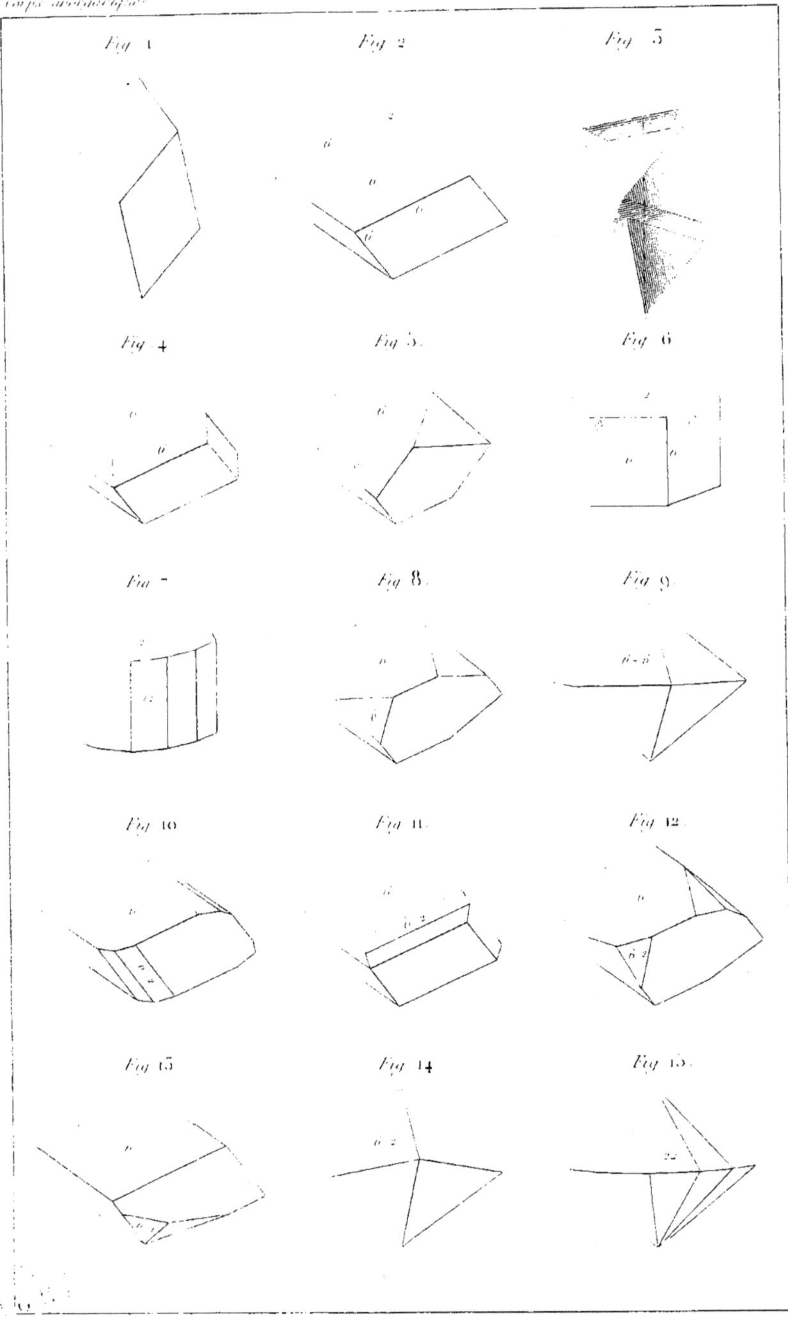

Système rhomboédrique.

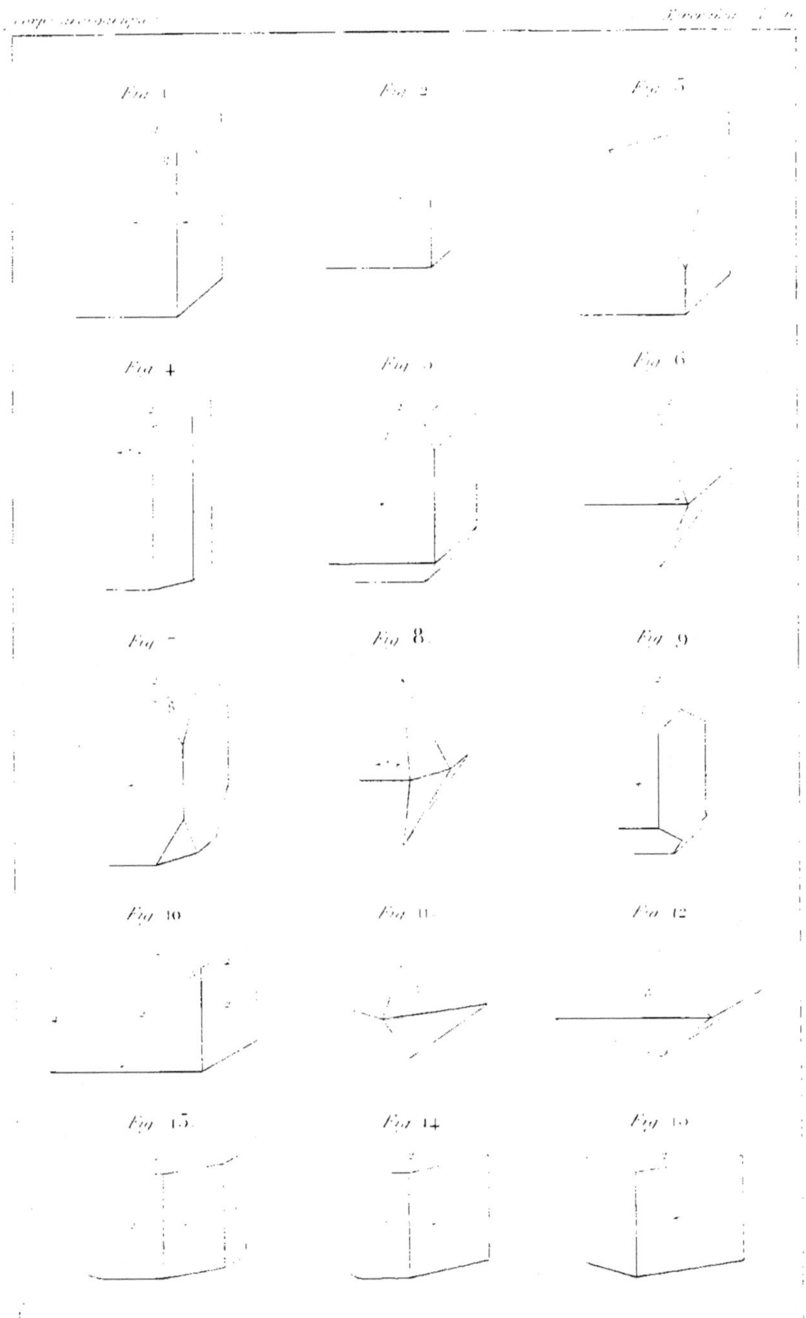

Systèmes prismatiques

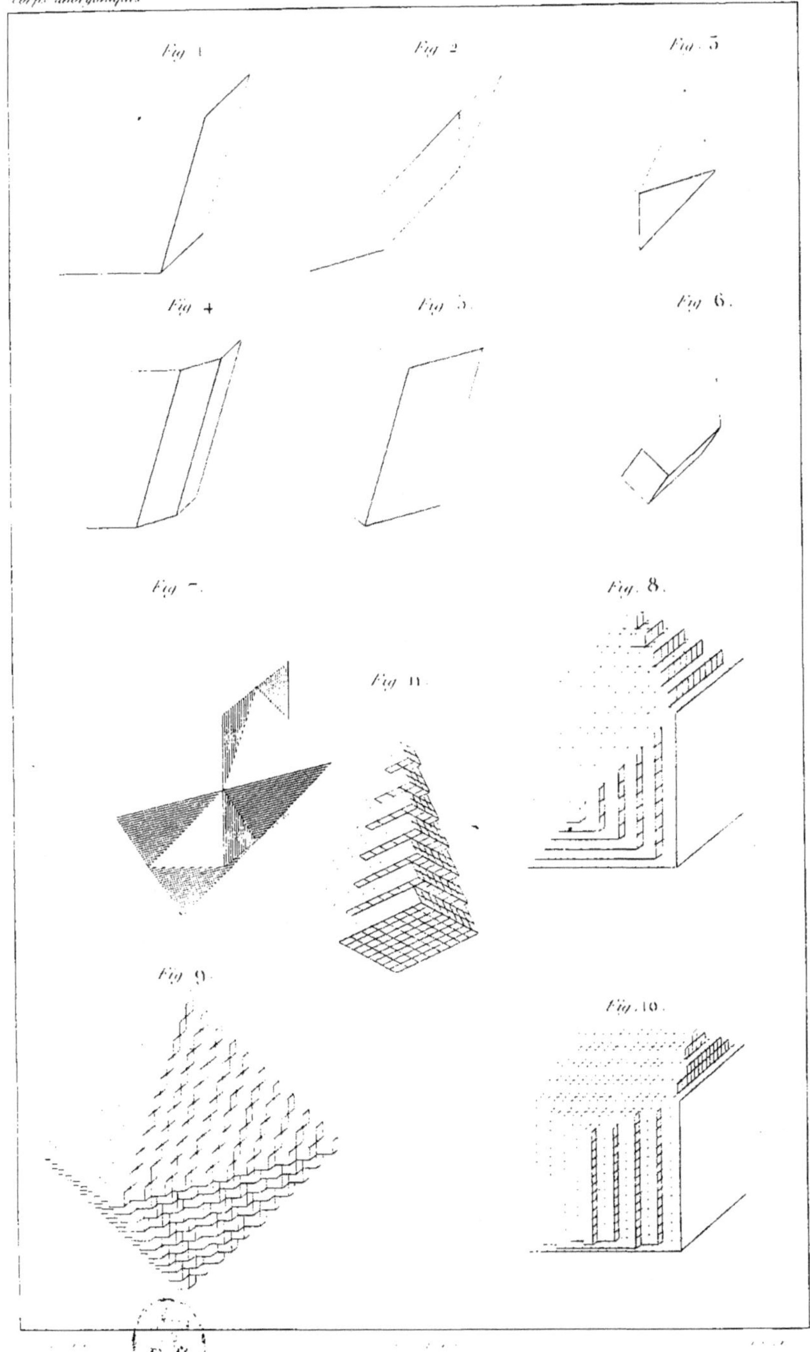

Systèmes prismatiques obliques
Cristallographie synthétique

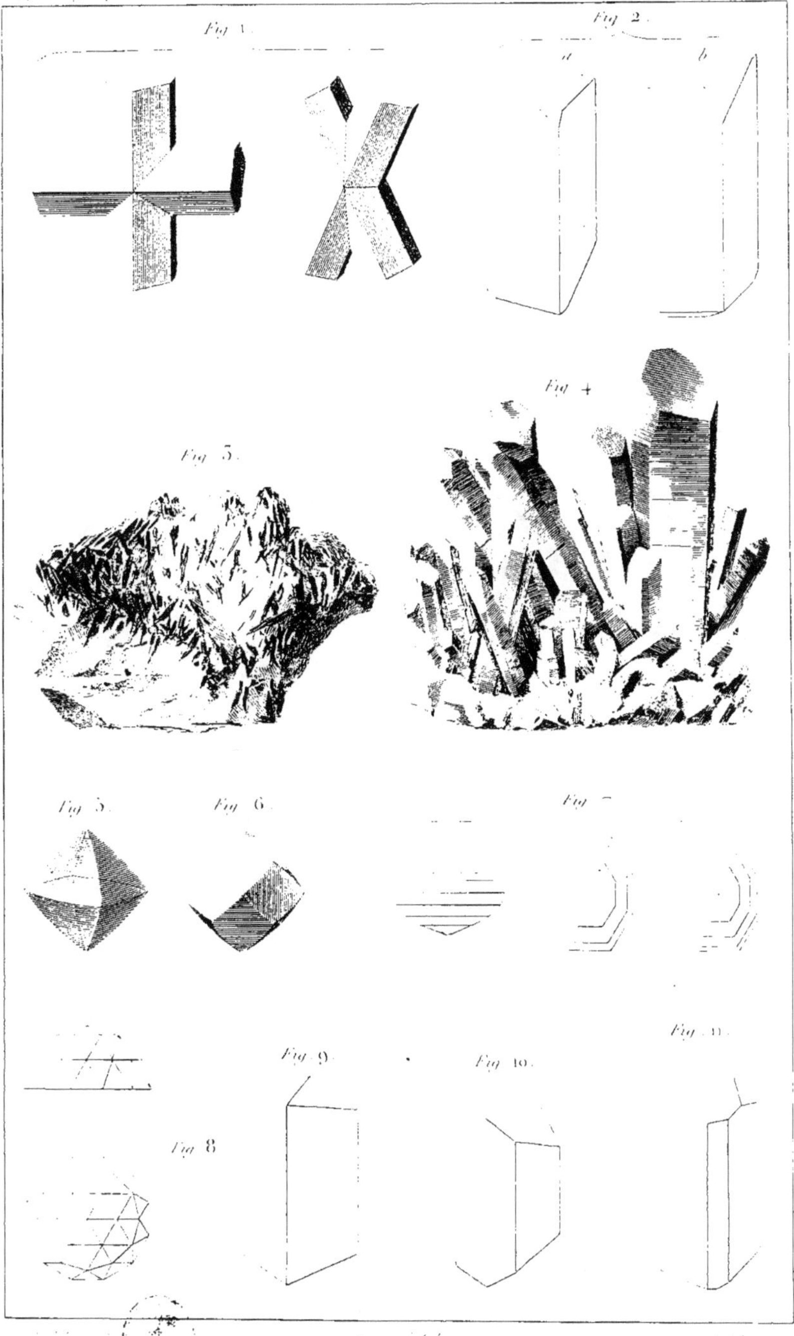

Macles, Hémitropie. Cristaux naturels

Diamans taillés en brillant et en rose